湖北省学术著作出版专项资金资助项目

现代航运与物流:安全·绿色·智能技术研究丛书

# 优化港航营商环境

## ——基于体制机制性因素和跨境贸易便利化

张哲辉 著

武汉理工大学出版社
·武 汉·

**图书在版编目(CIP)数据**

优化港航营商环境:基于体制机制性因素和跨境贸易便利化/张哲辉著.—武汉:武汉理工大学出版社,2020.12

ISBN 978-7-5629-6317-2

Ⅰ.①优… Ⅱ.①张… Ⅲ.①国际航运-投资环境-研究 Ⅳ.①F551

中国版本图书馆CIP数据核字(2020)第179946号

**项目负责人**:王兆国　　**责任编辑**:黄玲玲

**责任校对**:雷红娟　　**排　　版**:芳华时代

**出版发行**:武汉理工大学出版社

**社　　址**:武汉市洪山区珞狮路122号

**邮　　编**:430070

**网　　址**:http://www.wutp.com.cn

**经　　销**:各地新华书店

**印　　刷**:武汉市籍缘印刷厂

**开　　本**:787mm×1092mm　1/16

**印　　张**:20.25

**字　　数**:364千字

**版　　次**:2020年12月第1版

**印　　次**:2020年12月第1次印刷

**定　　价**:96.00元

凡购本书,如有缺页、倒页、脱页等印装质量问题,请向出版社发行部调换。

本社购书热线电话:027-87394412　87383695　87384729　87397097(传真)

# 现代航运与物流:安全·绿色·智能技术研究丛书

## 编审委员会

# 出版说明

航运与物流作为国家交通运输事业的重要组成部分，在国民经济尤其是沿海及内陆沿河沿江省份的区域经济发展中起着举足轻重的作用。我国是一个航运大国，航运事业在经济社会发展中扮演着重要的角色。然而，我国航运事业的管理水平和技术水平还不高，离建设航运强国的发展目标还有一定的差距。为了研究我国航运交通事业发展中的安全生产、交通运输规划、设备绿色节能设计等技术与管理方面的问题，立足于安全生产这一基础前提，从航运物流与社会经济、航运物流与生态环境、航运物流与信息技术等角度，用环境生态学、信息学的知识来解决我国水运交通事业绿色化和智能化发展的问题，促进我国航运事业管理水平与技术水平的提升，加快航运强国的建设。因此，武汉理工大学出版社组织了国内外一批从事现代水运交通与物流研究的专家学者编纂了《现代航运与物流：安全·绿色·智能技术研究丛书》。

本丛书第一期拟出版二十多种图书，分为船港设备绿色制造技术、交通智能化与安全技术、航运物流与交通规划技术、内河航运技术等四个系列。本丛书中很多著作的研究对象集中于内河航运物流，尤其是长江水系的内河航运物流。作为我国第一大内河航运水系的长江水系的航运物流，对长江经济带经济发展的促进作用十分明显。2011 年年初，国务院发布《关于加快长江等内河水运发展的意见》，提出了内河水运发展目标，即利用 10 年左右的时间，建成畅通、高效、平安、绿色的现代化内河水运体系，2020 年全国内河水路货运量将达到 30 亿吨以上，拟建成 1.9 万千米的国家高等级航道。2014 年，国家确定加强长江黄金水道建设和发展，正式提出开发长江经济带的战略构想，这是继“西部大开发”“中部崛起”之后的又一个面向中西部地区发展的重要战略。围绕航运与物流开展深层次、全方位的科学研究，加强科研成果的传播与转化，是实现国家中西部发展战略的必然要求。我们也冀望丛书的出版能够提升我国现代航运与物流的技术和管理水平，促进社会经济的发展。

组织一套大型的学术著作丛书的出版是一项艰巨复杂的任务，不可能一蹴而就。我们自 2012 年开始组织策划这套丛书的编写与出版工作，期间多次组织专门的研讨会对选题进行优化，首期确定的四个系列二十余种图书，将于 2017 年年底之前出版发行。本丛书的出版工作得到了湖北省学术著作出版专项资金项目的资助。本丛书涉猎的研究领域广泛,在这方面的研究成果众多,首期出版的项目不能完全包含所有的研究成果,难免挂一漏万。有鉴于此,我们将丛书设计成一个开放的体系,择机推出后续的出版项目,与读者分享更多的我国现代航运与物流业的优秀学术研究成果,以促进我国交通运输行业的专家学者在这个学术平台上的交流。

**现代航运与物流:安全·绿色·智能技术研究丛书编委会**

2016 年 10 月

# 前　　言

营商环境是近年来的一个热门话题。在当今国际经济贸易格局发生深刻变化，国际竞争日益激烈的大背景下，国际竞争很大程度上就是营商环境的竞争。今后我国的发展将越来越依靠“人才红利”和“创新红利”，这就需要优越的“软环境”吸引人才、吸引资金、吸引项目。优化营商环境，一方面可以激发市场活力，缓解经济下行压力；另一方面对标世界先进水平，不断解放和发展社会生产力，加快建设现代化经济体系，推动经济从高速增长向高质量发展转型。

2020 年 1 月 1 日起，《优化营商环境条例》正式实施，在国家层面确立了优化营商环境的“基本法”，优化营商环境有了行政法规的保障。《优化营商环境条例》吸收了世界银行对各国营商便利度的评估经验，把近年来各地区在优化营商环境方面行之有效的政策、经验和创新做法上升为法规制度，标志着中国市场化、法治化、国际化的营商环境建设进入了新的阶段。同时，《优化营商环境条例》也鼓励各地区、各部门结合实际情况依法探索创新优化营商环境的改革举措，优化营商环境将成为未来各级政府、各行业的一项重要工作任务。

港航领域对于营商环境的重视与世界银行《营商环境报告》有一定的关联，世界银行《营商环境报告》中跨境贸易指标考量了外贸货物通过口岸的时间和成本，在一定程度上反映了港口口岸港航领域市场主体的服务水平。2018 年，《国务院关于印发优化口岸营商环境促进跨境贸易便利化工作方案的通知》(国发〔2018〕37 号)中对标了世行报告跨境贸易便利化指标，提升了世界银行《营商环境报告》在港航领域的影响力，也让港航市场主体的服务和收费受到了更多的关注，港口口岸开展了一系列降费提效的实践。各级政府对港航领域降费提效非常重视，但港航领域营商环境并不局限于港航市场主体如何为服务对象提供服务。

对港航营商环境可以有多种理解，本书主要基于体制机制性因素和跨境贸易便利化开展相关研究。港航营商环境是指港口企业、船公司、无船承运人、货代、船代、车队、堆场、铁路运输企业、引航、拖轮、理货、报关/报检代理、口岸信息平台公司等市场主体在货物通过港口口岸等相关市场经济活动中所涉及的体制机制性因素和条件，包括市场主体保护、市场环境、政务服务、监管执法、法治保障等方面。优化港航营商环境应从两个维度来理解和推动实施：第一维度针对港航业本身，通过优化港航相关市场主体涉及的体制机制性因素，促进港航领域的市场主体健康发展；第二维度针对港航业的服务对象，通过优化营商环境促进跨境贸易便利化，切实为货主企业、贸易商降低物流成本，实现物流降费提效。

上述两个维度也构成了本书的两条主线，本书以港口口岸外贸集装箱运输行为所涉及的港航相关市场主体为研究对象，各章节按照落实《优化营商环境条例》具体规定，基于优化港航市场主体涉及的体制机制性因素和促进港口口岸跨境贸易便利化，围绕着如何优化体制机制性因素促进港航业市场主体健康发展，以及如何促进跨境贸易便利化为港航业服务对象降费提效这两条主线展开。

本书共包括 20 章的内容。第 1 章明确了港航营商环境的内涵，明确了优化港航营商环境两个维度的重点任务；第 2 章介绍了世界银行《营商环境报告》；第 3 章和第 4 章，从政府和市场关系的视角分析在港航领域如何使市场在资源配置中起决定性作用，更好发挥政府作用；第 5 章分析了港航领域外商准入、加入世贸组织承诺和自由贸易试验区的内容；第 6 章分析了与港口口岸外贸集装箱运输相关的港航领域市场主体竞争性特点，系统梳理了主要市场主体的收费项目，并做了具体案例分析；第 7～12 章分析了与港口口岸外贸集装箱运输相关的港航领域市场主体所属行业的发展历程、属性和特点以及价格改革情况，并从政府和企业的视角提出建议，力求通过剖析外贸集装箱运输所涉及港航的具体环节，分析我国港航业从计划经济到中国特色社会主义市场经济的改革历程，包括体制机制的改革和价格改革，进一步明确政府和市场的边界；第 13～14 章分析了涉及港口口岸外贸集装箱运输港口建设费、船舶吨税和车船税等相关税费的情况；第 15 章分析了港口口岸促进贸易便利化、提高效率的具体实践；第 16 章从政务公开、政务诚信、审批服务便民化三个方面分析了完善港航领域政务服务的举措；第 17 章分析了港航领域如何建立健全以信用为基础的新型监管机制，这是“后行政审批”时代市场监管的重要手段；第 18 章提出了交通运输应对突发公共事件治理体系构建的思路；第 19 章分析了港航领域法律体系的情况，并提出了强化营商环境法治保障的建议；第 20 章提出了建立以市场主体和社会公众满意度为导向的港航营商环境评价体系的思路。

通过系统梳理分析政府和市场的关系、简政放权、对外开放、价格改革、各行业改革历程和价格决定、税费情况、政务服务、信用体系建设、应对突发公共事件、法治建设等内容，寄望能够在优化营商环境、建设交通强国的大背景下，理清优化港航营商环境的思路和主要任务，明晰政府和市场的边界，锚定港航业市场监管的指向，希望本书能够对从事优化港航营商环境工作的同志有所帮助，也希望能够帮助港航市场主体及服务对象多维度理解行业的改革与发展。

自 2018 年 10 月国发〔2018〕37 号文发布之后，笔者开始关注港航领域营商环境并开展了相关研究。2020 年受新冠肺炎疫情影响，有一段时间足不出户，居家办公，利用这段时间，对之前的一些思路和观点进行梳理，形成系统文字。本书对于国家和行业的政策文件做了梳理和要点摘选，也提出了一些意见建议，都属于个人的观点。由于营商环境涉及的领域广，本人对行业的理解有限，对资料的研读和甄选的能力也有限，必有纰漏，请读者抱着审慎的态度阅读，并请批评指正。电子邮箱：zhangzhehui@wti.ac.cn。

作　者
2020 年 7 月

# 目　录

# 1 营商环境内涵

**引言：**

本章内容分析了港航营商环境的内涵，还分析了优化港航营商环境的总体思路、主要任务和优化港航营商环境的重要意义。本章明确了从两个维度优化港航营商环境：第一维度的核心任务是针对港航业本身，通过优化港航相关市场主体涉及的体制机制性因素，促进港口企业、船公司、无船承运人、货代、船代、车队、堆场、铁路运输企业、引航、拖轮、理货、报关/报检代理、口岸信息平台公司等港航领域的市场主体健康发展；第二维度的核心任务是针对港航业的服务对象，通过优化营商环境促进口岸贸易便利化，切实为货主企业、贸易商降低物流成本，实现物流降费提效。这两个维度也构成了本书的两条主线，后续章节围绕着如何优化体制机制性因素促进港航业市场主体健康发展，以及如何促进跨境贸易便利化为港航业服务对象降费提效这两条主线展开。

## 1.1 营商环境的定义

“营商环境”一词源于世界银行集团国际金融公司（IFC）“Doing Business”项目调查，该项目调查始于 2002 年，旨在对各国中小企业进行考察，并对在企业存在周期内所适用的法规进行评估，通过全面收集并分析定量数据，对各经济体在不同时期的商业监管环境进行比较，并发布《营商环境报告》，供学术界、记者、私营部门研究人员和关注各国商业环境的其他人士参考。IFC 的首份《营商环境报告》于 2003 年发布。

(1)国外学者对营商环境的定义

国际上对营商环境的研究，目前影响力较大的是世界银行每年发布的全球《营商环境报告》。世界银行对营商环境的定义为：营商环境是指一个企业在开办、经营、贸易活动、纳税、破产及执行合约等方面遵循政策法规所需要的时间和成本等外部条件。

除了世界银行以外，还有一些机构和学者对营商环境进行专门的界定或划分。企业发展捐助委员会对营商环境的定义为：营商环境是支配商业活动所必需的政策、法律、制度、规则等的一种复杂融合体，是投资氛围的一个子集，包括落实政府政策的行政和执法体系，影响企业运作方式的体制安排。Bourgeois 认为企业的外部环境是由一般环境和任务环境共同构成的。一般环境主要是指经济环境、政治法律环境、技术环境、社会文化环境和国际环境等；任务环境主要是指市场环境的参与者，如竞争对手、供应商、顾客和战略合作者等。Hambrick 指出，企业的营商环境是由不同部分共同构成的，而且每个部分在某种程度上都单独地影响企业的经营活动。Stoker 指出，营商环境首先是指财税、货币政策等宏观和政治方面，其次是政府体制机构与相关社会制度方面，最后是基础公共设施等方面。Lucas 把影响企业重要决策的外部环境因素归结为八类：技术、管制、经济、社会文化、国际影响、消费者、供应方、竞争者。Benn Eifert 等将营商环境定义为"影响不同企业和行业经营效率的政策、机构、基础设施、人力资源、地理环境等"。Lan Worthington 等将影响企业的外部环境因素分为两类：一是对企业日常运营产生直接影响的外部因素，包括供应商、竞争者、劳动力市场、金融机构及其他；二是影响企业总体行为的宏观外部因素，包括经济、政治、法律、社会及其他。Escaleras 和 Chiang 将营商环境视为政府提供的一种制度质量，包括政府效率、规制质量和腐败程度等。

(2)国内学者对营商环境的定义

国内的大部分学者采用世界银行对营商环境的定义，即认为营商环境是一个企业在开办、经营、贸易活动、纳税、破产及执行合约等方面遵循政策法规所需要的时间和成本等外部条件。其中，谢俊、申明浩等认为营商环境包括影响企业活动的社会要素、经济要素、政治要素和法律要素等。钟科丞认为营商环境包括影响企业活动的要素成本、行政审批环境、市场环境、社会环境和法律要素等方面内容。马相东和王跃生认为营商环境是企业所处的政治环境、经济环境、法治环境、国际化环境等各种外部环境的总和。宋林霖和何成祥认为营商环境是政府所营造的政治、经济、法治以及国际化等环境的有机复合体。周笑梅认为营商环境的外部环境主要包括通过政府治理能够改善的政务环境、人才环境和市场环境等。朱建红认为营商环境是一个系统的大环境，涵盖了政务、市场、法治、人文、贸易等。毛馨苑、田金龙等认为打造协调统一的营商环境应从软、硬两个角度实现对接，软对接是指营商环境的对接，硬对接是指基础领域以及产业结构的一体化建设。

部分学者也提出了对营商环境的其他看法。代明认为营商环境是由政府全力打造的、吸引非政府和外来投资的一种发展手段，包括软环境（政策、制度等)和硬环境(需要政府组织投资和建设)两方面。韩靓认为营商环境指能对企业同其目标顾客进行成功交易产生影响的所有行动者及其力量。具体来说,是指企业外部影响企业经营发展的各种因素的总称。胡益、李启华等认为营商环境是一项系统性的工程,涉及政治环境、经济制度、市场准入、要素流动、法制建设、文化氛围、政务环境、生活环境等社会、政治、经济、生活的各个方面。

(3)我国行政法规及规范性文件对营商环境的定义

2019年,国务院颁布的《优化营商环境条例》对"营商环境"的定义为:营商环境是指企业等市场主体在市场经济活动中所涉及的体制机制性因素和条件。

2019年,中共中央、国务院印发的《交通强国建设纲要》在"完善治理体系,提升治理能力"的任务中明确要"优化营商环境",具体任务是:健全市场治理规则,深入推进简政放权,破除区域壁垒,防止市场垄断,完善运输价格形成机制,构建统一开放、竞争有序的现代交通市场体系。全面实施市场准入负面清单制度,构建以信用为基础的新型监管机制。

2018年,国务院印发的《优化口岸营商环境促进跨境贸易便利化工作方案》,提出了20项具体工作任务:①精简进出口环节监管证件;②优化监管证件办理程序;③深化全国通关一体化改革;④全面推广"双随机、一公开"监管;⑤推广应用"提前申报"模式;⑥创新海关税收征管模式;⑦优化检验检疫作业;⑧推广第三方采信制度;⑨提高查验准备工作效率;⑩加快发展多式联运;⑪创新边境口岸通关管理模式;⑫加快鲜活商品通关速度;⑬加强国际贸易"单一窗口"建设;⑭推进口岸物流信息电子化;⑮提升口岸查验智能化水平;⑯加强口岸通关和运输国际合作;⑰降低进出口环节合规成本;⑱实行口岸收费目录清单制度;⑲公开通关流程及物流作业时限;⑳建立口岸通关时效评估机制。

2019年,交通运输部、发展改革委、财政部等九部门发布的《关于建设世界一流港口的指导意见》在"加快推进开放融合发展"任务中明确要"持续优化口岸营商环境",具体任务是:依托自由贸易试验区、自由贸易港的口岸监管和政策创新,探索港口建设管理模式创新。继续简化一体化通关流程,优化海事监管和引航服务,进一步简化进出口环节监管证件,加快推进"单一窗口"功能覆盖海运和贸易全链条,推动运输和通关便利化、一体化。落实口岸经营服务性收费目录清单和公示制度,联合开展监督检查。加快推进口岸通关物流服务全过程电子化,推动大型港航企业与"单一窗口"的合作对接,共同建设跨境贸易大数据平台,打造"一站式"贸易服务平台。

2020年,交通运输部、发展改革委等七部门发布的《关于大力推进海运业高质量发展的指导意见》中涉及营商环境的表述是:精简海运、海事行政审批事项,研究推动信用承诺制,及时推动《中华人民共和国海商法》《中华人民共和国海上交通安全法》等法律法规及配套规章制度修订,营造市场化、法治化、国际化营商环境。

## 1.2 港航营商环境

(1)面临的形势

①国际形势复杂多变

国际形势继续面临深刻复杂变化,不确定性因素明显增多,全球范围爆发的新冠肺炎疫情冲击全球供应链与产业链,贸易保护主义抬头,世界经济低迷,全球市场萎缩,港航业发展面临重大挑战。

②我国经济社会发展进入新发展阶段

我国经济已由高速增长阶段转向高质量发展阶段,正处在转变发展方式、优化经济结构、转换增长动力的攻关期。港航业发展也正经历由"高速发展"向"高质量发展"转变的历史转折期,这是由我国社会主义现代化建设阶段性要求决定的,也符合交通运输自身发展的规律。

③港航业主要矛盾发生了变化

中国特色社会主义进入新时代,我国社会主要矛盾已经转化为人民日益增长的美好生活需要和不平衡不充分的发展之间的矛盾。在国家生产力总体落后的时代,港航业发展的主要矛盾是总量不足和运输需求不断增长的矛盾。新时代我国港航业发展的主要矛盾已经转化为人民群众的高质量港航服务需求和港航业不平衡不充分的发展之间的矛盾。发展不平衡主要体现为:不同区域发展水平存在差异,行业内的企业提供服务存在差异。发展不充分主要体现为:市场配置资源的作用未充分发挥,市场竞争秩序有待进一步规范,运输效率、服务质量有待提升,物流成本有待降低。新时代我国港航业的主要矛盾集中体现在港航业供给体系质量和效率不能满足经贸发展高水平、高效率、低成本的运输需求。

④港航业发展动力发生了变化

港航业发展由依靠传统要素驱动向更多依靠改革创新开放驱动转变,由注重提升供给能力向注重提升供给质量效率转变。

(2)港航营商环境的内涵

港航领域有诸多从事生产活动的市场主体，港口企业、船公司、无船承运人、货代、船代、车队、堆场、铁路运输企业、引航、拖轮、理货、报关/报检代理、口岸信息平台公司、消毒企业、熏蒸企业、船舶供应、船舶污染物接收处置等市场主体在提供港航物流服务方面都发挥着重要作用。

按照《国民经济行业分类》(GB/T 4754—2017)的划分标准，上述市场主体主要属于G门类交通运输、仓储和邮政业，是第三产业。上述市场主体主要属于G门类中第55大类水上运输业，同时也涉及G门类中第53大类铁路运输业、54大类道路运输业、58大类多式联运和运输代理业、59大类装卸搬运和仓储业等。

港航业作为国民经济产业之一，具有鲜明的产业属性、社会属性和经济属性。从产业属性来看，港航业属于第三产业，表现出服务性的特点，其产品是服务对象的空间位移及配套服务；从社会属性来看，港航业具有很强的外部性，属于基础性产业，并具有公益属性；从经济属性来看，港航业是重要的战略性产业，在经济发展中发挥了先导性作用。

对港航营商环境可以有多种理解，本文主要基于体制机制性因素和跨境贸易便利化开展了相关分析，这与近年来我国行政法规及规范性文件对营商环境的定义是一致的。

本书认为港航营商环境是指港口企业、船公司、无船承运人、货代、船代、车队、堆场、铁路运输企业、引航、拖轮、理货、报关/报检代理、口岸信息平台公司等市场主体在货物通过港口口岸等市场经济活动中所涉及的体制机制性因素和条件，包括市场主体保护、市场环境、政务服务、监管执法、法治保障等方面。

## 1.3　优化港航营商环境的总体思路

(1)指导思想

以习近平新时代中国特色社会主义思想为指导，深入贯彻落实党中央、国务院关于优化营商环境的决策部署，遵循《优化营商环境条例》，坚持问题导向，不断改革创新，着力优化体制机制性因素和条件，探索实践优化港航营商环境的具体措施，切实降低制度性交易成本，更大激发港航市场活力和社会创造力，推动港航业健康发展，促进跨境贸易便利化。

(2)基本原则

①坚持市场化原则

坚持充分发挥市场在资源配置中的决定性作用，激发各类市场主体活力。

更好发挥政府作用，进一步简政放权，保障市场在资源配置中的决定性作用。

②坚持法制化原则

完善港航领域法规体系，严格规范公正文明执法，严格按照法律法规规定履行监管责任，规范监管行为，推进事中事后监管法治化、制度化、规范化。

③坚持国际化原则

借鉴国际经验，完善港航领域政策法规制度。对接国际先进理念和最佳实践，建立符合我国实际的港航营商环境评价机制。

(3)主要任务

优化港航营商环境的主要任务是优化港航企业等市场主体在市场经济活动中所涉及的体制机制性因素和条件，促进跨境贸易便利化。具体任务主要包括：

①持续深化简政放权、放管结合、优化服务改革，最大限度减少政府对市场资源的直接配置，最大限度减少政府对市场活动的直接干预，加强和规范事中事后监管，着力提升政务服务能力和水平，切实降低制度性交易成本，更大激发市场活力和社会创造力，增强发展动力。

②坚持政务公开透明，以公开为常态、不公开为例外，全面推进决策、执行、管理、服务、结果公开。

③以市场需求为导向，深刻转变政府职能，创新体制机制、强化协同联动、完善法治保障，对标国际先进水平，为各类市场主体投资兴业营造稳定、公平、透明、可预期的良好环境。

④加快建立统一开放、竞争有序的现代市场体系，依法促进各类生产要素自由流动，保障各类市场主体公平参与市场竞争。

⑤鼓励、支持、引导非公有制经济发展，激发非公有制经济活力和创造力。

⑥进一步扩大对外开放，积极促进外商投资，平等对待内资企业、外商投资企业等各类市场主体。

⑦在法治框架内积极探索原创性、差异化的优化营商环境具体措施。

⑧促进跨境贸易便利化，促进外贸稳定健康发展。

⑨建立和完善以市场主体和社会公众满意度为导向的营商环境评价体系，发挥营商环境评价对优化营商环境的引领和督促作用。

如何优化港航营商环境，可以从港航市场主体本身和港航市场主体服务对象两个维度来理解。第一维度，要优化港航企业等市场主体在市场经济活动中所涉及的体制机制性因素和条件，为港航企业等市场主体创造良好的市场环境。第一维度的核心任务是针对港航业本身，通过优化体制机制性因素促进港口企业、船公司、无船承运人、货代、船代、车队、堆场、铁路运输企业、引航、拖轮、理货、报关/报检代理、口岸信息平台公司等港航领域的市场主体健康发展。第二维度，要促进跨境贸易便利化，促进外贸稳定健康发展。第二维度的核心任务是针对港航业的服务对象，通过优化营商环境促进贸易便利化，切实为货主企业、贸易商降低物流成本，实现物流降本提效。

上述两个维度是相互关联、紧密联系的，港航业本身和港航业服务对象是主体和客体的关系。优化体制机制性因素促进港航业市场主体健康发展，是为港航业服务对象提供优质服务的基础和重要前提。港航业发展的实质是生产力的增长，主要体现在两个方面：一是生产规模的扩大，包括港航基础设施规模的增加、运载工具数量增加等；二是生产质效的提升，包括运输成本降低、运输效率提升、运输安全性提升等。因此在促进港口口岸跨境贸易便利化的同时，更应该关注港航业相关市场主体的发展，为港航业市场主体营造好的营商环境，这是协同推进两个维度任务的根本出发点。

## 1.4 优化港航营商环境的重要意义

(1)优化港航营商环境是为港航业发展营造良好市场环境的基本保障

港航业是基础性、支撑性、战略性产业，是经济社会发展重要的基础产业，在维护国家海洋权益和经济安全、推动对外贸易发展、促进产业转型升级等方面发挥着重要作用。过去的50年，海运是国际贸易运输的主力军，承担了近90%的国际贸易运输量，我国90%以上的外贸货物都是通过海运完成的。港口企业、航运企业、代理企业、集疏运企业、引航、拖轮、理货等诸多市场主体构成了港航服务生态圈。中华人民共和国成立后，港航业发展大致经历了从“瓶颈制约”到“总体缓解”，再到“基本适应”的历程，当前正在由“高速发展”向“高质量发展”转变。在全球治理面临深刻变革、全球经贸秩序动荡变化、科技发展日新月异的今天，港航业既面临世界地缘政治、贸易格局和经济增长乏力等外部因素的影响，自身也面临供给结构调整、行业形态变化、科技含量增加和法律规则更新等多重挑战。面对新形势和新挑战，需要不断破除市场主体在市场经济活动中所涉及的体制机制性因素和条件，为港航市场主体创造良好的市场环境，促进港航市场主体健康发展。

(2)优化港航营商环境是实现物流降本提效、促进跨境贸易便利化的重要举措

2013年，我国成为全球货物贸易第一大国，已经同全球范围内200多个

经济体建立起贸易伙伴关系。2019年，我国货物进出口总额达31.6万亿元，港口外贸货物吞吐量达43亿吨，港口集装箱吞吐量达2.6亿标准箱。对外贸易的发展有力推动了我国经济发展，也为世界经济做出了重要贡献。当前中美贸易摩擦逐步升级至投资限制、技术封锁、人才交流中断等方面，对全球贸易、经济、地缘政治等产生深远影响。新冠肺炎疫情暴发，全球产业链供应链的稳定畅通受到挑战，对世界经济贸易产生了重大冲击。为应对新冠疫情、贸易摩擦等挑战，我国将构建以国内大循环为主体、国内国际双循环相互促进的新发展格局，逐步形成国内循环、国际循环相互促进的全球大循环，在此背景下，贸易便利化将发挥更加重要的作用。通过深入推进"放管服"改革，对标国际先进水平，创新监管方式，优化通关流程，提高通关效率，降低制度性交易成本，能够有效促进贸易便利化，服务国家发展大局。

(3)优化港航营商环境是面向全球打造竞争新优势的内在要求

当前国际环境复杂严峻，全球经贸格局正在发生深刻变化，国际竞争日趋激烈，国际竞争在很大程度上就是营商环境的竞争。我国经济已深度融入世界经济，要在国际竞争中赢得优势，必须要深入推进优化营商环境工作。港航业要吸引外资、留住内资、吸引人才、留住人才，要吸引要素集聚、促进要素自主有序流动、提高要素配置效率，关键要靠营商环境"软环境"的比拼。行政审批、政务公开、法治环境、税收政策、对外开放政策、公平的市场环境等都是优化营商环境的关键点，进一步提升我国营商环境整体水平，才能打造全球竞争新优势。

(4)优化港航营商环境是对标世界先进水平借鉴提升的迫切任务

近年来党中央、国务院采取了简政放权、减税降费举措，降低了制度性交易成本，优化营商环境取得了显著成效。世界银行《营商环境报告》显示，我国是营商环境改善幅度较大的经济体，部分改革成效已接近全球最佳水平，但是与企业和群众的期待还有一定差距。从优化港航营商环境第一维度促进港航领域的市场主体健康发展的角度分析，我国税收环境、金融环境、法治环境等方面有提升空间，统一开放、竞争有序的现代市场体系还需进一步完善。从优化港航营商环境第二维度促进跨境贸易便利化的角度分析，明晰政府和市场的边界、价格决定、提高效率等方面仍需要进一步探索和实践。我国需要对标先进找差距、借鉴经验补短板，加快把营商环境提升到新的水平。

# 2 世界银行《营商环境报告》[①②]

**引言：**

世界银行《营商环境报告》自2003年面世，我国政府自2018年起给予了世行报告更多的关注，并在国务院文件《关于印发优化口岸营商环境促进跨境贸易便利化工作方案的通知》（国发〔2018〕37号）中对标了世行报告跨境贸易便利化指标，要求"到2021年底，整体通关时间比2017年压缩一半，世界银行跨境贸易便利化指标排名提升30位，初步实现口岸治理体系和治理能力现代化，形成更有活力、更富效率、更加开放、更具便利的口岸营商环境"。自此，世界银行《营商环境报告》在我国的影响力大幅提升，我国各口岸纷纷对标世行的指标体系，开展了促进跨境贸易便利化的实践，我国口岸跨进贸易便利化水平显著提升。世行报告在促进贸易便利化方面发挥了重要作用。2020年世行报告中国跨境贸易指标的排名为第56名（2017年排名96，2018年排名97，2019年排名65）。

《优化营商环境条例》第一章第四条规定"优化营商环境应当坚持市场化、法制化、国际化原则"，其中"国际化原则"主要是对标世界银行等国际组织发布的营商环境报告。

世界银行《营商环境报告》覆盖了影响企业生命周期的12个方面，其中对港航业影响最大的是跨境贸易指标。本章分析世界银行《营商环境报告》，主要对应优化港航营商环境第二维度的核心任务，促进跨境贸易便利化，为货主企业、贸易商等港航业服务对象降费提效。

本章内容重点介绍世界银行《营商环境报告》的总体概况、总体指标体系、跨境贸易指标体系，同时也客观分析了其优势和局限性。我们应借鉴世行报告的理念，在实践中总结经验，建立符合我国国情的评价体系，并制定有针对性的实施方案，切实推进跨境贸易便利化。

---

① 宋林霖. 世界银行营商环境评价指标体系详析[M]. 天津：天津人民出版社，2018.

② 罗培新. 世界银行营商环境评估[M]. 南京：译林出版社，2020.

## 2.1 总体概况

世界银行《营商环境报告》自 2003 年面世，截至目前，该报告总共发布了 17 期，2020 年《营商环境报告》发布于 2019 年 10 月底，覆盖了全球 190 个经济体自 2018 年 5 月 2 日到 2019 年 5 月 1 日期间的营商环境状况，收集了全球 190 个经济体各个商业监管领域的详细数据并加以分析，覆盖了影响企业生命周期的 12 个方面：开办企业（starting a business）、办理施工许可（dealing with construction permits）、获得电力（getting electricity）、登记财产（registering property）、获得信贷（getting credit）、保护少数投资者（protecting minority investors）、纳税（paying taxes）、跨境贸易（trading across border）、执行合同（enforcing contracts）、办理破产（resolving insolvency）、雇佣员工（employing workers）、与政府签约（contracting with the government）。

其中，开办企业、办理施工许可、获得电力、登记财产、获得信贷、保护少数投资者、纳税、跨境贸易、执行合同、办理破产这 10 个方面的指标在报告中用于计算经济体总体的营商环境便利度。雇佣员工、与政府签约则不用于计算总体便利度，只进行单独考察。

该报告致力于通过研究各时期不同经济体商业监管中具有可竞争性、可对比性以及可改革性的且能够进行量化的部分来衡量监管过程，以期帮助政府发现行政过程中存在的问题并加以改正，第一期报告面世至今，在其衡量的 10 个商业监管领域内已经启发了 3500 余项改革。

## 2.2 总体指标体系

《营商环境报告》的指标体系如表 2-1 所示。

**表 2-1 《营商环境报告》指标体系**

| 一级指标 | | 二级指标 |
|---|---|---|
| 用于计算“营商环境便利度” | 开办企业 | 手续（数量）<br>时间（天数）<br>成本（人均收入百分比）<br>最低实缴资本（人均收入百分比） |

**续表 2-1**

| 一级指标 | | 二级指标 |
| --- | --- | --- |
| 用于计算“营商环境便利度” | 办理施工许可 | 手续(数量)<br>时间(天数)<br>成本(仓库价值百分比)<br>建筑质量控制指数(0～15) |
| | 获得电力 | 手续(数量)<br>时间(天数)<br>成本(人均收入百分比)<br>供电可靠性和电费透明指数(0～8) |
| | 登记财产 | 手续(数量)<br>时间(天数)<br>成本(财产价值百分比)<br>土地管理质量指数(0～30) |
| | 获得信贷 | 合法权利力度指数(0～12)<br>信贷信息深度指数(0～8)<br>信用管理机构覆盖率(成年人百分比)<br>信贷登记机构覆盖率(成年人百分比) |
| | 保护少数投资者 | 披露程度指数(0～10)<br>董事责任程度指数(0～10)<br>股东诉讼便利度指数(0～10)<br>股东权利指数(0～10)<br>所有权和管理控制指数(0～10)<br>公司透明度指数(0～10) |
| | 纳税 | 缴税次数(每年)<br>时间(小时/年)<br>总税收和缴费率(占利润百分比)<br>报税后流程指数(0～100) |
| | 跨境贸易 | 出口单证合规耗时(小时)<br>出口边境合规耗时(小时)<br>出口单证合规成本(美元)<br>出口边境合规成本(美元)<br>进口单证合规耗时(小时)<br>进口边境合规耗时(小时)<br>进口单证合规成本(美元)<br>进口边境合规成本(美元) |

**续表 2-1**

| 一级指标 | | 二级指标 |
|---|---|---|
| 用于计算“营商环境便利度” | 执行合同 | 时间(天数)<br>成本(索赔额百分比)<br>司法程序质量指数(0～18) |
| | 办理破产 | 时间(年数)<br>成本(资产价值百分比)<br>回收率(百分比)<br>破产框架力度指数(0～16) |
| 雇佣员工 | | 雇佣<br>工作时间<br>冗余规则<br>冗余成本 |
| 与政府签约 | | 需求与预算<br>招标、评审与中标<br>合同修订、开具发票与付款<br>投诉 |

以上指标体系是2020年《营商环境报告》使用的,此外,世界银行针对指标体系同样也做出了多次调整,见表2-2。

**表 2-2 《营商环境报告》指标体系的调整**

| 调整年度 | 调整内容 |
|---|---|
| 2015年 | · 获取信贷:二级指标“合法权利力度指数”的取值范围从0～10调整为0～12,二级指标“信贷信息深度指数”的取值范围从0～6调整为0～8<br>· 保护少数投资者:新增三个二级指标“股东权利指数、所有权和管理控制指数、公司透明度指数”;<br>· 办理破产:新增一个二级指标“破产框架力度指数” |
| 2016年 | · 办理施工许可:新增一个二级指标“建筑质量控制指数”<br>· 获得电力:新增一个二级指标“供电可靠性和电费透明指数”<br>· 登记财产:新增一个二级指标“土地管理质量指数”<br>· 跨境贸易:调整原来的二级指标,使用新的二级指标<br>· 执行合同:新增一个二级指标“司法程序质量指数” |

续表 2-2

| 调整年度 | 调整内容 |
|---|---|
| 2017 年 | ·登记财产:二级指标“土地管理质量指数”增加了对获取财产权利平等准入的考察<br>·纳税:新增一个二级指标“报税后流程指数”<br>·执行合同:二级指标“司法程序质量指数”增加了对女性证词比例的考察 |
| 2020 年 | ·将一级指标“劳动力市场监管”改为“雇佣员工”,二级指标增加了“工作时间”“冗余规则”,去除了“工作质量”<br>·新增一级指标“与政府签约”,二级指标为“需求与预算”“招标、评审与中标”“合同修订、开具发票与付款”“投诉” |

## 2.3 跨境贸易指标体系

跨境贸易指标包含 8 个二级指标,分别为出口单证合规成本、出口单证合规耗时、出口边境合规成本、出口边境合规耗时、进口单证合规成本、进口单证合规耗时、进口边境合规成本、进口边境合规耗时。

(1)指标体系的假设

为使不同经济体的数据具有可比性,世行在调查跨境贸易情况时对企业及贸易货物做出了假设。

①对于《营商环境报告》涵盖的 190 个经济体,假设货物从出口经济体最大的商业城市的仓库运往进口经济体最大的商业城市的仓库。对于 11 个经济体,在第二大商业城市的同一案例研究假设下,也收集了数据。

②进出口案例研究采用不同的贸易产品。假设每个经济体都从进口合作伙伴处进口标准的 15 吨集装箱汽配(HS8708),进口合作伙伴选择进口汽车零部件最大价值(价格、时间、数量)的经济体。假定每个经济体都将其具有比较优势的产品(按最大出口价值确定)出口给出口伙伴,出口伙伴选择这一产品的最大购买量的经济体。珍贵的金属和宝石、活的动物和药品被排除在可能的出口产品清单之外,第二大产品类别则被视为需要。

③一批货物是一个贸易单位。出口货物不一定需要集装箱,而汽车零部件的进口假定是通过集装箱运输。

④假定基于重量的运输成本大于基于体积的运输成本。

⑤如果政府的费用是由货物的价值决定的，那么假定这个价值为 5 万美元。

⑥该产品是新的，不是二手商品。

⑦出口公司雇用货运代理或报关行（或两者兼有），并支付与国际航运、国内运输、海关和其他政府机构的清关和强制性检查、港口或边境处理、单据合规费等有关的所有费用。

⑧运输方式是所选择的进出口产品和贸易伙伴使用最广泛的一种运输方式，海港、机场或陆地边界过境也是如此。

⑨任何政府机构要求提供的与装运有关的所有电子信息，均被视为在进出口过程中获得、准备和提交的文件。

⑩港口或边界被定义为商品进入或离开经济体的地方（海港、机场或陆路过境点）。

⑪被认为相关的政府机构包括海关、港口当局、公路警察、边防警卫队、标准化机构、农业或工业部、国家安全机构和任何其他政府机构。

如果经济体由于政府限制、武装冲突或自然灾害而没有发生正式的、大规模的、私营部门的跨国界贸易，则将被视为一个“无实践”经济体。“无实践”经济体在所有跨国界贸易指标上分数均为 0。

（2）二级指标总体介绍

①单证合规

单证合规的时间和成本包括获得单证（如进行检查以获得合格证或原产地证）、准备单证（如收集信息以完成海关申报表和原产地证书）、处理单证（如等待相关机构在所有检查完成后发放植物检疫证书）、呈阅单证（如向道路警察出示海关申报表或向港务管理机构出示港口码头收据）以及提交单证（如当面或通过电子方式向海关机构提交海关申报表）所花费的时间和成本。

单证合规指标反映了满足来源经济体、目的地经济体和任何过境经济体的所有政府机构对单证要求所需的时间和成本，其目的是衡量准备一系列单证的总负担，这些单证使得案例研究中所假设的产品和贸易伙伴之间的国际贸易得以完成。例如，货物从孟买运送到纽约，货运转运商必须准备并向印度海关、孟买港务管理机构和纽约海关提交单证。这一指标为经济体进行跨国贸易改革提供了重要的参考，使本国的跨国贸易更为便利。

②边界合规

边界合规的时间和成本，包括在港口或边界装卸以及报关报检过程中获取、准备及提交单证的时间和成本。例如，取得港口码头收据的时间和成本在此将被纳入。边界合规时间和成本的计算取决于边界合规程序发生在哪里，是谁要求和由谁进行的，以及进行检查的可能性有多大。如果所有的报关报检都在港口或边界同时进行，则对边界合规时间的估测会将这种同时性计入。边界合规的时间和成本忽略不计或者为零是完全可能的，在欧盟或其他关税同盟成员国之间进行贸易的情况下即是如此。

边界合规指标衡量了遵守经济体海关规定的时间和成本，包括为了使货物跨越经济体边界而必须进行的其他检查的相关规定，另外还衡量了经济体港口或边界装卸的时间和成本。该指标衡量了一个经济体是否拥有将货物快速通关的能力，也为经济体进行改革提供了依据。

③时间

进出口所用的时间以小时为单位，1 天为 24 小时(例如，22 天记录为 22×24＝528 小时)。办理手续所需的时间从手续启动开始计算，一直到完成为止。假设文件在上午 8:00 提交给海关总署，并在第二天上午 8:00 完成，在这种情况下，清关的时间将被记录为 24 小时，因为实际的程序花了 24 小时。

该指标衡量的是进出口所需的时间，即办理手续从启动到完成所需的时间。该指标显示了营商环境所调查的 190 个国家进行跨境贸易所需的时间，从而为经济体进行相关改革提供了重要参考。

④成本

成本衡量的是对一个约 6.1 米的集装箱所征收的费用，以美元为单位。其中包含完成货物出口和进口各项手续的所有相关费用，包括单证费、通关和技术控制管理费、报关代理费、码头装卸费和内陆运输费。成本中不包括关税以及与海运相关所得税和费用。没有收据的保险费用和非正式付款被排除在记录的费用之外。根据问卷调查对象的汇率测算，将当地货币兑换成美元。问卷调查对象是国际贸易物流领域了解汇率及其变动情况的专家。

成本所衡量的具体内容包括所有文件记录、内陆运输和装卸、通关及检验等所花费的费用。该指标所研究的是在全球跨境贸易过程中经济体是否拥有较低的贸易成本，并以此指导经济体通过各种有效措施降低其贸易成本，促进经济发展。

⑤国内运输

国内运输指标反映的是与货物从经济体最大商业城市的仓库运到该经

济体使用最广泛的海港、机场或陆上边境相关的时间和成本。对 11 个经济体还收集了第二大商业城市的数据。这一系列过程包括了实际运输、交通延迟和道路警察检查的时间，还有在仓库或边境装卸货物的时间。计入这个部分的时间包括在运输过程中进行准备和提交单证花费的时间。

国内运输指标衡量的是货物从经济体最大商业城市的仓库运到该经济体使用最广泛的海港、机场或陆上边境相关的时间和成本。具体来说，对于有海外贸易伙伴的沿海经济体来说，国内运输指标衡量的是从在仓库装货到货物抵达该经济体港口的时间和成本。对于通过陆上边境进行贸易的经济体，国内运输指标衡量的是从在仓库装货到货物抵达该经济体陆上边境的时间和成本。设立此指标，是因为运输对经济体进行跨境贸易有着重要的影响。

(3)指标的革新

2016 年与 2017 年的《营商环境报告》，对跨境贸易指标进行了较大的改革，其改革主要是使跨境贸易指标更加完善，更加适应现实国际贸易的发展。

2016 年对衡量指标进行了较大的调整，由原来的 3 个指标增加到了 8 个。在 2016 年之前，衡量指标为：进出口所需的单证、时间以及成本。而在 2016 年则变为：出口单证合规成本、出口单证合规耗时、出口边境合规成本、出口边境合规耗时、进口单证合规成本、进口单证合规耗时、进口边境合规成本、进口边境合规耗时。

在不断创新的时代，国际贸易大大受益于与各种电子接口的集成开发。为了积极推进数字技术和电子服务的使用，世界海关组织(WCO)宣布 2016 为数字海关年。世界海关组织重视合作、协调海关活动，如自动通关系统，单一窗口的实施，以及改善电子信息交流。这些活动的目标是使电子商务促进信息的自由流动，增加透明度。2017 年开始收集世界各地单一窗口使用的数据。

## 2.4 数据和排名

(1)总体数据

DB2020 和 DB2019 排名前 50 的经济体与得分情况分别见表 2-3 与表 2-4，DB2016—DB2020 中国大陆各指标得分情况如表 2-5 所示。

**表 2-3 DB2020 排名前 50 的经济体与得分情况**

| 排名 | 经济体 | 得分 | 排名 | 经济体 | 得分 |
|---|---|---|---|---|---|
| 1 | 新西兰 | 86.8 | 26 | 冰岛 | 79.0 |
| 2 | 新加坡 | 86.2 | 27 | 奥地利 | 78.7 |
| 3 | 中国香港 | 85.3 | 28 | 俄罗斯联邦 | 78.2 |
| 4 | 丹麦 | 85.3 | 29 | 日本 | 78.0 |
| 5 | 韩国 | 84.0 | 30 | 西班牙 | 77.9 |
| 6 | 美国 | 84.0 | 31 | 中国 | 77.9 |
| 7 | 格鲁吉亚 | 83.7 | 32 | 法国 | 76.8 |
| 8 | 英国 | 83.5 | 33 | 土耳其 | 76.8 |
| 9 | 挪威 | 82.6 | 34 | 阿塞拜疆 | 76.7 |
| 10 | 瑞典 | 82.0 | 35 | 以色列 | 76.7 |
| 11 | 立陶宛 | 81.6 | 36 | 瑞士 | 76.6 |
| 12 | 马来西亚 | 81.5 | 37 | 斯洛文尼亚 | 76.5 |
| 13 | 毛里求斯 | 81.5 | 38 | 卢旺达 | 76.5 |
| 14 | 澳大利亚 | 81.2 | 39 | 葡萄牙 | 76.5 |
| 15 | 中国台湾 | 80.9 | 40 | 波兰 | 76.4 |
| 16 | 阿拉伯联合酋长国 | 80.9 | 41 | 捷克共和国 | 76.3 |
| 17 | 北马其顿 | 80.7 | 42 | 荷兰 | 76.1 |
| 18 | 爱沙尼亚 | 80.6 | 43 | 巴林 | 76.0 |
| 19 | 拉脱维亚 | 80.3 | 44 | 塞尔维亚 | 75.7 |
| 20 | 芬兰 | 80.2 | 45 | 斯洛伐克共和国 | 75.6 |
| 21 | 泰国 | 80.1 | 46 | 比利时 | 75.0 |
| 22 | 德国 | 79.7 | 47 | 亚美尼亚 | 74.5 |
| 23 | 加拿大 | 79.6 | 48 | 摩尔达维亚 | 74.4 |
| 24 | 爱尔兰 | 79.6 | 49 | 白俄罗斯 | 74.3 |
| 25 | 哈萨克斯坦 | 79.6 | 50 | 黑山共和国 | 73.8 |

**表 2-4 DB2019 排名前 50 的经济体与得分情况**

| 排名 | 经济体 | 得分 | 排名 | 经济体 | 得分 |
|---|---|---|---|---|---|
| 1 | 新西兰 | 86.59 | 26 | 奥地利 | 78.57 |
| 2 | 新加坡 | 85.24 | 27 | 泰国 | 78.45 |
| 3 | 丹麦 | 84.64 | 28 | 哈萨克斯坦 | 77.89 |
| 4 | 中国香港 | 84.22 | 29 | 卢旺达 | 77.88 |
| 5 | 韩国 | 84.14 | 30 | 西班牙 | 77.68 |
| 6 | 格鲁吉亚 | 83.28 | 31 | 俄罗斯 | 77.37 |
| 7 | 挪威 | 82.95 | 32 | 法国 | 77.29 |
| 8 | 美国 | 82.75 | 33 | 波兰 | 76.95 |
| 9 | 英国 | 82.65 | 34 | 葡萄牙 | 76.55 |
| 10 | 马其顿共和国 | 81.55 | 35 | 捷克共和国 | 76.10 |
| 11 | 阿拉伯联合酋长国 | 81.28 | 36 | 荷兰 | 76.04 |
| 12 | 瑞典 | 81.27 | 37 | 白俄罗斯 | 75.77 |
| 13 | 中国台湾 | 80.90 | 38 | 瑞士 | 75.69 |
| 14 | 立陶宛 | 80.83 | 39 | 日本 | 75.65 |
| 15 | 马来西亚 | 80.60 | 40 | 斯洛文尼亚 | 75.61 |
| 16 | 爱沙尼亚 | 80.50 | 41 | 亚美尼亚 | 75.37 |
| 17 | 芬兰 | 80.35 | 42 | 斯洛伐克共和国 | 75.17 |
| 18 | 澳大利亚 | 80.13 | 43 | 土耳其 | 74.33 |
| 19 | 拉脱维亚 | 79.59 | 44 | 科索沃 | 74.15 |
| 20 | 毛里求斯 | 79.58 | 45 | 比利时 | 73.95 |
| 21 | 冰岛 | 79.35 | 46 | 中国 | 73.64 |
| 22 | 加拿大 | 79.26 | 47 | 摩尔多瓦 | 73.54 |
| 23 | 爱尔兰 | 78.91 | 48 | 塞尔维亚 | 73.49 |
| 24 | 德国 | 78.90 | 49 | 以色列 | 73.23 |
| 25 | 阿塞拜疆 | 78.64 | 50 | 黑山共和国 | 72.73 |

**表 2-5 中国大陆 DB2016—DB2020 各指标得分情况**

| 指标 | 2020 | 2019 | 2018 | 2017 | 2016 |
|---|---|---|---|---|---|
| 总体 | 77.9（排名 31） | 74.0（排名 46） | 65.3（排名 78） | 64.3（排名 78） | 62.9（排名 84） |
| 开办企业 | 94.1(排名 27) | 93.4 | 85.4 | 84.3 | 80.8 |
| 办理施工许可 | 77.3(排名 33) | 65.2 | 41.2 | 39.9 | 39.6 |
| 获得电力 | 95.4(排名 12) | 92.0 | 65.7 | 65.6 | 65.5 |
| 登记财产 | 81.0(排名 28) | 80.8 | 75.0 | 74.5 | 74.5 |
| 获得信贷 | 60.0(排名 80) | 60.0 | 60.0 | 60.0 | 50.0 |
| 保护少数投资者 | 72.0(排名 28) | 62.0 | 56.0 | 56.0 | 56.0 |
| 纳税 | 70.1(排名 105) | 67.9 | 63.3 | 60.5 | 60.5 |
| 跨境贸易 | 86.5(排名 56) | 83.4 | 70.7 | 70.7 | 70.7 |
| 执行合同 | 80.9(排名 5) | 79.0 | 79.0 | 79.0 | 78.1 |
| 办理破产 | 62.1(排名 51) | 55.8 | 55.8 | 55.8 | 55.4 |

由上述数据可知，中国的相关指标在 2019 年的报告中发生了明显改善，主要原因集中在数据收集层面，包括以下两个原因：

①参与答卷的专业人士增多。在 2019 年之前，中国大陆参加世行《营商环境报告》跨境贸易问卷的人员中，缺乏真正了解一线操作的专业人士，因此，国家相关政府部门在第三方研究机构的协助下，发动了大量专业人士参与世行问卷。

②答卷人员得到了有效的答卷前培训。由于世行问卷是全英文问卷，结构复杂，不熟悉的人员进行答卷有一定的困难，对于问卷问题的理解，不同人员也会存在非常大的差异，很可能使得最终的结论大大偏离中国大陆实际情况。为了解决这个困难，相关政府部门组织了有效的答卷培训活动，编写并向答卷人发送了全面、客观的参考材料，以帮助答卷人理解问卷、按照问卷要求进行作答，进一步反映调查地点的真实情况。

(2)跨境贸易数据

DB2016—DB2020 营商环境主要经济体跨境贸易情况如表 2-6 所示，中国大陆 DB2016—DB2020 跨境贸易情况如表 2-7 所示。

**表 2-6 DB2016—DB2020 营商环境主要经济体跨境贸易情况**

| 经济体 | 跨境贸易总体得分 | | | | |
|---|---|---|---|---|---|
| | 2020 | 2019 | 2018 | 2017 | 2016 |
| 韩国 | 92.5(排名 36) | 92.5 | 92.5 | 92.5 | 92.5 |
| 美国 | 92.0(排名 39) | 92.0 | 92.0 | 92.0 | 92.0 |
| 德国 | 91.8(排名 42) | 91.8 | 91.8 | 91.8 | 91.8 |
| 新加坡 | 89.6(排名 47) | 89.6 | 89.6 | 89.3 | 89.3 |
| 马来西亚 | 88.5(排名 49) | 88.5 | 84.1 | 83.7 | 83.7 |
| 中国 | 86.5(排名 56) | 83.4 | 70.7 | 70.7 | 70.7 |
| 日本 | 85.9(排名 57) | 86.3 | 86.5 | 86.5 | 86.5 |
| 中国台湾 | 84.9(排名 61) | 84.9 | 84.9 | 83.0 | 83.0 |
| 印度 | 82.5(排名 68) | 77.5 | 58.6 | 57.6 | 56.5 |

**表 2-7 中国大陆 DB2016—DB2020 跨境贸易情况**

| 指标 | 2020 | 2019 | 2018 | 2017 | 2016 |
|---|---|---|---|---|---|
| 出口单证合规成本(美元) | 73.6 | 73.6 | 84.6 | 84.6 | 84.6 |
| 出口边境合规成本(美元) | 256.2 | 314.0 | 484.1 | 484.1 | 484.1 |
| 进口单证合规成本(美元) | 77.3 | 77.3 | 125.9 | 125.9 | 125.9 |
| 进口边境合规成本(美元) | 241.3 | 326.0 | 745.0 | 745.0 | 745.0 |
| 出口单证合规耗时(小时) | 8.6 | 8.6 | 21.2 | 21.2 | 21.2 |
| 出口边境合规耗时(小时) | 20.7 | 25.9 | 25.9 | 25.9 | 25.9 |
| 进口单证合规耗时(小时) | 12.8 | 24.0 | 65.7 | 65.7 | 65.7 |
| 进口边境合规耗时(小时) | 35.7 | 48.0 | 92.3 | 92.3 | 92.3 |

2016—2018 年,多个经济体的数据没有发生变化,是由世界银行《营商环境报告》跨境贸易问卷的设置导致的,在问卷的问题中会给出上一年报告的答案,答卷人可以在今年给出不同的答案,但如果有差异则需要进行解释,所以很多答卷人如果没有感受到明显的变化就会默认上一年报告的答案。而世行确定最终结论时取的是各个答卷人答案的中位数,因此,当选择默认上一年数据的答案相对更多时,则本年的最终结论将会与上一年一致。

自 2019 年的报告起，中国大陆跨境贸易指标数据发生明显改善，除去数据收集层面的原因，两年间中央及地方政府的新政策和改革措施，也使得企业感知到在跨境贸易合规成本与合规时间方面的下降。政府的新政策和改革措施主要包括上海港、天津港降低外贸集装箱装卸费率；全面实行国际贸易单一窗口免费申报，所有向政府管理部门的申报均不收费；“关检合并”带来代理申报费用的降低；海关和国家有关部委全面取消涉及进出口环节的行政性收费；取消办理《自动进口许可证》的收费；取消办理《出口原产地证书》的收费，等等。

此外，跨境贸易指标体系下，问卷中对于经济体的运输方式做出了设定，将运输方式分为陆运与海运，就口岸和边境的相关手续而言，在任何国家和地区海运要比陆运复杂很多，带来的成本和耗时大大高于陆运的，但世行在后续统计时，并没有将不同运输方式分开，因此导致多个运输方式为陆运的国家此项指标综合排名出现并列第一的现象。

## 2.5　跨境贸易评价存在的缺陷

《营商环境报告》在跨境贸易方面存在的缺陷具体体现在以下四个方面：

(1)分类比较缺失

世行的问卷中对于经济体的运输方式做出了设定，如：对中国两个城市(上海和北京)设定为“海运出口至中国香港/海运从日本进口”，对美国两个城市(纽约和洛杉矶)设定为“陆运出口至加拿大/陆运从墨西哥进口”。设定规则在某种意义上是合理的，增加了问卷的确定性和代入感，但世行在后续统计时，并没有将不同运输方式分开。就口岸和边境的相关手续而言，在任何国家和地区，海运要比陆运复杂很多，所带来的成本和耗时同样要大大高于陆运，混在一起评分有失公平。

(2)答卷人数量与质量不够理想

世行报告对参与答卷的人数及专业经验和知识没有设定具体要求。答卷人数较少，且 2018 版报告之前中国参与跨境贸易部分的答卷人几乎没有实际从事国际贸易或者货代、码头作业、代理报关的专业人员。自 2018 年起，世行通过不同渠道进行动员，希望有更多的专业人士参与答卷，中国政府相关部门及第三方研究机构积极组织，使得中国的答卷人情况发生显著变化，但其他国家的答卷情况一如既往，整体失真情况没有得到根本扭转，直接影响了最终排名的合理性。

(3)问题设置存在缺陷

随着全球经济发展以及贸易便利化的推进，各国通关时间不断缩短，通关成本随着物价上涨逐年提高是一个可以预见、较为正常的情况，但世行报告的相关数值在过去五年间变化甚少。此外，问卷的选项中显示上一年的数据，并将其作为默认数值，若认为无变化，则取默认数值，若认为有变化，则需要改写数值并提供数值变化的具体理由。对非专业人士而言，在不了解相关情况或者大概了解的情况下大多选择默认数值，即便是专业人士，由于对于提供准确数据且撰写原因没有任何激励措施，因此也存在直接采用默认值的可能性。

(4)概念界定模糊

世行对于跨境贸易指标的界定较为模糊，导致不同的答卷人可能产生完全不同的理解。以“进口单证合规耗时”为例，世行定义为“准备和获取海关及其他监管机构在进口所要求递交单证的耗时”。向中国海关进行进口申报时，需要提交的合同、商业发票、装箱单、提单等单证一般情况下是由国外发货人提供的，世行没有给出对应单证“准备与获取的耗时”的计算说明，这种情况下计算发货人从国外寄出到收货人收到单证之间的耗时是不合理的。此外，由于世界银行给出的界定十分模糊，各地方以其方法论或“世行口径”进行跨境贸易成本测算的研究在标准上不统一，因此各地评测结论之间的可比性难以保证。

## 2.6 优势和局限性

世界银行的《营商环境报告》之所以能够引起中央及地方政府的重视，在于其比较严谨客观的论述，但经过深入分析，世界银行在方法论上存在一定的缺陷。

(1)《营商环境报告》的优势

①针对性和跨国可比性

从针对性看，《营商环境报告》考察位于每个经济体内最大商业城市的中小企业，衡量本地企业面临的营商法规，重点关注非常明确的步骤、法规和制度，而不是关于营商环境的一般性和基于主观感受的问题。从跨国可比性看，《营商环境报告》以标准化的案例研究为基础，选取全球经济体的企业实际运营中都会经历的生命周期为指标体系，对选取的指标进行量化后，在各个国家都具有可比性。

②改革的借鉴性

《营商环境报告》的编写初衷是为理解和改善营商监管环境提供一个客观的依据。《营商环境报告》相当于测试国内企业所处监管环境的一个晴雨表。虽然《营商环境报告》并不能体现国内企业监管所需了解的所有事项，但报告中的指标涵盖了比总体监管环境更容易衡量的方面，且记录了每个经济体与前沿水平的差距，能够就需要进行改革的方面提供重要信息。

③透明性

《营商环境报告》将指标体系的内容、计算方法、数据收集的路径以及国家排名的依据等信息进行公开，并建立了专门的网站免费下载最新的报告，而且可以获取地方报告，研究者可以获取任何经济体十大指标的相关数据进行研究。此外，网站附上各个指标选取时的参考论文，对实务部门和研究者进一步理解指标体系具有重要的辅导作用。

(2)《营商环境报告》的局限性

①范围的局限性

《营商环境报告》并不考察商业环境对企业或投资者产生影响的所有方面，也不考察影响竞争力的所有因素。虽然报告注重监管框架的质量，但并不是面面俱到，因此不包括各经济体的所有监管规则。报告也不力求衡量某一特定法律或监管规则对整个社会的总成本和总效益。

②只依据标准化案例的场景

对《营商环境报告》指标的一个重要考虑是，它们应确保全球各经济体之间的数据的可比性。因此，这些指标是根据有特定假设的标准化案例的场景设计出来的，其中一个假设是，企业所处的地点是所在经济体的最大商业城市。在现实中，一国之内不同地区的营商法规及其实施情况常有不同，这在联邦制国家和大型经济体中尤为突出。但如果要对营商环境报告所覆盖的190个经济体的各个行政区都进行数据搜集，成本就会极为庞大。

③只限于正规部门

《营商环境报告》指标假定企业家了解并遵守适用的法规。在实践中，企业家不一定了解遵守有关规定的具体做法，可能会为了解这些情况花费大量时间，也可能故意避免遵守相关法规。在监管法规负担越重的地方，非正规化的程度往往越高。要想对更广泛的营商环境有更为充分的了解、对面临的政策挑战有更宽广的视角，就需要将营商环境报告提供的信息与其他来源的数据结合起来。

从上述局限性来综合分析，世界银行对于营商环境评估内容是有限的，如果仅仅是为了应付评估而改革，虽然短期内能够拉高评估分值，但是会影响对中国问题复杂性的关注，致使营商环境建设内容失之过窄。[①] 营商环境以企业为中心，涉及政治环境、经济环境、社会环境、自然环境、宗教环境、文化环境等诸多因素，每个国家、每个地区都存在特殊问题，营商环境建设既要对标国际，也要结合本地的具体情况，因此我国颁布的《优化营商环境条例》就明确规定"国家建立和完善以市场主体和社会公众满意度为导向的营商环境评级体系"，在借鉴国际经验的基础上，要结合我国实际突出中国特色。

① 孟涛.营商环境法制化建设的中国实践，中国法制发展报告(2020)[M].北京：社会科学文献出版社，2020.

# 3 政府与市场的关系

引言：

《优化营商环境条例》第一章总则第四条规定："优化营商环境应当坚持市场化、法治化、国际化原则，以市场主体需求为导向，以深刻转变政府职能为核心，创新体制机制、强化协同联动、完善法治保障，对标国际先进水平，为各类市场主体投资兴业营造稳定、公平、透明、可预期的良好环境。"

《优化营商环境条例》第一章总则第五条规定："国家加快建立统一开放、竞争有序的现代市场体系，依法促进各类生产要素自由流动，保障各类市场主体公平参与市场竞争。"

无论是从促进港航业健康发展的维度，还是从促进跨境贸易便利化为港航业服务对象降费提效的维度，都需要厘清政府和市场的关系。厘清政府和市场的关系是推进实施优化营商环境各项政策措施的理论基础和实践前提。如何界定政府和市场的边界，做到不越位、不缺位，发挥市场在资源配置中的决定性作用和更好发挥政府的作用，是政府要面对的重要实践问题。市场配置资源不是免费的，会产生市场交易费用，如各种交易规则、合约及其履行、组织、制度安排等所产生的费用，放任自由的市场不是最高效的市场，同时，计划经济虽然节约了市场交易费用，但会产生高昂的组织成本和体制成本。我国改革的出发点是解决国民经济的决策权力过于集中，计划命令的组织成本和体制成本过于高昂的问题，也集中反映在如何正确处理政府和市场的关系。从2018年以来政府部门优化口岸营商环境的实践来看，厘清政府和市场的边界尤为重要。

本章分析了我国政府和市场关系的演变、政府职能的转变，回顾和分析了我国政府和市场关系的变化历程，有利于从认识和实践的视角理解政府职能的变化和当前政府职能的具体体现，也有利于理解后续章节港航领域政府简政放权、价格改革等重大改革举措实施的理论基础和实践脉络。

## 3.1 政府和市场的内涵

(1)市场的内涵

在历史上,从部落与部落间、人与人之间偶然的物物交换开始,市场就在逐渐形成。市场的出现与社会生产力的进步有直接的关系,当人们手上有某种产品剩余而又需要其他产品时,交换便会产生。

狭义的市场是指经济活动参与者传递和交易商品和服务的场所,包括实体场所和虚拟场所。

广义的市场是指通过相互作用决定一种或一系列商品和服务价格的经济活动参与者的集合,是经济活动参与者传递和交易商品和服务的经济关系总和。商品包括有形产品和无形资产。

市场包括市场主体、市场客体、市场交易三个方面。市场主体包括进行交易的个体以及组织,这些交易者在市场内进行买卖,他们主要包括企业、居民、事业单位以及政府等。市场客体主要指交易的对象,包括商品和服务。市场交易主要包括交易者对商品和服务进行交换的活动,这成为沟通市场主体以及客体的桥梁。

(2)政府的内涵

狭义的政府是指国家的中央以及地方的行政管理机构。

广义的政府是指所有的国家政权部门,是在其所属的领域按照一定的规则进行管辖以及资源配置的部门,包括立法部门、司法部门、行政部门和所有的公共部门。

## 3.2 西方政府和市场关系的演变①②③

(1)重商主义国家干预阶段

15—18世纪中期,随着英国商品经济的发展和民族国家的形成,人们意识到货币是财富的来源。英国是重商主义国家中的典型代表,其采取的手段也更为直接,主要包括关税保护和特许贸易制度等方面。在重商主义阶段,

① 黎冯梅.政府与市场关系理论阐述的研究综述[J].全国流通经济,2019,6:53-55.

② 刘津.政府与市场关系的三元视角[J].湖北经济学院学报,2019,17(1):19-24,126.

③ 陈彬彬.政府与市场[J].合作经济与科技,2019,9:42-43.

许多人主张禁止金银出口，严格管制货币，加强对外汇交易的管理。市场处于政府的全面干预之下，重商主义者推崇“零和博弈”，即博弈双方的收益和损失相加总和永远为零，双方不存在合作的可能。重商主义阶段所推崇的思想对后续资本主义的资本积累和使大多数国家顺利过渡到资本主义起了重要作用。

(2)古典自由主义阶段

18世纪60年代起，英国率先开始了工业革命。工业革命在英国兴起后，迅速席卷了大多数的西方国家。第一次工业革命的兴起，提供了以手工技术为基础的工场手工业向机器大工业过渡的条件。产业革命催生了古典经济学。这一时期的代表人物为亚当·斯密，他在《国富论》中严厉批评了自16世纪以来的重商主义经济学。亚当·斯密开创的古典经济学基于理性人假设，他认为人们都在追求自身利益的最大化，在这只“看不见的手”的指引下，个人追求利益最大化会带来整个社会利益的最大化。因此，亚当·斯密开创的古典经济学反对政府对个人行为的干预，认为市场就是一种“自由放任”秩序。此后，新古典经济学继承了这一学说，只不过新古典经济学派利用数理方法，建立了一般均衡模型，但这只是换了形式的“自由放任”秩序观点而已。在古典自由主义阶段，政府由“全能型”转到了“守夜人”的角色，在亚当·斯密和他的继承者们的支持下，市场获得了较多的自由权。

(3)凯恩斯政府干预主义阶段

20世纪初期的经济大萧条对西方经济理论提出了挑战。凯恩斯革命的主要作用则是为政府干预经济提供理论支持，也正是在凯恩斯革命之后，政府与市场关系的讨论变得越来越激烈。凯恩斯认为，传统的市场是不均衡的，为了促进就业，使国家经济走出萧条，促使市场达到均衡状态，政府可以采取政策对市场进行干预。此后的新凯恩斯主义在吸收其他经济学派的批评后，对凯恩斯的经济理论进行了修补和发展，但基本上保持了凯恩斯的国家干预经济的传统。二战后各国都在不同程度上实行以政府干预为中心的凯恩斯主义经济政策，以保证充分就业为施政的目标之一，也为贫困者提供必要的社会保障。凯恩斯主义的盛行，对战后经济的复苏和发展起到了重大的推动作用。

(4)新自由主义阶段

19世纪70年代，由于严重的经济危机，T. H. 格林首先提出了新理论，新理论既支持英国自由主义传统，又实施国家干预，充分发挥国家的作用。新自由主义下的新理论分为多个学派，其中伦敦学派、现代货币学派和西方公共选择学派影响力最大,这三个学派的代表人物分别是哈耶克、弗里德曼、布坎南。这三个学派的观点各异,但总的来看,都是主张限制政府的干预范围,政府的职能被明确地限制在纠正市场失灵的范围内。

## 3.3 我国政府和市场关系的演变

在公有制基础上进行市场取向的改革,是我国经济体制改革的特点,也体现了社会主义国家的发展优势。我国社会主义市场经济体制的确立和政府职能的转变,经历了实践、认识、再实践、再认识的过程,根据实践拓展和认识深化寻找新的科学定位。

从“计划经济”到“有计划的商品经济”,再到“社会主义市场经济”,从“国家调节市场、市场引导企业”到“市场对资源配置起基础性作用”,再到“市场在资源配置中起决定性作用”,是在实践基础上认识的不断深入,这层层递进的逻辑关系,非常清晰地阐明了我国社会主义市场经济体制的发展路径。

我国社会主义市场经济体制确立的几个重要阶段如下:

1949—1977 年,主要学习和借鉴了苏联的经济体制,1956 年底对农业、手工业和资本主义工商业的社会主义改造基本完成,标志着高度集中的计划经济体制形成。改革开放以前,出于巩固新生政权、保证国家环境安全的需要,政府在履行职能过程中大多以政治职能为主,但是由于政府管得太严,市场没有活力,导致我国经济发展停滞不前。

1978—1983 年,形成“计划经济为主、市场调节为辅”的改革思路。1978 年召开的十一届三中全会提出要“按经济规律办事,重视价值规律的作用”,做出把全党的工作重点转移到经济建设上来的重要指示,并指出:“现在我国经济管理体制的一个严重缺点是权力过于集中,应该有领导地大胆下放,让地方和工农企业在国家统一计划的指导下有更多的经营管理自主权。”1982 年,党的十二大报告提出:“我国在公有制基础上实行计划经济。有计划的生产和流通,是我国国民经济的主体。同时,允许对于部分产品的生产和流通不做计划,由市场来调节,也就是说,根据不同时期的具体情况,由国家统一计划划出一定的范围,由价值规律自发地起调节作用。这一部分是有计划生产和流通的补充,是从属的、次要的,但又是必需的、有益的。”这是第一次在党代会文件中提到“市场”,为下一步经济体制改革奠定了基础。

1984—1988 年,改革目标确定为“公有制基础上的有计划的商品经济”。

1984 年，十二届三中全会通过了《中共中央关于经济体制改革的决定》，强调社会主义经济是“在公有制基础上的有计划的商品经济”，提出“建立自觉运用价值规律的计划体制，发展社会主义商品经济”“建立合理的价格体系，充分重视经济杠杆的作用”。在当时的历史条件下，这是马克思主义政治经济学的一个重大发展，突破了把计划经济同商品经济对立起来的传统观点，这个提法为后来社会主义市场经济理论的提出做了重要铺垫。1987 年，党的十三大提出：“必须把计划工作建立在商品交换和价值规律的基础上。以指令性计划为主的直接管理方式，不能适应社会主义商品经济发展的要求。不能把计划调节和指令性计划等同起来。应当通过国家和企业之间、企业与企业之间按照等价交换原则签订定货合同等多种办法，逐步缩小指令性计划的范围。国家对企业的管理应逐步转向以间接管理为主。”“新的经济运行机制，总体上来说应当是‘国家调节市场，市场引导企业’的机制。”十三大提出的“国家调节市场、市场引导企业”，把改革推向新的阶段，也为未来改革奠定了基础。

1989—1992 年，社会主义市场经济体制目标最终确立。1989 年，东欧剧变，我国坚持了十一届三中全会以来的路线方针政策。1992 年初，邓小平在南方谈话中明确指出：“计划多一点还是市场多一点，不是社会主义与资本主义的本质区别。计划经济不等于社会主义，资本主义也有计划；市场经济不等于资本主义，社会主义也有市场。计划和市场都是经济手段。”明确指出了计划和市场是手段，本身不具有制度属性，解除了我们长久以来在意识形态领域的束缚。从理论上深化了我们对政府和市场关系的重新认识，为我们摆脱意识形态领域的思想束缚，确立社会主义市场经济理论，奠定了坚实的基础。1992 年 10 月召开的党的十四大，明确提出了中国经济体制改革的目标是“建立社会主义市场经济体制”，这标志着全党在经济体制改革目标上已形成共识。十四大提出“要使市场在社会主义国家宏观调控下对资源配置起基础性作用”。

1993—2002 年，是社会主义市场经济体制建立时期。1993 年，党的十四届三中全会通过了《中共中央关于建立社会主义市场经济体制若干问题的决定》，明确社会主义市场经济体制由市场主体、市场体系、宏观调控体系、收入分配制度和社会保障制度构成。1997 年，党的十五大提出“使市场在国家宏观调控下对资源配置起基础性作用”“转变政府职能要把企业的生产经营权交给企业；把大量的服务、协调、监督职能转给社会中介组织”。2002 年，党的十六大提出“在更大程度上发挥市场在资源配置中的基础性作用”，界定了政府职能，即经济调节、市场监管、社会管理和公共服务，扩展了政府职能的内涵，在注重政府经济职能的同时，也开始强调政府在社会管理和公共服务方面的职能。

2003—2012 年，是社会主义市场经济体制完善时期。2003 年召开的十六届三中全会，通过了《中共中央关于完善社会主义市场经济体制若干问题的决定》，标志着中国经济体制改革进入完善社会主义市场经济体制的时期。2007 年，党的十七大提出“从制度上更好发挥市场在资源配置中的基础性作用”。2012 年，党的十八大提出“更大程度更广范围发挥市场在资源配置中的基础性作用”。

2013 年至今，是深化经济体制改革时期。从 1992 年提出建设社会主义市场经济体制，经过 20 多年实践，我国社会主义市场经济体制已经初步建立，但仍存在不少问题，主要是市场秩序不规范，以不正当手段谋取经济利益的现象广泛存在；生产要素市场发展滞后，要素闲置和大量有效需求得不到满足并存；市场规则不统一，部门保护主义和地方保护主义大量存在；市场竞争不充分，阻碍优胜劣汰和结构调整。2013 年，十八届三中全会通过了《中共中央关于全面深化改革若干重大问题的决定》指出：“经济体制改革是全面深化改革的重点，核心问题是处理好政府和市场的关系，使市场在资源配置中起决定性作用和更好地发挥政府作用。市场决定资源配置是市场经济的一般规律，健全社会主义市场经济体制必须遵循这条规律，着力解决市场体系不完善、政府干预过多和监管不到位问题。”“必须积极稳妥从广度和深度上推进市场化改革，大幅度减少政府对资源的直接配置，推动资源配置依据市场规则、市场价格、市场竞争实现效益最大化和效率最优化。政府的职责和作用主要是保持宏观经济稳定，加强和优化公共服务，保障公平竞争，加强市场监管，维护市场秩序，推动可持续发展，促进共同富裕，弥补市场失灵。”这是首次提出市场在资源配置中起决定性作用。2017 年，党的十九大报告《决胜全面建成小康社会 夺取新时代中国特色社会主义伟大胜利》明确：“使市场在资源配置中起决定性作用，更好发挥政府作用。”2019 年，十九届四中全会《中共中央关于坚持和完善中国特色社会主义制度 推进国家治理体系和治理能力现代化若干重大问题的决定》明确：“必须坚持社会主义基本经济制度，充分发挥市场在资源配置中的决定性作用，更好发挥政府作用，全面贯彻新发展理念，坚持以供给侧结构性改革为主线，加快建设现代化经济体系。”

市场地位和作用的演变见表 3-1。

表 3-1 市场地位和作用的演变

| 序号 | 时间 | 会议 | 市场的地位和作用 |
|---|---|---|---|
| 1 | 1978 年 | 十一届三中全会 | 把全党的工作重点转移到经济建设上来；让地方和工农企业在国家统一计划的指导下有更多的经营管理自主权 |
| 2 | 1982 年 | 党的十二大 | 允许对于部分产品的生产和流通不做计划，由市场来调节。这是第一次在党代会文件中提到“市场” |
| 3 | 1984 年 | 十二届三中全会 | 在公有制基础上的有计划的商品经济 |
| 4 | 1987 年 | 党的十三大 | 国家调节市场、市场引导企业 |
| 5 | 1992 年 | 党的十四大 | 建立社会主义市场经济体制；要使市场在社会主义国家宏观调控下对资源配置起基础性作用 |
| 6 | 1997 年 | 党的十五大 | 使市场在国家宏观调控下对资源配置起基础性作用 |
| 7 | 2002 年 | 党的十六大 | 在更大程度上发挥市场在资源配置中的基础性作用 |
| 8 | 2007 年 | 党的十七大 | 从制度上更好地发挥市场在资源配置中的基础性作用 |
| 9 | 2012 年 | 党的十八大 | 更大程度更广范围地发挥市场在资源配置中的基础性作用 |
| 10 | 2013 年 | 十八届三中全会 | 使市场在资源配置中起决定性作用和更好地发挥政府作用 |
| 11 | 2017 年 | 党的十九大 | 使市场在资源配置中起决定性作用，更好地发挥政府作用 |
| 12 | 2019 年 | 十九届四中全会 | 必须坚持社会主义基本经济制度，充分发挥市场在资源配置中的决定性作用，更好地发挥政府作用，全面贯彻新发展理念，坚持以供给侧结构性改革为主线，加快建设现代化经济体系 |

## 3.4 政府职能转变

政府职能转变是指政府在原有职能内涵、范围、重点以及职能履行方式的基础上进行的有目的的转移和改变。随着经济体制改革不断转变，政府职能转变伴随着政府机构改革不断推进，我国政府逐渐减少了对经济的干预，主动、逐步退出微观经济领域，全能型政府、管制型政府逐步被有限型政府和服务型政府代替。

改革开放以来我国进行的比较大规模的政府机构改革分别是在 1982 年、1988 年、1993 年、1998 年、2003 年、2008 年、2013 年和 2018 年。1982 年的改革，精简了各级领导班子，加快了干部队伍年轻化。1988 年的改革，重点是围绕经济改革转变政府职能，淡化经济管理部门的微观管理职能。1993 年的改革以政企分开为中心，目的是构建社会主义市场经济基本框架。1998 年的改革以中央政府人员、机构减半为目标，政府职能转变有了重大进展。2003 年的改革为了适应加入世贸组织，提出了决策、执行、监督三权协调的要求。2008 年、2013 年的改革则继续围绕转变政府职能这个核心，探索建立大部门体制。2018 年的改革适应新时代我国社会主要矛盾变化，以国家治理体系和治理能力现代化为导向，优化了国务院机构设置和职能配置，理顺了职责关系。

我国几次重要的机构改革情况如下：

1982 年，我国第一次大规模的政府机构改革开始了，通过精简部门组成机构和人员，提高了政府的工作效率，但此次改革中政府职能转变还没有被纳入议程。

1988 年，首次提出“转变政府职能是机构改革的关键”，提高了转变政府职能的重要地位，此次改革的重点是一些经济部门，要求政府对企业进行间接管理，赋予企业相应的自主权，处理好政府与企业、中央与地方的经济关系，加快突破计划经济体制。

1993 年，政府机构改革紧紧围绕着适应社会主义市场经济发展要求来推进政府职能转变，这也是首次将“适应建设社会主义市场经济体制的需要”作为机构改革的目的。全国人大八届一次会议指出，“要按照建立社会主义市场经济体制的要求……坚决把企业的权力放给企业；把应该由企业解决的问题，交由企业自己去解决”，这就明确了转变政府职能的重点任务。

1998 年，政府机构改革将转变政府职能、实现政企分开作为行政体制改革的重要原则。为了与转变政府职能相适应，这次改革之后对政府部门职责权限进行了调整，下放政府经济权力，撤销工业经济类部门，国务院的组成部门减少了 11 个，在很大程度上消除了政企不分的组织基础。

2003 年，为适应加入世贸组织的需要，重点推进了相关经济、金融管理机构改革，撤销经贸委和对外经贸部，建立国资委、银监会等。同时“非典”事件暴露出了我国公共服务不到位、政府公共服务能力不够的问题，政府职能转变强调要“完善政府社会管理和公共服务的职能，为全面建设小康社会提供强有力的体制保障”。

2006 年，《中共中央关于构建社会主义和谐社会若干重大问题的决定》强调要“建设服务型政府，强化社会管理和公共服务职能”。2007 年，党的十七大报告则明确了建设服务型政府的目标。在这个基础上，还首次提出了要实现基本公共服务均等化的战略目标。2008 年，十七届二中全会审议通过的《关于深化行政管理体制改革的意见》提出，要通过改革促使政府职能向创造良好发展环境、提供优质公共服务、维护社会公平正义这三个方面转变，从根本上明确了转变政府职能的重要地位和总体方向。同年开始的新一轮国务院机构改革在调整部门职责、整合部门功能的同时，更加强调保障和改善民生。2008 年，机构改革围绕转变政府职能和理顺部门职责关系，探索实行职能有机统一的大部门体制，合理配置宏观调控部门职能，加强能源环境管理机构，整合完善工业和信息化、交通运输行业管理体制，以改善民生为重点加强与整合社会管理和公共服务部门。“组建交通运输部。将交通部、中国民用航空总局的职责，建设部的指导城市客运职责，整合划入交通运输部。组建国家民用航空局，由交通运输部管理。国家邮政局改由交通运输部管理。保留铁道部，继续推进改革。”

2012 年，党的十八大对政府职能转变做出了新的战略部署，提出要“深入推进政企分开、政资分开、政事分开、政社分开，建设职能科学、结构优化、廉洁高效、人民满意的服务型政府”。这是对政府职能转变提出的新的更明确的要求。2013 年，十八届二中全会和十二届全国人大一次会议审议通过的《国务院机构改革和职能转变方案》，第一次在党和国家的重要文件中将职能转变与机构改革相并列，直接表明了转变政府职能的重要地位。该方案指出要从更大力度上转变政府职能，理顺政府与市场、企业等各方面的关系以及中央和地方的关系，取消和下放权力，推进简政放权，同时加强事中事后监管，提升政府治理水平和能力。十八届三中全会强调要加快转变政府职能，专门对转变政府职能的目标和方向进行了明确阐述：“必须切实转变政府职能，深化行政体制改革，创新行政管理方式，增强政府公信力和执行力，建设法治政府和服务型政府。”这就明确了政府改革的目标，即推进政府治理现代化，构建“服务＋法治”的现代政府。

2013 年，机构改革重点围绕转变职能和理顺职责关系，稳步推进大部门制改革，实行铁路政企分开，整合加强卫生和计划生育、食品药品、新闻出版和广播电影电视、海洋、能源管理机构。“实行铁路政企分开。为推动铁路建设和运营健康可持续发展，保障铁路运营秩序和安全，促进各种交通运输方式相互衔接，实行铁路政企分开，完善综合交通运输体系。将铁道部拟订铁路发展规划和政策的行政职责划入交通运输部。交通运输部统筹规划铁路、公路、水路、民航发展，加快推进综合交通运输体系建设。组建国家铁路局，由交通运输部管理，承担铁道部的其他行政职责，负责拟订铁路技术标准，监督管理铁路安全生产、运输服务质量和铁路工程质量等。组建中国铁路总公司，承担铁道部的企业职责，负责铁路运输统一调度指挥，经营铁路客货运输业务，承担专运、特运任务，负责铁路建设，承担铁路安全生产主体责任等。”

2017 年，党的十九大报告进一步强调要“转变政府职能，深化简政放权，创新监管方式，增强政府公信力和执行力，建设人民满意的服务型政府”。2018 年，党的十九届三中全会审议通过了《中共中央关于深化党和国家机构改革的决定》和《深化党和国家机构改革方案》，对如何优化政府机构和职能配置进行了更明确的界定。2018 年，机构改革着眼于转变政府职能，坚决破除制约使市场在资源配置中起决定性作用、更好地发挥政府作用的体制机制弊端，围绕推动高质量发展，建设现代化经济体系，加强和完善政府经济调节、市场监管、社会管理、公共服务、生态环境保护职能，结合新的时代条件和实践要求，着力推进重点领域和关键环节的机构职能优化和调整，构建起职责明确、依法行政的政府治理体系，提高政府执行力，建设人民满意的服务型政府。十九届四中全会《中共中央关于坚持和完善中国特色社会主义制度 推进国家治理体系和治理能力现代化若干重大问题的决定》进一步明确优化政府职责体系。

## 3.5 财政事权和支出责任划分改革

合理划分中央与地方财政事权和支出责任是政府有效提供基本公共服务的前提和保障，是建立现代财政制度的重要内容，是推进国家治理体系和治理能力现代化的客观需要。

针对中央与地方财政事权和支出责任划分还存在不同程度的不清晰、不合理、不规范等问题，为发挥市场在资源配置中的决定性作用，提升政府提供基本公共服务的效率，2016 年，国务院发布《关于推进中央与地方财政事权和支出责任划分改革的指导意见》（国发〔2016〕49 号），按照完善社会主义市场经济体制总体要求和深化财税体制改革总体方案，科学合理地划分中央与地方财政事权和支出责任，形成中央领导、合理授权、依法规范、运转高效的财政事权和支出责任划分模式，落实基本公共服务提供责任，提高基本公共服务供给效率，促进各级政府更好履职尽责。

2019年，国务院办公厅发布《交通运输领域中央与地方财政事权和支出责任划分改革方案》(国办发〔2019〕33号)。

水路领域中央事权包括4个方面：①长江干线航道。中央承担专项规划、政策决定、监督评价职责，建设、养护、管理、运营等具体执行事项由中央实施。②西江航运干线。中央承担专项规划、政策决定、监督评价职责，建设、养护、管理、运营等具体执行事项视改革进展情况，逐步由中央实施；在改革到位之前，按照现行管理体制执行。③国境、国际通航河流航道。中央承担专项规划、政策决定、监督评价职责，建设、养护、管理(包括航运管理)、运营等具体执行事项由中央实施或委托地方实施。④中央管理水域水上安全监管和应急救助打捞。中央承担专项规划、政策决定、监督评价职责，具体执行事项由中央实施。上述水路领域事项由中央承担支出责任。

水路领域中央与地方共同财政事权包括4个方面：①京杭运河及其他内河高等级航道。中央承担专项规划、政策决定、监督评价职责，建设、养护、管理、运营等具体执行事项由地方实施。②沿海港口公共基础设施。中央承担沿海港口的专项规划、政策决定、监督评价职责，沿海港口公共基础设施的建设、养护、管理、运营等具体执行事项由地方实施。③重大海上溢油应急处置和海(水)上搜救。中央承担政策决定、监督评价等职责，具体执行事项由中央与地方共同实施。发挥地方政府组织能力强、贴近基层、获取信息便利的优势，强化地方政府在重大海上溢油应急处置和海(水)上搜救方面的相关职责。④水运绿色发展。中央承担专项规划、政策决定、监督评价职责，具体执行事项由地方实施。上述水路领域事项由中央与地方共同承担支出责任。

水路领域地方财政事权包括3个方面：①其他内河航道、内河港口公共锚地、陆岛交通码头。地方承担专项规划、政策决定、监督评价职责，并负责建设、养护、管理、运营等具体事项的执行实施。②客运码头安全检测设施、农村水上客渡运管理。地方承担专项规划、政策决定、监督评价职责，并负责建设、养护、管理、运营等具体事项的执行实施。③地方管理水域的水上安全监管和搜寻救助。地方负责具体事项的执行实施。上述水路领域事项由地方承担支出责任。

## 3.6　港航领域政府职能

港航领域的政府职能应在国家治理体系框架下确定。十九届四中全会《中共中央关于坚持和完善中国特色社会主义制度 推进国家治理体系和治理能力现代化若干重大问题的决定》是当前我们对国家治理体系和治理能力现代化的最新认识，港航领域的政府职能主要体现在以下八个方面：

(1)完善法治体系

坚持科学立法、民主立法、依法立法，加强行业重要领域立法，以良法保障善治。坚持有法必依、执法必严、违法必究，严格规范公正文明执法，规范执法自由裁量权，加大关系群众切身利益的重点领域执法力度。加强对法律实施的监督。

(2)完善行政体制

健全部门协调配合机制，防止政出多门、政策效应相互抵消。深化行政执法体制改革，最大限度减少不必要的行政执法事项。进一步整合行政执法队伍，继续探索实行跨领域跨部门综合执法，推动执法重心下移，提高行政执法能力水平。落实行政执法责任制和责任追究制度。创新行政管理和服务方式，加快融入全国一体化政务服务平台建设，健全强有力的行政执行系统，提高政府执行力和公信力。

(3)优化政府职责体系

承担经济调节、市场监管、社会管理、公共服务、生态环境保护等职能。简政放权、放管结合、优化服务，深化港航领域行政审批制度改革，激发各类市场主体活力。健全以行业发展规划为战略导向，以财政政策和货币政策为主要手段，就业、产业、投资、消费、区域等政策协同发力的宏观调控制度体系。完善行业重大战略和中长期发展规划制度体系，建立完善陆海统筹的空间规划体系。完善标准科学、规范透明、约束有力的预算制度。严格市场监管、质量监管、安全监管，加强违法惩戒。完善公共服务体系，推进基本公共服务均等化、可及性。建立健全运用互联网、大数据、人工智能等技术手段进行行政管理的制度规则。推进数字政府建设，建设包括港口、船舶、船员的港航大数据中心，加强数据有序共享和挖掘应用，依法保护个人信息。

深化交通运输大部制改革，建立权责清晰的中央和地方交通管理体制，健全区域交通协调发展机制。落实中央与地方财政事权和支出责任，合理确定各级交通运输主管部门的事权范围，构建事权与财权相匹配的分级负责制，落实各级政府的支出责任。

(4)优化政府组织结构

推进机构、职能、权限、程序、责任法定化，使政府机构设置更加科学、职能更加优化、权责更加协同。统筹利用行政管理资源，节约行政成本。

(5)完善社会主义市场经济体制

建设高标准市场体系，完善公平竞争制度，全面实施市场准入负面清单制度。强化竞争政策基础地位，落实公平竞争审查制度，配合市场监督管理部门，加强和改进反垄断和反不正当竞争执法。推进要素市场制度建设，实现要素价格市场决定、流动自主有序、配置高效公平。加强资本市场基础制度建设，构建符合港航行业发展实际的投融资体制机制。

(6)完善科技创新体制机制

加大基础科研投入，健全鼓励支持基础研究、原始创新的体制机制。建立以企业为主体、市场为导向、产学研深度融合的技术创新体系，创新促进科技成果转化机制，推动大数据、互联网、人工智能、区块链、超级计算等新技术与行业的融合，加强绿色水运、智能船舶、智能航保、智能港口等领域的技术创新。完善科技人才发现、培养、激励机制，健全符合科研规律的科技管理体制和政策体系。

(7)建设更高水平开放型经济新体制

实施更大范围、更宽领域、更深层次的全面开放，促进内外资企业公平竞争。健全外商投资准入前国民待遇加负面清单管理制度，推动规则、规制、管理、标准等制度型开放。健全促进对外投资政策和服务体系。加快自由贸易试验区、自由贸易港等对外开放高地建设。

(8)完善生态文明制度体系

实施最严格的生态环境保护制度，加快建立健全国土空间规划和用途统筹协调管控制度，推动市场导向的绿色技术创新，构建以排污许可制为核心的固定污染源监管制度体系。建立健全资源高效利用制度，构建清洁低碳、安全高效的能源体系。严明生态环境保护责任制度。

# 4 简政放权

**引言：**

《优化营商环境条例》第一章总则第三条规定："国家持续深化简政放权、放管结合、优化服务改革，最大限度减少政府对市场资源的直接配置，最大限度减少政府对市场活动的直接干预，加强和规范事中事后监管，着力提升政务服务能力和水平，切实降低制度性交易成本，更大激发市场活力和社会创造力，增强发展动力。"

《优化营商环境条例》第三章市场环境第二十条规定："国家持续放宽市场准入，并实行全国统一的市场准入负面清单制度。市场准入负面清单以外的领域，各类市场主体均可以依法平等进入。各地区、各部门不得另行制定市场准入性质的负面清单。"

《中华人民共和国行政许可法》规定了6类事项可以设定行政许可：①直接涉及国家安全、公共安全、经济宏观调控、生态环境保护以及直接关系人身健康、生命财产安全等特定活动，需要按照法定条件予以批准的事项；②有限自然资源开发利用、公共资源配置以及直接关系公共利益的特定行业的市场准入等，需要赋予特定权利的事项；③提供公众服务并且直接关系公共利益的职业、行业，需要确定具备特殊信誉、特殊条件或者特殊技能等资格、资质的事项；④直接关系公共安全、人身健康、生命财产安全的重要设备、设施、产品、物品，需要按照技术标准、技术规范，通过检验、检测、检疫等方式进行审定的事项；⑤企业或者其他组织的设立等，需要确定主体资格的事项；⑥法律、行政法规规定可以设定行政许可的其他事项。同时也规定上述6类事项如果可以通过下列方式予以规范的，可以不设行政许可：①公民、法人或者其他组织能够自主决定的；②市场竞争机制能够有效调节的；③行业组织或者中介机构能够自律管理的；④行政机关采用事后监督等其他行政管理方式能够解决的。《中华人民共和国行政许可法》规定，法律可以设定行政许可。尚未制定法律的，行政法规可以设定行政许可。必要时，国务院可以采用发布决定的方式设定行政许可。实施后，除临时性行政许可事项外，国务院应当及时提请全国人民代表大会及其常务委员会制定法律，或者自行制定行政法规。行政许可法没有赋予国务院部门规章设定行政许可的权力。

简政放权是充分发挥市场在资源配置中的决定性作用和更好发挥政府作用的一项重要的改革举措，本章系统梳理了港航领域精简行政审批的具体事项，分析了建立市场准入负面清单制度的情况，从精简行政审批和市场准入两个方面对港航领域简政放权进行了分析。

回顾被取消的行政审批事项，现在的我们很难想象计划经济时期以及计划经济向市场经济过渡时期政府参与市场如此之多，政府部门曾深度参与市场活动的微观管理，计划经济的体制机制性成本高昂，市场的活力被束缚。但是从历史观的角度看，政策的制定是基于当时的国情和认识，又随着认识的深入不断做出调整，一直都会处在动态的变化中。可以预期，随着全面深化改革的不断推进，港航领域的改革也会不断深入。

## 4.1 精简行政审批

计划经济时代，行政审批是发挥政府职能的重要手段。随着中国特色社会主义市场经济体制的建立和政府职能的转变，精简行政审批事项加强事中事后监管是非常必要的配套改革。政府对市场主体、经济活动的监管，存在一个“度”的考量。过度的行政审批会带来不良的后果，一是复杂的审批流程、苛刻的准入条件会给市场主体进入市场带来障碍，扼杀市场的活力；二是复杂的审批、审核会增加行政成本；三是政府部门可能会出现寻租腐败的情况。精简审批不是不要监管，而是改变和调整规制的方式，将一些事项的监管从前置变成后置，在释放各类市场主体能量的同时，也加强市场主体自我约束。

精简行政审批有以下好处：一是激发了市场的活力，提高了市场主体运营效率，更好地发挥了市场在资源配置中的决定性作用；二是减少了政府的审批、审核工作，降低了行政成本；三是减少了政府的事权，降低了滋生腐败的风险。

同时，政府的职能由事前审批转变为事中事后监管，对如何做好监管工作也提出了更高的要求。当前正处于行政审批下放事中事后监管建立的“换挡期”，多项行政审批已经取消或者下放地方，以信用为基础的新型监管机制等事中事后监管机制还在建立中。“换挡期”也是很好的“观察期”，可以对比评估在行政审批时期和取消行政审批后市场的发展情况，对取消行政审批做出客观的评价，并以此为基础确定各行业事中事后监管的思路和具体方案。

### 4.1.1 港航领域精简行政审批(2001—2012年)

2001年国务院印发《国务院批转关于行政审批制度改革工作实施意见的通知》(国发〔2001〕33号),要求各级政府进一步转变政府职能,减少行政审批。“少管微观,多管宏观,少抓事前的行政审批,多抓事后的监督检查,切实加强监督和落实。改革行政审批制度,需要审批的项目应规定清楚,公开透明,不需要审批的坚决不去审批。逐步建立、完善价格和市场机制,而不是单靠行政手段去解决。”

行政审批制度改革的总体要求是:不符合政企分开和政事分开原则、妨碍市场开放和公平竞争以及实际上难以发挥有效作用的行政审批,坚决予以取消;可以用市场机制代替的行政审批,通过市场机制运作;对于确需保留的行政审批,要建立健全监督制约机制,做到审批程序严密、审批环节减少、审批效率明显提高,行政审批责任追究制得到严格执行。

据统计,2001—2012年,国务院共取消和调整了2497项行政审批项目,占国务院各部门当时全部行政审批事项的近69.3%,而地方各级政府取消和调整的行政审批事项多达数万项,占原有项目总数的一半以上。

国务院取消和调整的港航领域行政审批项目如下:

(1)《国务院关于取消第一批行政审批项目的决定》(国发〔2002〕24号),取消了10项港航领域行政审批事项。见表4-1。

**表4-1 国务院决定取消的第一批港航领域行政审批项目目录**

| 序号 | 项目名称 | 设定依据 |
|---|---|---|
| 1 | 企事业单位自筹资金(除重大项目和国家明令限制之外)的港航设施更新改造项目的审批 | 《国务院关于放宽固定资产投资审批权限和简化审批手续的通知》(国发〔1987〕23号),《国家计划委员会、国家建设委员会、财政部关于试行加强基本建设管理几个规定的通知》(计基〔1978〕234号) |
| 2 | 公路、水运监理工程师资格评审 | 《交通部关于发布〈公路、水运工程监理工程师资质管理办法〉的通知》(交基发〔1996〕29号) |
| 3 | 国内水运企业(含合资、合作水运企业及服务企业)更名和注销许可 | 《交通部关于修改〈水路运输管理条例实施细则〉处罚部分的决定》(交水发〔1998〕107号) |

**续表 4-1**

| 序号 | 项目名称 | 设定依据 |
|---|---|---|
| 4 | 国际船舶运输企业增减船舶运力的审批 | 《国务院关于修改〈中华人民共和国海上国际集装箱运输管理规定〉的决定》(国务院令第243号),《国务院关于进一步改革国际海洋运输管理工作的通知》(国发〔1992〕64号),《国务院关于改革我国国际海洋运输管理工作的通知》(国发〔1984〕152号) |
| 5 | 开辟国际集装箱班轮航线(含内支线)、班轮航线变更船舶、挂港顺序、调整班期的审批 | 《国务院关于修改〈中华人民共和国海上国际集装箱运输管理规定〉的决定》(国务院令第243号),《国务院关于进一步改革国际海洋运输管理工作的通知》(国发〔1992〕64号),《国务院关于改革我国国际海洋运输管理工作的通知》(国发〔1984〕152号) |
| 6 | 国际海运及海运辅助企业更换法人代表、变更企业名称的审批 | 《国务院关于修改〈中华人民共和国海上国际集装箱运输管理规定〉的决定》(国务院令第243号),《国务院关于进一步改革国际海洋运输管理工作的通知》(国发〔1992〕64号),《国务院关于改革我国国际海洋运输管理工作的通知》(国发〔1984〕152号) |
| 7 | 外国航商驻华代表处更换首席代表、变更企业名称和注册资金的审批 | 《国务院关于修改〈中华人民共和国海上国际集装箱运输管理规定〉的决定》(国务院令第243号),《国务院关于进一步改革国际海洋运输管理工作的通知》(国发〔1992〕64号),《国务院关于改革我国国际海洋运输管理工作的通知》(国发〔1984〕152号) |
| 8 | 国内水运企业增减船舶运力(客船、危险品船、进口二手船除外)、国际船舶进入国内市场审批 | 《交通部关于修改〈水路运输管理条例实施细则〉处罚部分的决定》(交水发〔1998〕107号) |
| 9 | 海员证申办单位、审批机构的资质审批 | 《交通部关于加强海员证管理工作若干问题的通知》(交安监发〔1996〕599号) |

续表 4-1

| 序号 | 项目名称 | 设定依据 |
| --- | --- | --- |
| 10 | 船员教育和培训质量体系的审核 | 《中华人民共和国港务监督局关于颁布〈中华人民共和国船员教育和培训质量管理规则〉和〈中华人民共和国船员考试、评估和发证质量管理规则〉的通知》(港监字〔1997〕348 号) |

(2)《国务院关于取消第二批行政审批项目和改变一批行政审批项目管理方式的决定》(国发〔2003〕5 号),取消了 5 项港航领域行政审批事项,另将 1 项行政审批项目作改变管理方式处理,移交行业组织或社会中介机构管理。见表 4-2、表 4-3。

**表 4-2　国务院决定取消的第二批港航领域行政审批项目目录**

| 序号 | 项目名称 | 设定依据 |
| --- | --- | --- |
| 1 | 由交通部审批的公路、水运工程施工招标、投标资格预审审查(外资贷款工程除外) | 《公路建设市场管理办法》(交通部令 1996 年第 4 号) |
| 2 | 从事危险货物作业的码头资质核准 | 《中华人民共和国内河交通安全管理条例》(国务院令第 355 号),《水路危险货物运输规则(第一部分水路包装危险货物运输规则)》(交通部令 1996 年第 10 号) |
| 3 | 公路、水运工程试验检测人员资格评审 | 《交通部基建管理司、交通部公路管理司关于发布〈公路、水运工程试验检测人员资质管理暂行办法〉的通知》(基质监字〔1998〕16 号) |
| 4 | 公路、水运工程质量监督人员资质考核 | 《建设工程质量管理条例》(国务院令第 279 号),《交通部关于发布〈公路工程质量监督暂行规定〉的通知》(交工发〔1992〕443 号) |
| 5 | 船员培训机构资质审批 | 《中华人民共和国内河交通安全管理条例》(国务院令第 355 号),《中华人民共和国船员培训管理规则》(交通部令 1997 年第 13 号) |

**表 4-3　国务院决定改变管理方式的港航领域行政审批项目目录**

| 序号 | 项目名称 | 设定依据 |
|---|---|---|
| 1 | 交通(公路、水运)试验检测机构资质审批 | 《建设工程质量管理条例》(国务院令第 279 号),《交通部公路管理司关于发布〈公路工程试验检测机构资质管理暂行办法〉的通知》(公监字〔1997〕162 号),《水运工程试验检测机构资质管理办法》(交通部令 2002 年第 4 号) |

(3)《国务院关于第三批取消和调整行政审批项目的决定》(国发〔2004〕16 号)取消 9 项港航领域行政审批项目。见表 4-4。

**表 4-4　国务院决定取消的第三批港航领域行政审批项目目录**

| 序号 | 项目名称 | 设定依据 |
|---|---|---|
| 1 | 客船申办营业性娱乐项目审批 | 《客船治安管理规定》(交通部、公安部令第 43 号) |
| 2 | 利用国外贷款港口项目设备采购招标文件审定 | 《交通部关于发布〈利用国外贷款港口项目设备采购实施管理办法〉的通知》(交基发〔1995〕1142 号) |
| 3 | 车辆、人员进入港区审批 | 《港口治安管理规定》(公安部、交通部令第三号) |
| 4 | 水运工程咨询、勘察设计、施工、监理等单位资信登记 | 《水运工程建设市场管理办法》(交通部令 1997 年第 1 号) |
| 5 | 港口消防安全设施综合审批 | 《交通部关于发布〈港口消防规划建设管理规定〉的通知》(交公安发〔1992〕151 号) |
| 6 | 船舶消防安全设施综合审批 | 《交通部关于发布〈运输船舶消防管理规定〉的通知》(交公安发〔1995〕137 号) |
| 7 | 港口所属机动车辆管理审核 | 《交通部关于发布〈港口道路交通管理办法〉的通知》(交公安发〔1996〕703 号) |
| 8 | 外国籍船舶在港区水域内安全作业审批 | 《中华人民共和国对外国籍船舶管理规则》(国务院批准,1979 年 9 月 18 日交通部发布施行) |
| 9 | 进口二手船(客船和危险品船除外)审批 | 《交通部关于修改〈水路运输管理条例实施细则〉处罚部分的决定》(交水发〔1998〕107 号) |

(4)《国务院关于第四批取消和调整行政审批项目的决定》(国发〔2007〕

33 号)取消 3 项港航领域行政审批项目。见表 4-5。

**表 4-5 国务院决定取消的第四批港航领域行政审批项目目录**

| 序号 | 项目名称 | 设定依据 |
|---|---|---|
| 1 | 外资贷款项目的公路、水运工程施工招标、投标资格预审审查 | 《国务院关于取消第二批行政审批项目和改变一批行政审批项目管理方式的决定》(国发〔2003〕5 号) |
| 2 | 跨省(区、市)地方航道发展规划审批 | 《中华人民共和国航道管理条例》(国发〔1987〕78 号) |
| 3 | 外国国际船舶运输经营者及外国国际海运辅助企业在华设立常驻代表机构审批 | 《中华人民共和国国际海运条例》(国务院令第 335 号) |

(5)《国务院关于第五批取消和下放管理层级行政审批项目的决定》(国发〔2010〕21 号),不涉及港航相关行政审批事项。

(6)《国务院关于第六批取消和调整行政审批项目的决定》(国发〔2012〕52 号)取消 2 项港航领域行政审批项目,将 2 个项目下放管理层级。见表4-6、表 4-7。

**表 4-6 国务院决定取消的第六批港航领域行政审批项目目录**

| 序号 | 项目名称 | 设定依据 | 实施机关 |
|---|---|---|---|
| 1 | 外国船舶检验机构在中国境内设立常驻代表机构审批 | 《国务院关于发布〈中华人民共和国国务院关于管理外国企业常驻代表机构的暂行规定〉的通知》(国发〔1980〕272 号) | 交通运输部 |
| 2 | 国内水运货运代理、船舶代理审批 | 《中华人民共和国水路运输管理条例》(国务院令第 544 号) | 交通运输部 |

**表 4-7 国务院决定调整的行政审批项目目录**
**(下放管理层级的行政审批项目)**

| 序号 | 项目名称 | 设定依据 | 实施机关 | 下放后实施机关 |
|---|---|---|---|---|
| 1 | 地方人民政府审批或核准的港口设施和航道及其设施建设项目竣工验收 | 《中华人民共和国港口法》《中华人民共和国航道管理条例》(国务院令第 545 号) | 交通运输部 | 地方人民政府交通运输行政部门 |

续表 4-7

| 序号 | 项目名称 | 设定依据 | 实施机关 | 下放后实施机关 |
|---|---|---|---|---|
| 2 | 长江、珠江干线水路运输经营审批 | 《中华人民共和国水路运输管理条例》(国务院令第 544 号) | 交通运输部 | 流域管理机构 |

### 4.1.2 港航领域精简行政审批(2013—2019 年)

2013 年第十二届全国人民代表大会第一次会议批准的《国务院机构改革和职能转变方案》明确提出,要减少和下放投资审批事项,减少和下放生产经营活动审批事项,减少资质、资格许可和认定,取消不合法、不合理的行政事业性收费和政府性基金项目。

2013 年 6 月,国务院明确行政审批制度改革工作牵头单位由原监察部调整为中央编办,国务院审改办设在中央编办。2013 年以来,精简行政审批工作有以下几点变化:一是精简行政审批工作进入了改革“深水区”,精简各部门“核心”审批事权;二是精简了行政审批中介服务事项,取消了大批“红顶中介”;三是职业资格许可和认定大幅度减少。精简行政审批工作进入深水区的主要体现是触及了既得利益集团,利益格局面临深度调整,深层次矛盾日益凸显,历史的惯性和改革的阻力不断增大。既得利益集团是指在社会经济活动中,以利用权力或依靠垄断获得巨额收益,并由此形成边界清晰、相对稳定的一种群体聚集效应,他们往往具有足够的公权力、足够的垄断力、影响公共政策制定的渗透力,形成与普通大众相对立的以获得集团利益为目标的集团边界。① 既得利益集团对中国社会将产生经济、政治及政治制度层面的全方位影响,往往会造成社会效率和收入的整体降低,会损害经济体制改革的整体有效性,导致经济不可持续发展。② 在港航领域存在由于市场准入审批、行政审批中介服务、职业资格许可和认定形成的既得利益集团,是简政放权精简行政审批的重点。

针对我国现实发展情况,政府持续向市场、社会和地方政府有序放权,分期分批减少、下放和取消审批事项,始终将深化简政放权、大力减少和取消行

① 汪玉凯.收入分配改革关键要破除既得利益集团[N].第一财经日报,2012-10-5.

② 钱正荣.政策能力视域下的公共危机治理研究[M].武汉:武汉大学出版社,2014.

政审批事项作为转变政府职能的"当头炮"和"先手棋"，取得了很大成效，政府的办事效率和治理能力明显提升。2018 年政府工作报告显示，"五年来，国务院部门行政审批事项削减 44%，中央政府层面核准的企业投资项目减少 90%，行政审批中介服务事项压减 74%，职业资格许可和认定大幅度减少"。

(1)《国务院关于取消和下放一批行政审批项目等事项的决定》(国发〔2013〕19 号)，取消 5 项港航领域行政审批项目。见表 4-8。

**表 4-8　国务院决定取消和下放管理层级的港航领域行政审批项目目录(一)**

| 序号 | 项目名称 | 实施机关 | 设定依据 | 处理决定 |
| --- | --- | --- | --- | --- |
| 1 | 国际船舶运输经营者之间兼并、收购审核 | 交通运输部 | 《中华人民共和国国际海运条例》(国务院令第 335 号) | 取消 |
| 2 | 承担船舶油污损害民事责任保险的商业性保险机构和互助性保险机构的确定 | 交通运输部 | 《防治船舶污染海洋环境管理条例》(国务院令第 561 号) | 取消 |
| 3 | 国际船舶代理业务审批 | 交通运输部 | 《中华人民共和国国际海运条例》(国务院令第 335 号) | 取消 |
| 4 | 船舶修造、水上拆解地点确定 | 交通运输部直属海事局 | 《防治船舶污染海洋环境管理条例》(国务院令第 561 号) | 取消 |
| 5 | 从事内河船舶船员服务业务审批 | 省级地方海事机构 | 《中华人民共和国船员条例》(国务院令第 494 号) | 取消 |

(2)《国务院关于取消和下放 50 项行政审批项目等事项的决定》(国发〔2013〕27 号)，不涉及港航领域审批事项。

(3)《国务院关于取消和下放一批行政审批项目的决定》(国发〔2013〕44 号)，取消 6 项港航领域行政审批项目。见表 4-9。

**表 4-9　国务院决定取消和下放管理层级的港航领域行政审批项目目录(二)**

| 序号 | 项目名称 | 审批部门 | 其他共同审批部门 | 设定依据 | 处理决定 |
| --- | --- | --- | --- | --- | --- |
| 1 | 船员资格临时特免证明签发 | 交通运输部 | 无 | 《中华人民共和国船员条例》(国务院令第 494 号) | 取消 |

续表 4-9

| 序号 | 项目名称 | 审批部门 | 其他共同审批部门 | 设定依据 | 处理决定 |
|---|---|---|---|---|---|
| 2 | 港口、码头、装卸站以及从事船舶修造、打捞、拆解等作业活动的单位防治船舶污染能力专项验收 | 交通运输部 | 无 | 《防治船舶污染海洋环境管理条例》(国务院令第561号) | 取消 |
| 3 | 船舶货物污染危害性评估机构认定 | 交通运输部 | 无 | 《防治船舶污染海洋环境管理条例》(国务院令第561号) | 取消 |
| 4 | 船舶化学品安全运输条件评估机构认定 | 交通运输部 | 无 | 《危险化学品安全管理条例》(国务院令第591号) | 取消 |
| 5 | 船舶污染事故技术鉴定机构认定 | 交通运输部 | 无 | 《防治船舶污染海洋环境管理条例》(国务院令第561号) | 取消 |
| 6 | 引航员注册审批 | 交通运输部 | 无 | 《中华人民共和国船员条例》(国务院令第494号) | 取消 |

(4)《国务院关于取消和下放一批行政审批项目的决定》(国发〔2014〕5号),取消2项港航领域行政审批项目,下放管理层级的港航领域行政审批项目3项。见表4-10。

**表4-10 国务院决定取消和下放管理层级的港航领域行政审批项目目录(三)**

| 序号 | 项目名称 | 审批部门 | 其他共同审批部门 | 设定依据 | 处理决定 | 备注 |
|---|---|---|---|---|---|---|
| 1 | 雇用外国籍船员在中国籍船舶上任职审批 | 交通运输部 | 无 | 《中华人民共和国船舶登记条例》(国务院令第155号) | 取消 | |

**续表 4-10**

| 序号 | 项目名称 | 审批部门 | 其他共同审批部门 | 设定依据 | 处理决定 | 备注 |
| --- | --- | --- | --- | --- | --- | --- |
| 2 | 省际普通货物水路运输许可 | 交通运输部 | 无 | 《国内水路运输管理条例》(国务院令第 625 号) | 下放至省级人民政府交通运输主管部门 | 此为“国内水路运输、水路运输业务经营审批”项目的子项 |
| 3 | 有关作业单位防治船舶及其有关作业活动污染海洋环境应急预案审批 | 交通运输部 | 无 | 《防治船舶污染海洋环境管理条例》(国务院令第 561 号) | 取消 | 此为“船舶所有人、经营人或者管理人以及有关作业单位防治船舶及其有关作业活动污染海洋环境应急预案审批”项目的子项 |
| 4 | 水运工程监理乙级企业资质认定 | 交通运输部 | 无 | 《建设工程质量管理条例》(国务院令第 279 号)<br>《公路水运工程监理企业资质管理规定》(交通部令 2004 年第 5 号) | 下放至省级人民政府交通运输主管部门 | 此 2 项为“水运工程监理企业资质认定”项目的子项 |
| 5 | 水运机电工程专项监理企业资质认定 | | | | | |

(5)《国务院关于取消和调整一批行政审批项目等事项的决定》(国发〔2014〕27 号),下放管理层级的港航领域行政审批项目 3 项。见表 4-11。

**表 4-11 国务院决定取消和下放管理层级的港航领域行政审批项目目录(四)**

| 序号 | 项目名称 | 审批部门 | 其他共同审批部门 | 设定依据 | 处理决定 |
| --- | --- | --- | --- | --- | --- |
| 1 | 国家重点水运建设项目竣工验收 | 交通运输部 | 无 | 《中华人民共和国港口法》《港口工程竣工验收办法》(交通部令 2005 年第 2 号) | 下放至省级人民政府交通运输行政主管部门 |

续表 4-11

| 序号 | 项目名称 | 审批部门 | 其他共同审批部门 | 设定依据 | 处理决定 |
|---|---|---|---|---|---|
| 2 | 引航员任职资格审批 | 交通运输部 | 无 | 《中华人民共和国船员条例》(国务院令第 494 号)<br>《中华人民共和国引航员管理办法》(交通运输部令 2013 年第 20 号) | 下放至直属海事系统分支机构 |
| 3 | 从事海员外派业务审批 | 交通运输部 | 无 | 《对外劳务合作管理条例》(国务院令第 620 号)<br>《中华人民共和国海员外派管理规定》(交通运输部令 2011 年第 3 号) | 下放至直属海事管理机构 |

(6)《国务院关于取消和调整一批行政审批项目等事项的决定》(国发〔2014〕50 号),取消 1 项港航领域行政审批项目,下放管理层级的港航领域行政审批项目 2 项。见表 4-12。

**表 4-12　国务院决定取消和下放管理层级的港航领域行政审批项目目录(五)**

| 序号 | 项目名称 | 审批部门 | 其他共同审批部门 | 设定依据 | 处理决定 |
|---|---|---|---|---|---|
| 1 | 经营港口理货业务许可 | 交通运输部 | 无 | 《中华人民共和国港口法》《港口经营管理规定》(交通运输部令 2009 年第 13 号) | 下放至省级人民政府交通运输行政主管部门 |
| 2 | 内河运输危险化学品船舶污染损害责任保险证书或者财务担保证明核发 | 交通运输部 | 无 | 《危险化学品安全管理条例》(国务院令第 591 号) | 取消 |
| 3 | 船员适任证书核发 | 交通运输部 | 无 | 《中华人民共和国船员条例》(国务院令第 494 号) | 下放至省级及以下海事管理机构 |

(7)《国务院关于取消和调整一批行政审批项目等事项的决定》(国发〔2015〕11 号),取消 1 项港航领域行政审批项目,下放管理层级的港航领域行政审批项目 4 项。见表 4-13。

**表 4-13 国务院决定取消和下放管理层级的港航领域行政审批项目目录(六)**

| 序号 | 项目名称 | 审批部门 | 其他共同审批部门 | 设定依据 | 处理决定 |
|---|---|---|---|---|---|
| 1 | 船舶污染物清除作业单位资质认定 | 交通运输部 | 无 | 《防治船舶污染海洋环境管理条例》(国务院令第 561 号) | 取消 |
| 2 | 船舶油污损害民事责任保险证书或者财务保证证书核发 | 交通运输部 | 无 | 《防治船舶污染海洋环境管理条例》(国务院令第 561 号) | 下放至省级及以下海事机构 |
| 3 | 水运工程监理甲级企业资质认定 | 交通运输部 | 无 | 《建设工程质量管理条例》(国务院令第 279 号)<br>《公路水运工程监理企业资质管理规定》(交通部令 2004 年第 5 号) | 下放至省级人民政府交通运输行政主管部门 |
| 4 | 外资企业、中外合资经营企业、中外合作经营企业经营中华人民共和国沿海、江河、湖泊及其他通航水域水路运输审批 | 交通运输部 | 无 | 《国内水路运输管理条例》(国务院令第 625 号) | 下放至省级人民政府交通运输行政主管部门 |
| 5 | 危险化学品水路运输人员资格认可 | 交通运输部 | 无 | 《危险化学品安全管理条例》(国务院令第 591 号) | 子项“装卸管理人员资格认可”下放至省级人民政府交通运输行政主管部门。子项“申报人员资格认可”和“集装箱现场检查员资格认可”下放至省级及以下海事管理机构 |

(8)《国务院关于第一批取消 62 项中央指定地方实施行政审批事项的决定》(国发〔2015〕57 号),不涉及港航相关事项。

(9)《国务院关于第二批取消 152 项中央指定地方实施行政审批事项的决定》(国发〔2016〕9 号),取消 2 项港航领域中央指定地方实施的行政审批事项。见表 4-14。

**表 4-14　国务院决定第二批取消中央指定地方实施的港航领域行政审批事项目录**

| 序号 | 项目名称 | 审批部门 | 设定依据 |
|---|---|---|---|
| 1 | 引航员任职资格审批 | 地方海事管理机构 | 《中华人民共和国船员条例》(国务院令第 494 号,2014 年 7 月 29 日予以修改) |
| 2 | 国内航行船舶进出港签证 | 地方海事管理机构 | 《中华人民共和国内河交通安全管理条例》(国务院令第 355 号,2011 年 1 月 8 日予以修改) |

(10)《国务院关于取消 13 项国务院部门许可事项的决定》(国发〔2016〕10 号),不涉及港航领域的行政审批。

(11)《国务院关于第三批取消中央指定地方实施行政许可事项的决定》(国发〔2017〕7 号),不涉及港航事项。

(12)《国务院关于取消一批行政许可事项的决定》(国发〔2017〕46 号),取消 3 项港航领域行政许可事项,取消 1 项中央指定地方实施的行政许可事项。见表 4-15、表 4-16。

**表 4-15　国务院决定取消的港航领域行政许可事项目录(一)**

| 序号 | 项目名称 | 审批部门 | 设定依据 | 加强事中事后监管措施 |
|---|---|---|---|---|
| 1 | 从事海船船员服务业务审批 | 交通运输部 | 《中华人民共和国船员条例》 | 取消审批后,通过以下措施加强事中事后监管:1. 该项审批内容纳入到人力资源社会保障部门负责实施的"劳务派遣许可"中。2. 交通运输部门在日常监管中发现船员劳务派遣存在问题时,及时向人力资源社会保障部门反馈 |

**续表 4-15**

| 序号 | 项目名称 | 审批部门 | 设定依据 | 加强事中事后监管措施 |
|---|---|---|---|---|
| 2 | 船舶所有人、经营人或者管理人防治船舶及其有关作业活动污染海洋环境应急预案审批 | 交通运输部 | 《防治船舶污染海洋环境管理条例》<br>《国务院关于取消和下放一批行政审批项目的决定》(国发〔2014〕5号) | 取消审批后,交通运输部通过以下措施加强事中事后监管:1.制定预案编制标准和范本,供作业单位编制预案时参照。2.改审批为备案,并要求所有相关作业单位都要制定应急预案。3.交通运输部门在日常监管中发现应急预案制定和执行中存在问题的,依法予以处罚并纠正 |
| 3 | 船舶污染物接收单位从事船舶垃圾、残油、含油污水、含有毒有害物质污水接收作业审批 | 交通运输部 | 《防治船舶污染海洋环境管理条例》 | 取消审批后,交通运输部通过以下措施加强事中事后监管:1.取消该项审批后,改为每次作业活动事前报告制度。2.在每次作业活动时,通过现场监管,可以更直接、更有效地确保相关作业符合要求。3.进一步完善相关作业标准,严格按照标准实施监管,对不按标准作业的企业加大处罚力度。4.海事部门通过登船检查,以及巡逻船舶、飞机和卫星遥感等联合监管手段,及时发现和处置未经报告的违规作业行为 |

**表 4-16　国务院决定取消的中央指定地方实施的港航领域行政许可事项目录**

| 序号 | 项目名称 | 审批部门 | 设定依据 | 加强事中事后监管措施 |
|---|---|---|---|---|
| 1 | 经营国际船舶管理业务许可(中资) | 省级交通运输主管部门 | 《中华人民共和国国际海运条例》 | 取消审批后,交通运输主管部门要通过以下措施加强事中事后监管:1.督促国际船舶管理企业按照相关标准和安全管理规范开展业务。2.健全有奖举报和舆情监测制度,加快完善举报激励机制,调动公众监督积极性,对举报反映的问题,海事管理机构要认真核实并依法处理 |

(13)《国务院关于取消一批行政许可等事项的决定》(国发〔2018〕28号),不涉及港航领域的行政许可事项。

(14)《国务院关于取消和下放一批行政许可事项的决定》(国发〔2019〕6号),取消5项港航领域行政许可事项,下放2项行政许可事项管理层级。见表4-17、表4-18。

**表4-17 国务院决定取消的港航领域行政许可事项目录(二)**

| 序号 | 事项名称 | 审批部门 | 设定依据 | 加强事中事后监管措施 |
| --- | --- | --- | --- | --- |
| 1 | 国际集装箱船、普通货船运输业务审批 | 交通运输部 | 《中华人民共和国国际海运条例》 | 取消审批后,交通运输部要通过以下措施加强事中事后监管:1.建立国际普通货船运输业务的备案和信用管理制度,要求有关企业主动备案,建立企业信用档案并向全社会公开信用记录,对失信企业实行联合惩戒。2.优化对国际班轮运输集装箱业务的审批服务,加强事中事后监管。3.支持行业协会发挥自律作用,维护市场经营秩序 |
| 2 | 从事内地与港澳间集装箱船、普通货船运输业务许可 | 交通运输部 | 《国务院对确需保留的行政审批项目设定行政许可的决定》 | 取消审批后,改为备案。交通运输部要会同有关部门通过以下措施加强事中事后监管:1.建立内地与港澳间集装箱船、普通货船运输业务的备案和信用管理制度,要求有关企业向省级交通运输部门办理备案,建立企业信用档案并向全社会公开企业信用记录,对失信企业实行联合惩戒。2.交通运输部归集内地与港澳间航运船舶信息,并根据需要向海关总署提供,海关加强后续监管。3.支持行业协会发挥自律作用,维护市场经营秩序 |

**续表 4-17**

| 序号 | 事项名称 | 审批部门 | 设定依据 | 加强事中事后监管措施 |
| --- | --- | --- | --- | --- |
| 3 | 无船承运业务审批 | 交通运输部 | 《中华人民共和国国际海运条例》 | 取消审批后,改为备案。交通运输部要通过以下措施加强事中事后监管:1.建立无船承运人的备案和信用管理制度,及时向全社会公开信用记录,建立失信企业联合惩戒机制。2.通过“双随机、一公开”监管等方式,加强对无船承运市场的监管。3.支持行业协会发挥自律作用,维护市场经营秩序 |
| 4 | 国际船舶保安证书核发 | 交通运输部 | 《国务院对确需保留的行政审批项目设定行政许可的决定》 | 取消审批后,由第三方船舶检验机构签发《国际船舶保安证书》。交通运输部要通过以下措施优化服务、加强事中事后监管:1.指导和监督第三方船舶检验机构完善工作流程、提高服务水平,优化对国际船舶保安计划的技术审核和证书签发工作。2.交通运输部门对船舶进行安全检查时,加强对船舶保安体系执行情况和船舶保安证书有效性的监督检查 |
| 5 | 船员服务簿签发 | 交通运输部,省、市、县级交通运输部门 | 《中华人民共和国船员条例》 | 取消审批后,对通过船员适任证书核发审查的船员直接发放《船员服务簿》。交通运输部要通过以下措施优化服务、加强事中事后监管:1.将厨师、服务员等不参加航行值班的船员纳入船员适任证书核发申请人员范围,并优化服务,方便船员办事。2.新的《船员服务簿》作为船员个人持有的法定文书,主要承载船员档案功能,记录船员履职情况 |

**表 4-18　国务院决定下放管理层级的港航领域行政许可事项目录**

| 序号 | 事项名称 | 审批部门 | 设定依据 | 下放后审批部门 | 加强事中事后监管措施 |
|---|---|---|---|---|---|
| 1 | 从事内地与港澳间客船（含客滚船、客货船等）、散装液体危险品船运输业务许可 | 交通运输部 | 《国务院对确需保留的行政审批项目设定行政许可的决定》 | 省级交通运输部门 | 下放后，交通运输部门要会同有关部门通过以下措施加强事中事后监管：1. 完善内地与港澳间海上运输管理制度，明确省级交通运输部门的管理职责和要求。2. 通过“双随机、一公开”监管，加强执法监督，依法处罚违法行为。3. 加强信用监管，向全社会公开企业失信记录，并实行联合惩戒。4. 交通运输部对省级交通运输部门履职情况开展监督检查，及时纠正问题。5. 交通运输部归集内地与港澳间航运船舶信息，并根据需要向海关总署提供，海关加强后续监管 |
| 2 | 港口设施保安证书核发 | 交通运输部 | 《国务院对确需保留的行政审批项目设定行政许可的决定》 | 省级交通运输（港口）部门 | 下放后，交通运输（港口）部门要通过以下措施加强事中事后监管：1. 完善港口设施保安规则和相关标准，统一规范港口设施保安工作，优化审批服务。2. 依托有关信息系统，实现港口设施保安管理信息报送和共享，加强对港口设施保安工作的监管。3. 交通运输部要制订并实施年度监督检查计划，对省级交通运输（港口）部门履职情况进行监督检查 |

### 4.1.3　取消职业资格许可和认定事项

职业资格许可和认定事项是推进简政放权、放管结合、优化服务的重要内容。一是对国务院部门设置实施的没有法律法规依据的准入类职业资格一律取消；二是国务院部门和全国性行业协会、学会自行设置的水平评价类职业资格一律取消；三是有法律法规依据，但与国家安全、公共安全、公民人身财产安全关系不密切或不宜采取职业资格方式管理的，按程序提请修订法律法规后予以取消。职业资格许可和认定事项取消后，要建立国家职业资格管理长效机制，制定公布国家职业资格目录清单，在目录之外不得开展职业资格许可和认定工作。通过建立科学的国家职业资格体系，促进各类人才脱颖而出，提升更多产业、岗位的劳动和工作品质，推动大众创业、万众创新，让广大劳动者更好地施展创业创新才能。

取消不必要的职业资格许可和认定事项，是降低制度性交易成本、推进供给侧结构性改革的重要举措，也是为大中专毕业生就业创业和去产能中人员转岗创造便利条件。针对不涉及国家安全、公共安全、公民人身财产安全的职业，原则上要放宽市场准入。水平评价类职业资格要真正市场化，不能影响就业创业。

(1)《国务院关于取消一批职业资格许可和认定事项的决定》(国发〔2015〕41 号)，取消 1 项港航领域的技能人员职业资格许可和认定事项。见表 4-19。

**表 4-19　取消的技能人员职业资格许可和认定事项(一)**

| 序号 | 项目名称 | 实施部门(单位) | 资格类别 | 设定依据 | 处理决定 |
|---|---|---|---|---|---|
| 1 | 港口装卸工 | 交通运输部 | 水平评价类 | 《中华人民共和国职业分类大典》(1999) | 取消 |

(2)《国务院关于取消一批职业资格许可和认定事项的决定》(国发〔2016〕5 号)，取消 1 项港航领域职业资格许可和认定事项。见表 4-20。

**表 4-20　取消的职业资格许可和认定事项**

| 序号 | 项目名称 | 实施部门(单位) | 资格类别 | 设定依据 | 处理决定 |
|---|---|---|---|---|---|
| 1 | 公路水运工程造价人员资格 | 交通运输部 | 准入类 | 《建设工程勘察设计管理条例》(国务院令第 293 号) | 取消 |

(3)《国务院关于取消一批职业资格许可和认定事项的决定》(国发〔2016〕35 号)，取消 1 项港航领域技能人员职业资格许可和认定事项。见表 4-21。

表 4-21 取消的技能人员职业资格许可和认定事项(二)

| 序号 | 项目名称 | | 实施部门(单位) | 资格类别 | 设定依据 | 处理决定 |
|---|---|---|---|---|---|---|
| | 小类 | 细类(职业) | | | | |
| 1 | 水上运输服务人员 | 港口客运员 | 交通运输部 | 水平评价类 | 《中华人民共和国职业分类大典》(1999) | 取消 |

(4)《国务院关于取消一批职业资格许可和认定事项的决定》国发〔2016〕68号,取消1项港航领域专业技术人员职业资格许可和认定事项。见表4-22。

表 4-22 取消的专业技术人员职业资格许可和认定事项

| 序号 | 项目名称 | 实施部门(单位) | 资格类别 | 设定依据 | 处理决定 | 备注 |
|---|---|---|---|---|---|---|
| 1 | 公路水运工程监理工程师资格 | 交通运输部 | 准入类 | 《建设工程质量管理条例》《建设工程安全生产管理条例》 | 取消 | 纳入监理工程师职业资格统一实施 |

### 4.1.4 清理规范行政审批中介服务事项

行政审批中介事项在设立之初具有一定的合理性,市场不具备提供服务的能力,需要政府建立专门服务机构或指定相关机构承担服务职能。随着市场化进程不断推进,市场提供服务的能力不断提升,中介服务机构在提供服务过程中可能会出现以下问题:一是中介机构利用政府赋予的职能背离服务价值,收取较高费用,给市场主体增加负担;二是中介机构利用政府赋予的职能,为市场主体提供咨询服务或承揽项目,在市场竞争中形成优势地位,破坏市场公平竞争的环境。

为了避免出现上述问题,国务院清理规范行政审批中介服务事项。国务院清理规范的行政审批中介服务事项如下:

(1)《国务院关于第一批清理规范89项国务院部门行政审批中介服务事项的决定》(国发〔2015〕58号),清理规范1项港航领域行政审批中介服务事项。见表4-23。清理规范的国务院部门行政审批中介服务事项,不再作为行政审批的受理条件。

表 4-23 国务院决定第一批清理规范的国务院部门行政审批中介服务事项目录

| 序号 | 中介服务事项名称 | 涉及的审批事项项目名称 | 审批部门 | 中介服务设定依据 | 中介服务实施机构 | 处理决定 |
| --- | --- | --- | --- | --- | --- | --- |
| 1 | 国家重点水运建设项目初步设计技术审查咨询 | 国家重点水运建设项目设计文件审查 | 交通运输部 | 《港口建设管理规定》(交通部令2007年第5号)<br>《航道建设管理规定》(交通部令2007年第3号)<br>注:审批工作中要求申请人委托有关机构编制初步设计技术审查咨询报告 | 中交水运规划设计院有限公司,中交第一、第二、第三、第四航务工程勘察设计院有限公司 | 不再要求申请人提供初步设计技术审查咨询报告,改由审批部门委托有关机构进行初步设计技术审查咨询 |

(2)《国务院关于第二批清理规范192项国务院部门行政审批中介服务事项的决定》(国发〔2016〕11号),清理规范2项港航领域行政审批中介服务事项。见表4-24。

表 4-24 国务院决定第二批清理规范的国务院部门行政审批中介服务事项目录

| 序号 | 中介服务事项名称 | 涉及的审批事项项目名称 | 审批部门 | 中介服务设定依据 | 中介服务实施机构 | 处理决定 |
| --- | --- | --- | --- | --- | --- | --- |
| 1 | 航运公司安全管理体系审核 | 航运公司安全营运与防污染能力符合证明核发 | 交通运输部 | 《防治船舶污染海洋环境管理条例》(国务院令第561号)<br>《中华人民共和国航运公司安全与防污染管理规定》(交通部令2007年第6号)<br>注:审批工作中要求申请人提供有关机构出具的安全管理体系审核报告 | 交通安全质量管理体系审核中心 | 不再要求申请人提供安全管理体系审核报告;由海事管理机构直接承担审核工作 |

续表 4-24

| 序号 | 中介服务事项名称 | 涉及的审批事项项目名称 | 审批部门 | 中介服务设定依据 | 中介服务实施机构 | 处理决定 |
|---|---|---|---|---|---|---|
| 2 | 港口设施保安计划编制 | 国际船舶及港口设施保安证书核发 | 交通运输部 | 《中华人民共和国港口设施保安规则》(交通部令2007年第10号) | 交通运输部水运科学研究所 | 申请人可自行编制港口设施保安计划,也可委托有关机构编制,审批部门不得以任何形式要求申请人必须委托特定中介机构提供服务;保留审批部门现有的保安计划技术评估、评审 |

(3)《国务院关于第三批清理规范国务院部门行政审批中介服务事项的决定》(国发〔2017〕8号),不涉及港航事项。

### 4.1.5 其他事项

(1)《国务院关于取消非行政许可审批事项的决定》(国发〔2015〕27号),将1项港航领域非行政许可审批事项调整为政府内部审批事项。见表4-25。

**表4-25 国务院决定调整为政府内部审批的事项目录**

| 序号 | 项目名称 | 审批部门 |
|---|---|---|
| 1 | 主要港口的总体规划审批 | 交通运输部 |

(2)2020年1月,交通运输部发布《交通运输部关于取消一批证明事项的决定》(交法规〔2020〕1号),根据《国务院办公厅关于做好证明事项清理工作的通知》(国办发〔2018〕47号)要求,交通运输部决定取消40项部门规章和政

策性文件设定的证明事项。

(3)《国务院办公厅关于进一步规范行业协会商会收费的通知》(国办发〔2020〕21 号),要求全面清理取消行业协会商会违法违规收费。严禁强制入会和强制收费,严禁利用法定职责和政府委托授权事项违规收费,严禁通过评比达标表彰活动收费,严禁通过职业资格认定违规收费,严禁只收费不服务或多头重复收费。督促行业协会商会对违法违规收费情况进行自查自纠,并组织开展抽查检查,确保整改到位。

## 4.2 市场准入负面清单

市场准入负面清单制度,是指国务院以清单方式明确列出在中华人民共和国境内禁止和限制投资经营的行业、领域、业务等,各级政府依法采取相应管理措施的一系列制度安排。市场准入负面清单以外的行业、领域、业务等,各类市场主体皆可依法平等进入。

2015 年,国务院出台了《关于实行市场准入负面清单制度的意见》(国发〔2015〕55 号)。2016 年,国家发展改革委、商务部关于印发市场准入负面清单草案(试点版)的通知,在天津、上海、福建、广东四个省、直辖市试行《市场准入负面清单草案(试点版)》。

在总结试点经验的基础上,2018 年,国家发展改革委、商务部发布《关于印发〈市场准入负面清单(2018 年版)〉的通知》(发改经体〔2018〕1892 号),正式实行全国统一的市场准入负面清单制度。涉及港航领域的 2018 年版负面清单及禁止性规定如表 4-26、表 4-27 所示。

**表 4-26 港航领域市场准入负面清单(2018 年版)**

| 序号 | 禁止或许可事项 | 禁止或许可准入措施描述 | 地方性许可措施 |
|---|---|---|---|
| 1 | 未获得许可或履行法定程序,不得从事公路、水运及与航道有关工程的建设及相关业务 | 公路工程施工、公路水运工程监理企业资质、公路养护作业单位资质许可 | 水运工程施工许可(重庆) |
| 1 | 未获得许可或履行法定程序,不得从事公路、水运及与航道有关工程的建设及相关业务 | 航道通航条件影响评价审核 | 水运工程施工许可(重庆) |
| 1 | 未获得许可或履行法定程序,不得从事公路、水运及与航道有关工程的建设及相关业务 | 公路、水运工程设计文件审批;公路、水运工程投资项目立项审批 | 水运工程施工许可(重庆) |

续表 4-26

| 序号 | 禁止或许可事项 | 禁止或许可准入措施描述 | 地方性许可措施 |
| --- | --- | --- | --- |
| 2 | 未获得许可或资质条件，不得从事特定船舶运输、特定航运及相关业务 | 船舶安全检验证书核发；船舶载运危险货物和污染危害性货物进出港口审批 | |
| | | 船舶搭靠外轮许可 | |
| | | 大型设施、移动式平台、超限物体水上拖带审批 | |
| | | 航运公司安全营运与防污染能力符合证明核发 | |
| | | 国内水路运输经营许可；国际海上运输业务及海运服务业务经营审批 | |
| | | 禁止使用外国籍船舶经营国内水路运输业务（经交通运输部特殊批准情形、中资方便旗船舶从事国内其他港口与自贸区港口之间的沿海捎带业务除外） | |
| | | 国内船舶管理业务经营许可 | |
| | | 内地与台湾、港澳间海上运输业务审批 | |
| | | 特定的旅客班轮运输和散装液体危险货物运输航线、水域，可以暂停新增运力许可；水路运输经营者新增客船、危险品船运力，需通过审批 | |
| 3 | 未获得许可或资质条件，不得从事沿海水域、港口特定业务和海员特定服务业务 | 打捞或者拆除沿海水域内沉船沉物审批 | |
| | | 在港口总体规划区内建设港口设施，使用港口深水岸线或非深水岸线的，需通过审批 | |
| | | 港口危险货物作业的建设项目安全条件审查；港口内进行采掘或爆破等活动许可；进行危险货物的装卸、过驳作业许可 | |
| | | 从事港口经营资质许可 | |
| | | 新建、改建、扩建从事港口危险货物作业的建设项目安全设施设计审查 | |
| | | 从事海员外派业务审批；培训机构从事船员、引航员培训业务审批 | |

**表 4-27 与市场准入相关的禁止性规定(2018 年)**

| 序号 | 禁止措施 | 设立依据 |
|---|---|---|
| 1 | 禁止港口理货业务经营人兼营货物装卸和仓储业务 | 《中华人民共和国港口法》 |
| 2 | 禁止利用内河封闭水域等内河航运渠道运输剧毒化学品以及国家规定禁止运输的其他危险化学品 | 《危险化学品安全管理条例》 |

2019 年,国家发展改革委、商务部发布《关于印发〈市场准入负面清单(2019 年版)〉的通知》(发改体改〔2019〕1685 号),对 2018 年版负面清单进行了修订,取消了船舶安全检验证书核发,船舶载运危险货物和污染危害性货物进出港口审批,大型设施、移动式平台、超限物体水上拖带审批,航运公司安全营运与防污染能力符合证明核发,国际集装箱船、普通货船运输业务审批,从事内地与港澳间集装箱船、普通货船运输业务许可,无船承运业务审批,港口内进行采掘或爆破等活动许可,进行危险货物的装卸、过驳作业许可等审批事项。地方性许可措施方面,取消了重庆地区水运工程施工许可。涉及港航领域的 2019 年版负面清单及禁止性规定如表 4-28、表 4-29 所示。

**表 4-28 港航领域市场准入负面清单(2019 年版)**

| 序号 | 禁止或许可事项 | 禁止或许可准入措施描述 | 主管部门 |
|---|---|---|---|
| 1 | 未获得许可或履行法定程序,不得从事公路、水运及与航道有关工程的建设及相关业务 | 公路工程施工、公路水运工程监理企业资质、公路养护作业单位资质许可 | 交通运输部 |
| | | 航道通航条件影响评价审核 | 交通运输部 |
| | | 公路、水运工程设计文件审批;公路、水运投资立项审批 | 发展改革委<br>交通运输部 |
| 2 | 未获得许可或资质条件,不得从事特定水上运输业务及其辅助活动 | 船舶搭靠外轮许可 | 移民局 |
| | | 国内水路运输经营许可;国际客船、散装液体危险品船运输业务及国际班轮运输业务审批 | 交通运输部 |
| | | 禁止使用外国籍船舶经营国内水路运输业务(经交通运输部特殊批准情形、中资方便旗船舶从事国内其他港口与自贸区港口之间的沿海捎带业务除外) | 交通运输部 |

**续表 4-28**

| 序号 | 禁止或许可事项 | 禁止或许可准入措施描述 | 主管部门 |
|---|---|---|---|
| 2 | 未获得许可或资质条件，不得从事特定水上运输业务及其辅助活动 | 国内船舶管理业务经营许可 | 交通运输部 |
| | | 大陆与台湾间海上运输业务审批；内地与港澳间客船、液体散装危险品船运输业务 | 交通运输部 |
| | | 特定的旅客班轮运输和散装液体危险货物运输航线、水域，可以暂停新增运力许可；水路运输经营者新增客船、危险品船运力，需通过审批 | 交通运输部 |
| | | 在港口总体规划区内建设港口设施，使用港口深水岸线或非深水岸线的，需通过审批 | 交通运输部<br>发展改革委 |
| | | 港口危险货物作业的建设项目安全条件审查 | 交通运输部 |
| | | 从事港口经营资质许可 | 交通运输部 |
| | | 新建、改建、扩建从事港口危险货物作业的建设项目安全设施设计审查 | 交通运输部 |
| | | 从事海员外派业务审批；培训机构从事船员、引航员培训业务审批 | 交通运输部 |

**表 4-29 与市场准入相关的禁止性规定(2019 年)**

| 序号 | 禁止措施 | 设立依据 | 管理部门 |
|---|---|---|---|
| 1 | 禁止港口理货业务经营人兼营货物装卸和仓储业务 | 《中华人民共和国港口法》 | 交通运输部 |
| 2 | 禁止利用内河封闭水域等内河航运渠道运输剧毒化学品以及国家规定禁止运输的其他危险化学品 | 《危险化学品安全管理条例》 | 交通运输部 |

实行市场准入负面清单制度是发挥市场在资源配置中的决定性作用的重要基础。通过实行市场准入负面清单制度，赋予市场主体更多的主动权，有利于落实市场主体自主权和激发市场活力，有利于形成各类市场主体依法平等使用生产要素、公开公平公正参与竞争的市场环境，有利于形成统一开

放、竞争有序的现代市场体系，为充分发挥市场在资源配置中的决定性作用提供更大空间。

实行市场准入负面清单制度是更好发挥政府作用的内在要求。通过实行市场准入负面清单制度，明确政府发挥作用的职责边界，有利于进一步深化行政审批制度改革，大幅收缩政府审批范围、创新政府监管方式，促进投资贸易便利化，不断提高行政管理的效率和效能，有利于促进政府运用法治思维和法治方式加强市场监管，推进市场监管制度化、规范化、程序化，从根本上促进政府职能转变。

2019 年，交通运输部、发展改革委等九部门发布的《关于建设世界一流港口的指导意见》提出，要“精简港口经营许可事项，逐步推行普通货物港口经营许可告知承诺制”。2020 年，交通运输部、发展改革委等七部门发布的《关于大力推进海运业高质量发展的指导意见》也明确了“精简海运、海事行政审批事项，研究推动信用承诺制”。可以预期，未来港航领域行政审批制度改革仍将不断深入，市场准入负面清单将进一步缩减。

我们建议，一是对当前的港航领域市场准入负面清单的事项进行系统评估，重点评估禁止或许可准入措施的必要性，分析禁止或许可准入设立的背景和依据，分析其他国家相关事项管理的条件和要求，为进一步优化市场准入负面清单做好技术储备。二是对港航领域已取消的行政审批事项做政策后评估，系统评估行政审批取消后对经济社会和行业发展的影响，分析市场竞争环境的变化以及对市场主体发展的影响，为后期政策调整提供技术支撑。三是在行政审批取消后，应加快完善“后行政审批”时期行业监管：①进一步明确各级行业主管部门的管理职责和要求；②通过“双随机、一公开”监管，加强执法监督，依法处罚违法行为；③加快建立符合各行业发展特点的以信用为基础的新型监管机制；④引导行业制定行业规范、行业服务标准，提升行业服务质量。

# 5 对外开放

**引言：**

《优化营商环境条例》第一章总则第六条规定："国家鼓励、支持、引导非公有制经济发展，激发非公有制经济活力和创造力。国家进一步扩大对外开放，积极促进外商投资，平等对待内资企业、外商投资企业等各类市场主体。"

2019 年，全国人大通过了《中华人民共和国外商投资法》，国务院常务会议通过了《中华人民共和国外商投资法实施条例》，为进一步扩大开放、营造良好的外商投资环境提供了法律保障。《中华人民共和国外商投资法》是我国外商投资领域新的基础性法律，对外商投资的准入、促进、保护、管理等做出了规定，自该法实施，"外资三法"(《中华人民共和国中外合资经营企业法》《中华人民共和国外资企业法》《中华人民共和国中外合作经营企业法》)同时废止，我国外商投资立法进入了大一统时代。

对外开放是我国的一项基本国策，港航业又具有国际化的特征，港航业开放时间早，开放程度高。当前我国的港航业已基本实现了全面对外开放(国内水上运输除外)，外资通过独资、控股、参股等形式全面参与了港口经营、班轮运输、船舶代理、货运代理、无船承运、堆场等业务，在我国沿海主要港口进行了投资运营，在集装箱班轮运输、货运代理、无船承运等领域占有较大的市场份额和较高的市场地位。我国海运服务贸易长期处于逆差状态，2017 年、2018 年和 2019 年，我国服务进出口逆差分别为 1.6 万亿元、1.7 万亿元和 1.5 万亿元，其中海运服务贸易逆差占比 14%～18%，海运服务贸易包括海运、港口装卸、仓储堆存、代理、理货等服务。

2001 年，加入世界贸易组织是我国对外开放的重要里程碑。2013 年以来，我国先后建设 18 个自由贸易试验区，是我国推进改革开放的又一重大战略举措，并不断将经验"复制、推广"，通过深化完善投资管理制度、贸易监管制度、金融创新制度和事中事后监管制度，形成与国际投资贸易通行规则相衔接的制度创新体系，应对国际更高水平贸易自由化的趋势。

当前世界政治经济格局处于深刻变化中，我国推进新一轮的对外开放，进一步推进多边、双边领域的全球化，形成互利开放的格局，在各行业各领域形成"你中有我""我中有你"的黏性发展局面，有效应对"逆全球化"，维护国际秩序。

本章对外商投资准入、我国加入世贸组织、建设自由贸易区等内容进行了介绍。

## 5.1 外商投资准入

我国对外商投资准入的管理主要通过外商投资产业指导目录的方式进行。

1995年,我国发布了《指导外商投资方向暂行规定》和《外商投资产业指导目录》,并于1997年、2002年、2004年、2007年、2011年、2015年、2017年对《外商投资产业指导目录》进行了多次修订。2018年、2019年和2020年,国家发展改革委、商务部发布《外商投资准入特别管理措施(负面清单)》。

1995年《指导外商投资方向暂行规定》将外商投资项目分为鼓励、允许、限制和禁止四类,鼓励类、限制类和禁止类的外商投资项目列入《外商投资产业指导目录》。不属于鼓励类、限制类和禁止类的外商投资项目,为允许类外商投资项目。允许类外商投资项目不列入《外商投资产业指导目录》。

1995—2015年的《外商投资产业指导目录》分为"鼓励外商投资产业目录""限制外商投资产业目录""禁止外商投资产业目录"三类。

2017年《外商投资产业指导目录》调整为"鼓励外商投资产业目录"和"外商投资准入特别管理措施(外商投资准入负面清单)"两类,后者又分为"限制外商投资产业目录"和"禁止外商投资产业目录"两小类。

2018年、2019年和2020年,国家发展改革委、商务部发布的《外商投资准入特别管理措施(负面清单)》,对2017年的"外商投资准入特别管理措施(外商投资准入负面清单)"进行了修订,将"限制外商投资产业目录"和"禁止外商投资产业目录"两类进行了合并,以"一张表"的形式呈现外商准入特别管理措施。2017年《外商投资产业指导目录》中的鼓励外商投资产业目录继续执行。

党的十九大提出:"实行高水平的贸易和投资自由便利化政策,全面实行准入前国民待遇加负面清单管理制度,大幅放宽市场准入,扩大服务业对外开放,保护外商合法权益。"准入前国民待遇,是指在投资准入阶段给予外国投资者及其投资不低于本国投资者及其投资的待遇;负面清单,是指国家规定在特定领域对外商投资实施的准入特别管理措施。

外商投资产业指导目录和外商投资准入负面清单仅针对境外投资者,属于外商投资管理范畴。与外商投资准入负面清单不同,市场准入负面清单是适用于境内外投资者的一致性管理措施，是对各类市场主体市场准入管理的统一要求，属于国民待遇的一部分。外商投资准入负面清单之外的领域，给予国民待遇，按照内外资一致原则实施管理。

实施市场准入负面清单和外商投资准入负面清单制度，有利于加快建立与国际通行规则接轨的现代市场体系，有利于营造法治化的营商环境，促进国际国内要素有序自由流动、资源高效配置、市场深度融合，不断提升我国国际竞争力，是以开放促改革、建设更高水平市场经济体制的有效途径。

1995年以来，港航领域外商准入管理措施逐步减少，取消了港口公用码头设施的建设、经营，国际、国内船舶代理，外轮理货、国际海上运输等外商准入限制，与港航领域密切相关的货运代理也取消了外资准入限制。目前，港航领域仅保留了国内水上运输一项外商准入限制，港航领域达到了非常高的开放程度。

以港口行业为例，2002年全面放开港口公用码头设施的建设、经营后，和记黄埔、新加坡国际、马士基码头、迪拜环球等全球码头运营商加大了在我国的投资，我国沿海主要集装箱港口均有外资进入。

近年来港航相关领域外商准入负面清单变化情况如表5-1所示。

**表5-1 港航相关领域外商准入管理措施**

| 年份 | 特别管理措施 | 相关文件 |
|---|---|---|
| 2020 | 国内水上运输公司须由中方控股 | 《外商投资准入特别管理措施(负面清单)(2020年版)》 |
| 2019 | 国内水上运输公司须由中方控股 | 《外商投资准入特别管理措施(负面清单)(2019年版)》 |
| 2018 | 国内水上运输公司须由中方控股<br>国内船舶代理公司须由中方控股 | 《外商投资准入特别管理措施(负面清单)(2018年版)》 |
| 2017 | 国内水上运输公司(中方控股)、国际海上运输公司(限于合资、合作)<br>船舶代理(中方控股) | 《外商投资产业指导目录(2017年修订)》 |
| 2015 | 水上运输公司(中方控股)<br>船舶代理(中方控股)、外轮理货(限于合资、合作) | 《外商投资产业指导目录(2015年修订)》 |
| 2011 | 水上运输公司(中方控股)<br>船舶代理(中方控股)、外轮理货(限于合资、合作) | 《外商投资产业指导目录(2011年修订)》 |

**续表 5-1**

| 年份 | 特别管理措施 | 相关文件 |
| --- | --- | --- |
| 2007 | 水上运输公司(中方控股)<br>船舶代理(中方控股)、外轮理货(限于合资、合作) | 《外商投资产业指导目录(2007 年修订)》 |
| 2004 | 水上运输公司:外资比例不超过 49%<br>代理公司:<br>1. 船舶:外资比例不超过 49%<br>2. 货运(不包括邮政部门专营服务的业务):外资比例不超过 50%(速递服务不超过 49%);不迟于 2002 年 12 月 11 日允许外方控股;不迟于 2005 年 12 月 11 日允许外方独资<br>3. 外轮理货:限于合资、合作 | 《外商投资产业指导目录(2004 年修订)》 |
| 2002 | 水上运输公司:外资比例不超过 49%<br>代理公司:<br>1. 船舶:外资比例不超过 49%<br>2. 货运(不包括邮政部门专营服务的业务):外资比例不超过 50%(速递服务不超过 49%);不迟于 2002 年 12 月 11 日允许外方控股;不迟于 2005 年 12 月 11 日允许外方独资<br>3. 外轮理货:限于合资、合作 | 《外商投资产业指导目录(2002 年修订)》 |
| 1997 | 港口公用码头设施的建设、经营(中方控股或占主导地位)<br>水上运输(中方控股或占主导地位)<br>代理业务(船舶、货运)(不允许外商独资) | 《外商投资产业指导目录(1997 年修订)》 |
| 1995 | 港口公用码头设施的建设、经营(中方控股或占主导地位)<br>水上运输(中方控股或占主导地位)<br>代理业务(船舶、货运)(不允许外商独资) | 《外商投资产业指导目录(1995 年)》 |

注:《内地与香港关于建立更紧密经贸关系的安排》及其后续协议、《内地与澳门关于建立更紧密经贸关系的安排》及其后续协议、《海峡两岸经济合作框架协议》及其后续协议、我国与有关国家签订的自由贸易区协议和投资协定、我国参加的国际条约对符合条件的投资者有更优惠开放措施的,按照相关协议或协定的规定执行。在自由贸易试验区等特殊经济区域对符合条件的投资者实施更优惠开放措施的,按照相关规定执行。

《外商投资准入特别管理措施（负面清单）(2020 年版)》交通运输、仓储和邮政业外商投资准入负面清单如表 5-2 所示。

**表 5-2 交通运输、仓储和邮政业外商投资准入特别管理措施(负面清单)(2020 年)**

| 序号 | 特别管理措施 |
| --- | --- |
| 1 | 国内水上运输公司须由中方控股 |
| 2 | 公共航空运输公司须由中方控股，且一家外商及其关联企业投资比例不得超过 25%，法定代表人须由中国籍公民担任。通用航空公司的法定代表人须由中国籍公民担任，其中农、林、渔业通用航空公司限于合资，其他通用航空公司限于中方控股 |
| 3 | 民用机场的建设、经营须由中方相对控股。外方不得参与建设、运营机场塔台 |
| 4 | 禁止投资邮政公司、信件的国内快递业务 |

## 5.2 世界贸易组织

世界贸易组织(WTO)是一个独立于联合国的国际组织，目标是建立一个完整的包括货物、服务、与贸易有关的投资及知识产权等更具活力、更持久的多边贸易体系。世界贸易组织前身是 1947 年 10 月 30 日签订的关税与贸易总协定(GATT)。1995 年 1 月 1 日，世界贸易组织正式开始运作。1996 年 1 月 1 日，世界贸易组织正式取代关贸总协定临时机构。我国于 2001 年 12 月 11 日正式加入世界贸易组织。

(1)海运服务贸易谈判

1986 年关税与贸易总协定乌拉圭回合谈判首次将服务贸易列入了谈判议题，之前其约束范围是“有形的”货物贸易，“无形的”服务贸易未纳入多边贸易体系。乌拉圭回合历时 7 年半，于 1994 年 4 月结束，达成了《服务贸易总协定》(GATS)。《服务贸易总协定》列出的服务行业包括以下 12 个：商业、通信、建筑、销售、教育、环境、金融、卫生、旅游、娱乐、运输、其他。具体分为 160 多个分部门，核心是最惠国待遇、国民待遇、市场准入、透明度及支付的款项和转拨的资金的自由流动。在乌拉圭回合谈判期间，海运业是服务贸易的一个重要部门。海运谈判原定于 1996 年 6 月结束，但国家间的利益冲突导致了参加方最后未能就一揽子承诺达成协议。美国的海运服务业不具备竞争优势，而自身又是海运需求大国，对海运安全非常重视，海运市场自由开放不符合其国家利益，美国在海运服务贸易谈判一开始就主张GATS不适用于海运服务业，在该建议被否决后又消极对待。欧洲国家、日本、韩国、新加坡对海运服务开放持较积极态度，希望通过海运服务贸易国际化、自由化来打开其他国家的市场。这一谈判随2000年前新一轮服务贸易谈判的开始而恢复。

乌拉圭回合谈判各国对海运业的概念、分类达成了共识，主要集中在国际海上运输、海运附属服务和港口服务三个方面，其中国际海上运输包括班轮和非班轮市场，海运附属服务包括船代、货代、装卸、仓储、集装箱场站、结关六项业务，港口服务指靠泊、供油、供水、引航等通常发生在港口与船舶有关的服务。谈判的内容是要求取消在市场准入方面的限制措施和在国民待遇方面的歧视做法，如要求取消货载保留措施、要求允许设立合资或独资企业从事海运及其附属服务等。我国在乌拉圭回合积极参加了海运谈判，当时我国海运对外要价主要内容包括：取消货载保留措施、开放海员劳务市场、取消对公有制企业的歧视性做法等。①

(2)我国海运领域入世承诺

2001年，我国加入世界贸易组织，是我国深度参与经济全球化的里程碑，标志着我国改革开放进入历史新阶段。我国入世在海运领域的承诺如下：

①海运服务，包括国际运输(货运和客运)，不包括沿海和内水运输服务。允许外商设立合资船运公司，经营悬挂中国国旗的船队，外资不得超过合资企业注册资本的49%；合资企业的董事会主席和总经理应由中方任命。对于提供国际海运服务的其他商业存在形式不做承诺。国际海运提供商可获得以下港口服务：领航、拖带和牵引辅助、物资供应、供油和供水、垃圾收集和压舱废物处理、驻港船长服务、助航设备、船舶运营所必需的岸基运营服务(包括通信、水、电供应)、紧急修理设施、锚地、泊位和靠泊服务。

②辅助服务，包括海运理货服务、海运报关服务、集装箱堆场服务和海运代理服务。除海运代理服务的跨境交付没有限制外，中国对其他服务的跨境交付不做承诺。外商在中国境内只能设立合资企业，允许外资拥有多数股权。但海运代理合资企业的外资持股比例不超过49%。

③内水运输(货运)。内水运输(货运)服务的跨境交付只限于对外国船舶开放的港口从事的国际运输服务。

加入世贸组织后，我国切实履行入世承诺，并在海运领域逐步降低服务

① 任为民.世界贸易组织海运谈判回眸[J].中国远洋海运，1999,8:12.

领域外资准入门槛，我国海运服务贸易的开放程度已经远远超过了入世时的承诺。

(3)《贸易便利化协定》

2013 年 12 月，世贸组织巴厘部长级会议上通过了《贸易便利化协定》。2014 年 11 月底，世贸组织通过有关议定书，交由各成员履行国内核准程序。经国务院批准，我国于 2015 年 9 月 4 日向世贸组织提交批准书。2017 年 2 月 22 日，超过三分之二的世界贸易组织成员接受生效条件，协定正式生效。

《贸易便利化协定》共分为三大部分，24 个条款。第一部分（第 1 至 12 条）规定了各成员在贸易便利化方面的实质性义务，涉及信息公布、预裁定、货物放行与结关、海关合作等内容，共 40 项贸易便利化措施。第二部分（第 13 至 22 条）规定了发展中成员在实施协定第一部分条款方面可享受的特殊和差别待遇，主要体现在实施期和能力建设两个方面。第三部分（第 23 至 24 条）涉及机构安排和最后条款，规定成立 WTO 贸易便利化委员会，各成员应成立国家贸易便利化委员会或指定一现有机构以促进该协定的国内协调和实施，以及该协定适用争端解决机制。

《贸易便利化协定》主要条款包括提高法律法规信息透明度、新制定或修订的贸易法规提前公布、通关审核关口“前推”、公布进出口征收的规费和费用、允许进口商在货物抵达前办理舱单等进口单证提交业务、减少和简化进出口手续和单证、建立“单一窗口”、海关间信息交换等内容，对于改善通关环境、促进货物贸易便利化，发挥了积极作用。

## 5.3 自贸区和自贸港

(1)自由贸易港的内涵

由于国际贸易商品绝大部分需要通过海运进行，自由贸易区的最初形态就是自由贸易港。自 1547 年世界上第一个正式命名为自由贸易港的里窝那港在意大利设立以来，自由贸易港（区）在世界上已经发展了 470 余年。许多国际公约、立法都对“自由贸易区”进行过定义，较为典型的定义包括海关合作理事会制定的《关于简化和协调海关业务制度的国际公约》（简称《京都公约》）、《欧共体自由区和自由仓库规则》、《欧共体海关法典》等。

自由贸易园区或自由贸易港区是指一国或地区对外经济活动中对货物监管、外汇管理、企业设立等实施特殊政策的一个特定区域。世界上出现最早的自贸区都是以自由贸易港的形式存在的。根据《京都公约》，自由贸易港是指设在一国(地区)境内关外、货物进出自由、绝大多数商品免征关税，免于海关惯常监管的特定区域，是目前全球开放水平最高的特殊经济功能区。自由贸易港从海关监管模式上来看，是处在"关境之外"，无贸易限制的关税豁免区域，也就是我们通常所说的具有"境内关外"性质的特殊区域。

(2)自由贸易港的主要功能

欧洲国家最初设立自由贸易港的目的，是利用海港的地理位置与贸易条件，吸引外国商品来此集散，扩大转口贸易，促进港口及其周边地区乃至港口所在国家的经济发展。当时的自由贸易港政策主要体现在进出口货物在关税及其他税收优惠方面。自由贸易港的发展历程大体经历了两个阶段：二战前，殖民国家在本国及殖民地建立以转口贸易为主的自由贸易港；二战后至今，自由贸易港逐渐融入了工业、金融等多方面的内涵。按照不同的政策与功能，自由贸易港分为商业性自由贸易港、工业性自由贸易港、综合性自由贸易港、自由贸易港城市。

商业性自由贸易港是以发展贸易和转口贸易为主要目的的自由贸易港，它是自由贸易港的最初形式，构成了狭义自由贸易港的主要内容，该类自由贸易港内货物可以进行装卸、堆存、运输、分类、拆散、再包装、贴标签和展览，同时也允许货物进行简单的加工和处理，但一般在该自由贸易港内不准从事和发展制造业。

工业性自由贸易港是以发展工业为目的的区域。虽然这类自由贸易港内也发展贸易和转口贸易，但工业的发展占据了主导地位。目前发展中国家设立的自由贸易港多数属于这种性质，其中出口加工区是其中的典型代表。

综合性自由贸易港既具备商业性自由贸易港促进贸易和转口贸易的功能，同时也具有工业性自由贸易港吸引外资、发展工业的功能。目前欧洲多数自由贸易港和自由贸易区属于这种性质。美国的对外贸易区也属于这类综合性的自由贸易港。

(3)主要特点

"境内关外"制度是自贸港建设的核心。自由贸易港建设的核心在于构建免于惯常海关监管制度("境内关外")，使得在自由贸易港范围内能够实现货流、人流的高效自由流动，通过要素的高效流动吸引企业机构集聚，活跃整个市场。

开放、高效、便利的投资环境是重要支撑。中国香港、新加坡、迪拜等在促进投资自由化方面的经验，给予自贸区内企业在投资、雇工、经营、人员出入境等方面更大自由，简化负面清单的内容，形成良好的投资环境。积极、有序、稳妥地推动外汇自由兑换、资金自由流动、利率市场化、资本项目开放，建立宽松、稳定、安全的金融环境。

税收优惠政策是要素集聚的重要手段。无论是国外还是国内，自由贸易港无一例外地将税收减免作为重要鼓励措施。从效果来看，税收优惠在促进自贸区发展中的作用均得到有力验证。海南自由贸易港出台了企业所得税、个人所得税、进口关税、进口环节增值税和消费税等税收优惠政策。

金融开放制度是自由贸易港建设的重要内容。在自由贸易港建设背景下，无论贸易、航运还是其他业务板块的发展，都与金融有着紧密的联系。中国香港、新加坡等自贸港在金融制度上非常开放，资金流动非常便捷。

完善法律法规体系是建成自贸港的重要保障。法制在国外自由贸易港的发展中发挥着重要的作用，如美国制定了《美国对外贸易区委员会通用条例》，土耳其制定了《土耳其自由贸易区法》，智利制定了《智利自由贸易区法》，韩国制定了《韩国自由出口区设置管理条例》，《欧共体海关法典》也有自由贸易港的相关规定，《京都公约》也专门对自由贸易港做了规定，等等。目前，海南自由贸易港立法工作正在推进中，这是我国在自贸区立法方面的重要实践。2020 年 4 月，第十三届全国人民代表大会常务委员会第十七次会议决定：授权国务院在中国（海南）自由贸易试验区暂时调整适用《中华人民共和国海商法》的有关规定，暂时调整适用的期限至 2024 年 12 月 31 日。将海南自贸试验区港口开展中资方便旗邮轮海上游业务的邮轮企业（经营主体）及邮轮的市场准入许可、仅涉及海南自贸试验区港口的外籍邮轮多点挂靠航线许可权限由国务院交通运输主管部门下放至海南省交通运输主管部门。基于海南海域情况及海南国际邮轮发展状况，在五星红旗邮轮投入运营前，允许中资邮轮运输经营主体在海南三亚、海口邮轮港开展中资方便旗邮轮海上游业务。由海南省人民政府制定具体管理办法，组织相关部门及三亚、海口市人民政府依职责落实监管责任，加强对试点经营主体和邮轮运营的监管。同时也规定，对实践证明可行的，修改完善有关法律；对实践证明不宜调整的，恢复施行有关法律规定。

(4)我国建设特殊经济区的历程

我国在不同时期，根据不同需要，设立了多种带有一定自由贸易特征的特殊经济区。主要包括保税区、出口加工区、保税物流园区、保税港区、综合保税区以及目前的自由贸易试验区、自由贸易港。

保税区(free trade zone)是我国第一代自由贸易区。保税区于 20 世纪 90

年代开始在大型沿海港口附近设立,初衷是发展“保税仓储、国际贸易和出口加工”,由于一些基础条件尚不具备,同时缺乏管理经验,保税区设立初期出现了一些问题,1995 年之后,货物“进区退税”的优惠被取消,因此对于出口加工企业不再具有吸引力。稍后出口加工功能的自由贸易区被以出口加工区的形式建立起来。随着出口加工区的设立,保税区的实际功能仅局限为“保税仓储”“转口贸易”两个方面。

由于保税区与港口之间并不联通,因此保税区内的货物进出口尚需“两次报关、两次查验”,降低了通关效率。为了促进物流发展,扩展和提升港口功能,2003 年底开始,国家先后在上海、青岛、宁波、大连、张家港、厦门象屿、深圳盐田和天津等具备条件的保税区内先后设立了 8 个保税物流园区,开始进行“港区联动”试点。保税物流园区解决了“进区退税”和“一次报关、一次查验”问题,对港口和保税区良性互动发展起到了促进作用。

由于保税物流园区内企业只能进行物流经营,功能相对单一,国务院又先后在上海、天津、大连设立保税港区,随后又在内陆地区建立了一系列功能类似的综合保税区。在保税港区内发展国际中转、国际配送、国际采购、转口贸易和出口加工五大功能,实现了特殊经济区的功能整合和提升。

2001 年我国加入 WTO 后,良好的外部条件促进了经济的发展。2001—2012 年,国内生产总值从 95933 亿元增长到 519322 亿元,进出口总额从 5098 亿美元增长到 38668 亿美元。2008 年美国次贷危机爆发,贸易保护主义在全球抬头,美欧日三大经济体发起跨太平洋伙伴关系协议(TPP)、跨大西洋贸易和投资伙伴协议(TTIP)和诸边服务业协议 (PSA)等新一轮多边贸易谈判,推行更高标准的贸易、投资自由化,力图取代 WTO 规则。全球经济的不确定性及外界环境的变化,不断挤压我国经济增长的“入世红利”。为先行试验国际经贸新规则、新标准,助推经济高质量发展,从 2013 年 9 月起,国务院先后批复成立上海、广东、天津、福建、辽宁、浙江、河南、湖北、重庆、四川、陕西、海南、山东、江苏、广西、河北、云南、黑龙江等自由贸易试验区。截至 2020 年 7 月,中国形成“1+3+7+1+6”共计 18 个自贸区的格局。此轮自由贸易试验区的开放措施不是仅仅将货物贸易便利化作为重点,而是希望深化完善以负面清单管理为核心的投资管理制度、以贸易便利化为重点的贸易监管制度、以资本项目可兑换和金融服务业开放为目标的金融创新制度和以政府职能转变为核心的事中事后监管制度,形成与国际投资贸易通行规则相衔接的制度创新体系,充分发挥金融贸易、先进制造、科技创新等重点功能承载区的辐射带动作用,应对国际更高水平贸易自由化的趋势。

(5)自贸区负面清单

2015 年、2017—2020 年,我国政府发布《自由贸易试验区外商投资准入特别管理措施(负面清单)》,由 2015 年的 15 个门类、50 个条目、122 项特别管理措施,缩减到 2020 年的 12 个门类、30 项特别管理措施 ,其中涉及港航类内容如表 5-3 所示。

**表 5-3 自由贸易试验区港航相关领域外商投资准入负面清单**

| 年份 | 特别管理措施 | 相关文件 |
|---|---|---|
| 2020 | 国内水上运输公司须由中方控股。(且不得经营或以租用中国籍船舶或者舱位等方式变相经营国内水路运输业务及其辅助业务;水路运输经营者不得使用外国籍船舶经营国内水路运输业务,但经中国政府批准,在国内没有能够满足所申请运输要求的中国籍船舶,并且船舶停靠的港口或者水域为对外开放的港口或者水域的情况下,水路运输经营者可以在中国政府规定的期限或者航次内,临时使用外国籍船舶经营中国港口之间的海上运输和拖航。) | 《自由贸易试验区外商投资准入特别管理措施(负面清单)(2020 年版)》 |
| 2019 | 国内水上运输公司须由中方控股。(且不得经营或以租用中国籍船舶或者舱位等方式变相经营国内水路运输业务及其辅助业务;水路运输经营者不得使用外国籍船舶经营国内水路运输业务,但经中国政府批准,在国内没有能够满足所申请运输要求的中国籍船舶,并且船舶停靠的港口或者水域为对外开放的港口或者水域的情况下,水路运输经营者可以在中国政府规定的期限或者航次内,临时使用外国籍船舶经营中国港口之间的海上运输和拖航。) | 《自由贸易试验区外商投资准入特别管理措施(负面清单)(2019 年版)》 |
| 2018 | 1. 国内水上运输公司须由中方控股。(且不得经营或以租用中国籍船舶或者舱位等方式变相经营国内水路运输业务及其辅助业务;水路运输经营者不得使用外国籍船舶经营国内水路运输业务,但经中国政府批准,在国内没有能够满足所申请运输要求的中国籍船舶,并且船舶停靠的港口或者水域为对外开放的港口或者水域的情况下,水路运输经营者可以在中国政府规定的期限或者航次内,临时使用外国籍船舶经营中国港口之间的海上运输和拖航。)<br>2. 国内船舶代理公司须由中方控股 | 《自由贸易试验区外商投资准入特别管理措施(负面清单)(2018 年版)》 |

**续表 5-3**

| 年份 | 特别管理措施 | 相关文件 |
| --- | --- | --- |
| 2017 | 1. 水上运输公司(上海自贸试验区内设立的国际船舶运输企业除外)须由中方控股,且不得经营或以租用中国籍船舶或者舱位等方式变相经营国内水路运输业务及其辅助业务(包括国内船舶管理、国内船舶代理、国内水路旅客运输代理和国内水路货物运输代理业务等)。<br>2. 水路运输经营者不得使用外国籍船舶经营国内水路运输业务,但经中国政府批准,在国内没有能够满足所申请运输要求的中国籍船舶,并且船舶停靠的港口或者水域为对外开放的港口或者水域的情况下,水路运输经营者可以在中国政府规定的期限或者航次内,临时使用外国籍船舶经营中国港口之间的海上运输和拖航。<br>3. 国际、国内船舶代理企业外资股比不超过 51% | 《自由贸易试验区外商投资准入特别管理措施(负面清单)(2017 年版)》 |
| 2015 | 1. 水上运输公司(上海自贸试验区内设立的国际船舶运输企业除外)属于限制类,须由中方控股,且不得经营以下业务:(1)中国国内水路运输业务,包括以租用中国籍船舶或者舱位等方式变相经营水路运输业务;(2)国内船舶管理、水路旅客运输代理和水路货物运输代理业务。<br>2. 船舶代理外资比例不超过 51%。<br>3. 外轮理货属于限制类,限于合资、合作。<br>4. 水路运输经营者不得使用外国籍船舶经营国内水路运输业务,经中国政府许可的特殊情形除外。<br>5. 中国港口之间的海上运输和拖航,由悬挂中华人民共和国国旗的船舶经营。外国籍船舶经营中国港口之间的海上运输和拖航,须经中国政府批准 | 《自由贸易试验区外商投资准入特别管理措施(负面清单)(2015 年)》 |

《自由贸易试验区外商投资准入特别管理措施(负面清单)》的发布标志着我国外商投资准入进入了双轨制,自贸区外外商投资准入依据《外商投资准入特别管理措施(负面清单)》,自贸区内外商投资准入依据自贸区外商准入负面清单。

由于我国港航业开放程度较高,所以对比 2015—2020 年港航领域自贸区外商准入负面清单与外商准入负面清单,两者内容差别不大。2020 年自贸区外商准入负面清单与 2020 年外商准入负面清单中涉及交通运输、仓储和邮政业的内容是相同的。

2020年自贸区负面清单仅有“国内水上运输公司须中方控股”1项特别管理措施，但该项特别管理措施在上海、广东、天津、福建等自贸区又进行了进一步的突破。2013年，国务院《中国（上海）自由贸易试验区总体方案》提出：允许中资公司拥有或控股拥有的非五星旗船，先行先试外贸进出口集装箱在国内沿海港口和上海港之间的沿海捎带业务。2015年，广东、天津、福建自贸区方案也开放了类似政策。2019年国务院《中国（上海）自由贸易试验区临港新片区总体方案》（国发〔2019〕15号）提出：“扩大中资方便旗船沿海捎带政策实施效果，研究在对等原则下允许外籍国际航行船舶开展以洋山港为国际中转港的外贸集装箱沿海捎带业务。”“沿海捎带”是指班轮公司利用外籍船舶在我国沿海港口之间运输我国外贸集装箱（不包括空箱，目前政策将空箱视为运输工具而非货物，允许外轮调拨空箱）。美国、日本等本国沿海运输需求较大，船队实力也较强的经贸大国，实行严格限制沿海运输权政策；国家海运船队强大、沿海运输需求较少的国家实行区域性开放政策。我国作为世界沿海运输需求第一大国和运力供给大国，从维护国家安全和经济角度分析，均应继续实施并进一步完善沿海运输政策，逐步形成中国特色的沿海运输政策①。

我国在集装箱运输领域开展了“沿海捎带”试点，通过试点评估对利益相关方的影响。“沿海捎带”政策试点也从侧面反映了我国港航领域已经达到了非常高的开放程度，“共识性”的开放政策都已放开，“探索性”的开放政策有待在实践中检验。

港航业体制机制性约束不仅在港航业开放本身，而更多体现在税收、金融、更加开放的船舶登记制度等诸多方面。我国自贸区在相关领域也开展了改革开放的实践。以海南自贸港为例，在税收方面，出台了企业所得税、个人所得税、进口关税、进口环节增值税和消费税等税收优惠政策；在船舶登记方面，提出了建设“中国洋浦港”船籍港，结合境内建造的船舶在“中国洋浦港”登记并从事国际运输的，视同出口并给予出口退税，对岛内进口用于交通运输、旅游业的船舶等营运用交通工具及游艇，实行“零关税”正面清单管理等优惠措施；在船舶融资和金融服务方面，提出为船舶和飞机融资提供更加优质高效的金融服务，取消船舶和飞机境外融资限制，探索以保险方式取代保

① 贾大山，金明. 海运强国发展模式[M]. 北京：人民交通出版社股份有限公司，2018.

证金。海南自贸港政策开放程度整体上要高于国内其他自贸试验区政策，但是，对比新加坡、迪拜和我国香港特区等国际自由贸易港海运及税收、金融等相关政策，仍然存在一定的差距。

(6)经验复制推广

截至2020年7月，中央政府先后分6批推广自贸区试点经验，分3批推荐"实践最佳案例"，向全国和海关特殊监管区推广。其中多项涉及港航领域改革和促进贸易便利化的试点经验和案例，为在全国范围后续推行扩大开放、促进贸易便利化、优化事中事后监管措施提供了宝贵的试点经验。

在扩大开放领域，推广"国际船舶运输领域扩大开放""国际船舶管理领域扩大开放""国际船舶代理领域扩大开放""国际海运货物装卸、国际海运集装箱场站和堆场业务扩大开放"政策，上述开放政策已在国家制定的外商准入负面清单中予以明确。

在贸易便利化领域，推广"进出口商品智慧申报导航服务""货物贸易'一保多用'管理模式""海运危险货物查验信息化，船舶载运危险货物及污染危害性货物合并申报""国际航行船舶进出境通关全流程'一单多报'""保税燃料油跨港区供应模式""海关业务预约平台""生产型出口企业出口退税服务前置""中欧班列集拼集运模式""跨部门一次性联合检查""保税燃料油供应服务船舶准入管理新模式""先放行、后改单作业模式""铁路运输方式舱单归并新模式""海运进境集装箱空箱检验检疫便利化措施""入境大宗工业品联动检验检疫新模式""国际航行船舶供水'开放式申报＋验证式监管'""进境保税金属矿产品检验监管制度""外锚地保税燃料油受油船舶'申报无疫放行'制度""依托电子口岸公共平台建设国际贸易单一窗口，推进单一窗口免费申报机制""国际海关经认证的经营者(AEO)互认制度""出境加工监管""企业协调员制度""原产地签证管理改革创新""国际航行船舶检疫监管新模式""免除低风险动植物检疫证书清单制度"等举措。

在事中事后监管方面，推广"审批告知承诺制、市场主体自我信用承诺及第三方信用评价三项信用信息公示""公共信用信息'三清单'(数据清单、行为清单、应用清单)编制""实施船舶安全检查智能选船机制""进境粮食检疫全流程监管""优化进口粮食江海联运检疫监管措施""优化进境保税油检验监管制度""企业送达信息共享机制""边检服务掌上直通车""简化外锚地保税燃料油加注船舶入出境手续""国内航行内河船舶进出港管理新模式""外锚地保税燃料油受油船舶便利化海事监管模式""保税燃料油供油企业信用监管新模式""海关企业注册及电子口岸入网全程无纸化""引入中介机构开展保税核查、核销和企业稽查”“海关企业进出口信用信息公示制度”等举措。

各自贸区系统总结了制度创新性强、市场主体反映好的做法，由商务部发布自由贸易试验区“最佳实践案例”，涉及港航领域和促进贸易便利化的最佳实践案例包括：上海国际贸易“单一窗口”、福建国际贸易“单一窗口”、关检“一站式”查验平台＋监管互认[中国（福建）自由贸易试验区]、以信用为核心的跨部门协同监管平台[中国（广东）自由贸易试验区]、集装箱码头股权整合新路径[中国（辽宁）自由贸易试验区]、铁路提单信用证融资结算[中国（重庆）自由贸易试验区]等。

上述多项涉及港航领域改革和促进贸易便利化的试点经验和案例，为在全国范围后续推行扩大开放、促进贸易便利化、优化事中事后监管措施提供了宝贵的试点经验，尤其是《国务院关于印发优化口岸营商环境促进跨境贸易便利化工作方案的通知》（国发〔2018〕37 号 ）出台后，自贸区在探索促进贸易便利化的实践方面，发挥了更大的作用。

# 6 市场主体和价格

引言：

《优化营商环境条例》第一章总则第五条："国家加快建立统一开放、竞争有序的现代市场体系，依法促进各类生产要素自由流动，保障各类市场主体公平参与市场竞争。"

《优化营商环境条例》第三章市场环境第二十四条："政府及其有关部门应当严格落实国家各项减税降费政策，及时研究解决政策落实中的具体问题，确保减税降费政策全面、及时惠及市场主体。"

2018年，《国务院关于印发优化口岸营商环境促进跨境贸易便利化工作方案的通知》（国发〔2018〕37号）要求："2018年底前，单个集装箱进出口环节合规成本比2017年减少100美元以上。"2019年8月，国务院办公厅发布《关于印发全国深化"放管服"改革优化营商环境电视电话会议重点任务分工方案的通知》（国办发〔2019〕39号）要求："2020年底前将全国单个集装箱进出口环节常规收费压减至400美元以内。"

价格决定是市场和政府如何发挥作用的重要体现。我国从计划经济到中国特色社会主义市场经济体制的改革，大幅降低了计划经济的组织成本和体制成本。但在改革的进程中，市场的"交易费用"和政府的"组织成本""体制成本"存在多种组合并不断变化，政府和市场的边界很难进行清晰的界定。当前，在改革的攻坚期，应充分发挥市场在资源配置中的决定性作用，要继续完善主要由市场决定价格的机制。政府应按照《反垄断法》《价格法》《反不正当竞争法》规定，落实反垄断和不正当竞争、反对地方保护、行业监管等监管职责，通过加强市场监管更好地推动市场对资源配置起决定性作用。

本章内容系统分析了与港口口岸活动相关的航港及相关领域市场主体及市场特点，分析了港航服务价格特点及价格改革情况，同时，为了更清晰地反映各市场主体的收费情况，以及各市场主体收费费目占物流总费用的比例，系统梳理了主要市场主体的收费费目，并做了具体案例分析，以期更清晰呈现港口口岸经营活动各市场主体竞争环境、收费费目、费用占比、价格决定。

本章内容主要对应优化港航营商环境第二维度的核心任务：如何促进跨境贸易便利化，为货主企业、贸易商等港航业服务对象降费提效。后续章节对各类市场主体的发展历程、属性特点、价格决定等相关情况进行了更进一步的分析。

## 6.1 市场竞争性

港口口岸从事生产活动的市场主体有船公司、无船承运人、港口企业、货代、船代、车队、堆场、铁路运输企业、引航公司、拖轮公司、理货公司、报关/报检代理、口岸信息平台公司、消毒企业、熏蒸企业等。

按照竞争性分析，上述行业既有接近完全竞争的市场，又有垄断竞争市场、寡头竞争市场和完全垄断市场。按照竞争性排序的港航相关领域市场结构图如图 6-1 所示。

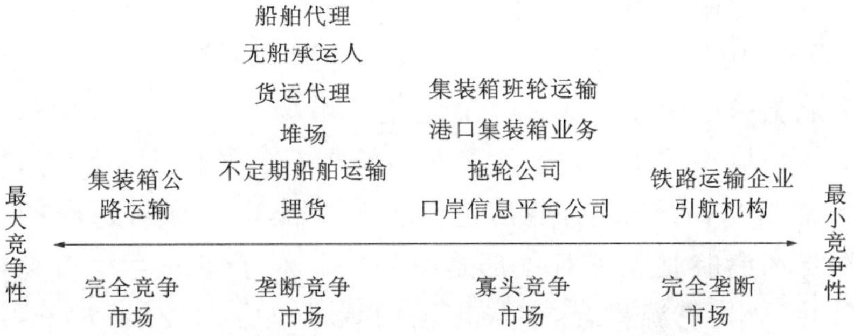


图 6-1 按照竞争性排序的港航相关领域市场结构图

完全竞争市场：有众多交易相同服务的供给方和需求方，以至于个体服务供给方和需求方都无法影响市场价格，都是价格接受者的市场。完全竞争市场没有政府的干预，也没有服务供给方协议集体行动对市场机制作用形成障碍，市场价格完全在市场机制作用下形成。市场主体的进入和退出没有障碍。在港航领域，为港口提供集疏运服务的集装箱公路运输市场接近于完全竞争市场。

垄断竞争市场：是指既存在竞争又存在垄断，但竞争因素多于垄断因素的市场。服务供给方的服务产品既存在一定的差别，又存在一定的可替代性。垄断竞争市场中有较多的服务供给方，但少于完全竞争市场的数量，各供给方独立经营，相互之间不具备达成协议或联合操纵市场的条件。市场主体的进入和退出比较容易。在港航领域，船舶代理、无船承运人、货运代理、堆场、不定期船舶运输、理货等市场属于垄断竞争市场。

寡头竞争市场：是指只有少数几个服务供给方提供相似或相同服务的市

场。寡头竞争市场既有垄断因素又有竞争因素,但垄断因素占主导地位。市场内服务供应方数量极少,几家服务供应方提供了绝大部分服务,每个服务供应方在市场中占有较大份额,提供的服务的数量和价格变动对整个市场具有较大影响。寡头决策时往往会考虑竞争者的反应,为了避免恶性竞争,往往倾向于采用协议价格的方式控制市场。寡头间的竞争主要是通过提高服务质量来提升竞争力。寡头竞争服务商在规模、资金、市场等方面有较大优势,在市场需求有限的条件下,新服务商进入困难,同时,由于寡头服务商具备了较大的生产规模,也不容易退出市场。在港航领域,集装箱班轮运输、港口集装箱业务、拖轮公司、口岸信息平台公司等属于寡头竞争市场。

完全垄断市场:只有一个服务供应方为多个需求方提供服务的市场。垄断企业提供的服务等于整个市场的服务供给,提供的服务不能被其他服务所替代。垄断企业是服务价格的制定者,众多消费者只能是价格的接受者。在港航领域,为港口提供集疏运服务的铁路运输市场接近完全垄断市场,为船公司提供引航服务的引航市场属于完全垄断市场。

对于港航领域相关市场,完全竞争市场并不是最优竞争状态,"小、散"的市场往往不能带来高质量的服务,适度的产业集中并保持适度的竞争强度,对港航业本身和港航业服务对象都是有益的。对于垄断竞争市场,应促进企业协作和兼并重组、资源整合,引导市场向规模化方向发展;对于寡头竞争市场,应对经营者集中进行谨慎的审查,对垄断协议和滥用市场支配地位进行监管;对完全垄断市场,应增加竞争者,对于因特殊原因应维持的完全垄断市场,应对市场主体提供的服务及其价格等进行监管。

## 6.2 价格决定

### 6.2.1 港航服务价格特点

港航企业为社会提供的产品是服务产品,服务产品是无形的,不能储存、调拨,能够满足一时一地发生的运输、装卸等服务需求,港航服务产品生产过程也是产品的消费过程。港航服务产品的价格是一种服务价格。

港航服务产品价格是商品成本的重要组成部分。商品的总成本包括生产成本、运输成本和销售成本。港航服务产品价格是运输成本的组成部分,也是商品总成本的组成部分。运输成本在商品总成本中的比率与商品本身的单位重量(体积)价值的高低有关。运输成本会直接影响商品的销售价格,也会影响商品的市场竞争力。因此，优化港航营商环境第二维度促进跨境贸易便利化，其中重要的指标体现在港航服务产品的价格上。世界银行《营商环境报告》中评价跨境贸易的 8 个指标中，包含出口单证合规成本、出口边境合规成本、进口单证合规成本、进口边境合规成本 4 个与价格相关的指标。

价格是一种资源分配机制，港航服务提供者、港航服务接受者、政府部门等相关方有不同的利益诉求。以港口服务价格和服务为例，港口企业追求利润和可持续发展，船公司和货主、货运代理企业追求高效的作业效率、便捷的单证传输、优质的服务和低廉的价格，政府部门希望港口促进腹地经济增长并达到安全、绿色等指标；对于班轮公司的价格和服务，班轮公司追求利润和可持续发展，货主企业和货运代理企业希望获得低廉的价格、可靠的班期、舱位保障、便捷的单证传输、优质的服务，港口企业希望班轮公司能开辟更多的航线和增加航线密度，政府部门希望达到安全、绿色等指标。因此，在充分发挥市场在资源配置中的决定性作用的机制下，“绝对正确”的价格是不存在的，只存在多方利益博弈下的均衡价格，以及在均衡价格下的市场服务供给。

### 6.2.2 交通运输领域价格决定

价格决定是市场和政府发挥作用的重要体现。充分发挥市场在资源配置中的决定性作用，就要完善主要由市场决定价格的机制。坚持把主要由市场决定价格作为价格形成的常态机制，凡是能够通过市场形成的价格，主要由市场形成。对暂不具备放开条件的，要积极探索建立符合市场导向的价格动态调整机制，并创造条件加快形成主要由市场决定价格的机制。改革政府定价机制，把政府定价严格限定在必要范围内，主要限定在重要公用事业、公益性服务、网络型自然垄断环节。进一步减少政府定价的范围和具体品种。

根据《中华人民共和国价格法》，国家实行并逐步完善宏观经济调控下主要由市场形成价格的机制。价格的制定应当符合价值规律，大多数商品和服务价格实行市场调节价，极少数商品和服务价格实行政府指导价或者政府定价。当前，市场调节价的比重已从 1978 年的 3%上升到 97%以上。

价格机制是市场机制的核心，市场决定价格是市场在资源配置中起决定性作用的关键。价格改革的方向是放开竞争性领域和环节价格，政府定价范围主要限定在重要公用事业、公益性服务、网络型自然垄断环节；要形成市场决定价格的机制，建立完善科学、规范、透明的价格监管制度和反垄断执法体系，健全价格调控机制。

2001 年，原国家发展计划委员会发布《国家计委和国务院有关部门定价目录》，涉及交通运输领域的定价如表 6-1 所示。

**表 6-1　交通运输领域国家计委和国务院有关部门定价目录**(2001 年)

| 序号 | 定价内容 | 定价部门 | 备注 |
|---|---|---|---|
| 1 | 管道运输及杂项收费，港口收费，民航运输价格及折扣幅度(含机场收费)，铁路客货运输价格及杂项作业收费标准 | 国家计委及有关部门 | 定价范围为国家铁路、国家控股合资(合作)铁路；沿海长江干线主要港口及所有对外开放港口；民用机场、军民合用机场收费，国内航线及国际航线国内段航空运输价格；国内管道运输杂项收费，包括与管道运输相关的装车费、储油费、中转代理费 |

2015 年 10 月，中共中央、国务院出台《关于推进价格机制改革的若干意见》，强调要紧紧围绕使市场在资源配置中起决定性作用，加快价格改革步伐，深入推进简政放权、放管结合、优化服务，尊重企业自主定价权、消费者自由选择权，促进商品和要素自由流动、公平交易。

2015 年，国家发展改革委发布《中央定价目录》，涉及交通运输定价的项目如表 6-2 所示。

**表 6-2　交通运输领域《中央定价目录》**(2015 年)

| 序号 | 定价内容 | | 定价部门 | 备注 |
|---|---|---|---|---|
| 1 | 铁路运输服务 | 中央管理企业全资及控股铁路普通旅客列车票价率 | 国务院价格主管部门 | 竞争性领域除外 |
| 2 | | 中央管理企业全资及控股铁路货物、行李运价率 | | |
| 3 | 民航运输服务 | 民航国内航线及国际航线国内段旅客票价率 | 国务院民用航空主管部门会同国务院价格主管部门 | 竞争性领域除外 |
| 4 | | 民用机场、军民合用机场垄断环节服务收费 | 国务院民用航空主管部门 | |
| 5 | | 民航飞行校验服务收费 | | |
| 6 | | 民航空管服务收费 | | |

续表 6-2

| 序号 | 定价内容 | | 定价部门 | 备注 |
|---|---|---|---|---|
| 7 | 港口服务 | 渔港收费 | 国务院农业主管部门会同国务院价格主管部门 | 定价范围为船舶进出渔港、停泊、靠泊等服务 |
| 8 | | 沿海、长江干线主要港口及其他所有对外开放港口的垄断服务收费 | 国务院交通运输主管部门会同国务院价格主管部门 | 定价范围为船舶进出港、靠离泊和港口安保等服务 |
| 9 | 跨省(自治区、直辖市)长途管道运输价格 | | 国务院价格主管部门 | - |

2020 年，国家发展改革委修订了《中央定价目录》，涉及交通运输定价的项目如表 6-3 所示。

**表 6-3 交通运输领域《中央定价目录》**(2020 年)

| 序号 | 定价内容 | | 定价部门 | 备注 |
|---|---|---|---|---|
| 1 | 铁路运输服务 | 中央管理企业全资及控股铁路普通旅客列车硬座、硬卧票价率 | 国务院价格主管部门 | 定价范围不包括动车组列车、社会资本投资控股新建铁路客运专线 |
| 2 | | 中央管理企业全资及控股铁路大宗货物、行李运价率 | 国务院价格主管部门 | 定价范围为整车运输的煤、石油、粮食、化肥等货物和行李运价率。社会资本投资控股新建铁路货物运输除外 |
| 3 | 民航运输服务 | 不具备竞争条件的民航国内航线及国际航线国内段旅客票价率 | 国务院民用航空主管部门会同国务院价格主管部门 | 头等舱、公务舱除外 |
| 4 | | 民航保障服务垄断环节收费 | 国务院民用航空主管部门 | 定价范围为民用机场、军民合用机场垄断环节服务收费，民航飞行校验服务收费，民航空管服务收费 |
| 5 | 港口服务 | 沿海、长江干线主要港口及其他所有对外开放港口的垄断服务收费 | 国务院交通运输主管部门会同国务院价格主管部门 | 定价范围为船舶进出港、靠离泊和港口安保等服务 |

历次的价格改革，突出了垄断环节定价监管和竞争性环节价格市场化的改革方向，已形成以市场调节为主的价格机制。交通运输领域供求关系发生了变化，公路、水路、航空运输能力总体超出市场需求，长期紧张的铁路货运供需关系也趋于平衡，甚至出现区域性、阶段性供过于求。各种运输方式快速发展，不同运输方式之间以及同一种运输方式内部相互竞争的格局已经形成。顺应交通运输市场发展形势的变化，交通运输领域价格改革紧紧围绕使市场在资源配置中起决定性作用，竞争性领域和环节价格已基本放开，其中港航相关领域价格改革具体情况如表 6-4 所示。

**表 6-4 港航相关领域价格改革情况**

| 序号 | 收费项目 | 定价形式 | 相关文件 |
| --- | --- | --- | --- |
| 1 | 港口作业包干费（内贸）、堆存保管费和库场使用费（内贸） | 由政府定价改为市场调节价 | 《关于调整港口内贸收费规定和标准的通知》（交水发〔2005〕234 号）、《中华人民共和国港口收费规则（内贸部分）》（交通部令 2005 第 8 号） |
| 2 | 集装箱、外贸散杂货装卸作业费；国际客运码头作业费；船舶垃圾处理、供水费 | 由政府指导价、政府定价改为市场调节价 | 《关于放开港口竞争性服务收费有关问题的通知》（交水发〔2014〕253 号） |
| 3 | 引航（移泊）费、拖轮费、停泊费、围油栏费、驳船取送费、特殊平舱费 | 由政府定价改为政府指导价 | 《关于调整港口船舶使费和港口设施保安费有关问题的通知》（交水发〔2015〕118 号） |
| 4 | 供水（物料）服务费、供油（气）服务费、供电服务费、污油水接收处理服务费 | 由政府定价改为市场调节价 | 《关于印发〈港口收费计费办法〉的通知》（交水发〔2015〕206 号） |
| 5 | 引领海上移动式平台在我国水域航行的技术服务费 | 由政府指导价改为市场调节价 | 《关于印发〈港口收费计费办法〉的通知》（交水发〔2017〕104 号） |
| 6 | 国内客运和旅游船舶港口作业费 | 由政府定价改为市场调节价 | 《关于印发〈港口收费计费办法〉的通知》（交水发〔2017〕104 号） |

续表 6-4

| 序号 | 收费项目 | 定价形式 | 相关文件 |
|---|---|---|---|
| 7 | 驳船取送费和特殊平舱费 | 由政府指导价改为市场调节价 | 《关于进一步放开港口部分收费等有关事项的通知》(交水发〔2018〕77 号) |
| 8 | 理货服务费 | 由政府定价改为市场调节价 | 《关于进一步放开港口部分收费等有关事项的通知》(交水发〔2018〕77 号) |

2018 年,国务院印发的《优化口岸营商环境促进跨境贸易便利化工作方案》要求:“2018 年底前,单个集装箱进出口环节合规成本比 2017 年减少 100 美元以上。”2019 年 3 月,李克强总理在人民大会堂做政府工作报告时指出,“要取消或降低一批铁路、港口收费”,将“激发市场主体活力,着力优化营商环境”作为政府工作的重要任务。2019 年 8 月,国务院办公厅发布《关于印发全国深化“放管服”改革优化营商环境电视电话会议重点任务分工方案的通知》(国办发〔2019〕39 号),督促各地做好口岸收费目录清单公示,整治港口、船公司、物流堆场、货代、船代等乱收费、不合理收费行为,2020 年底前将全国单个集装箱进出口环节常规收费压减至 400 美元以内。

按照国家建立社会主义市场经济的总体要求以及相关法律法规的规定,对于港航领域已经明确实施市场调节价的服务内容,应依靠市场竞争和市场规则配置资源,政府不宜干预;政府应按照《反垄断法》《价格法》《反不正当竞争法》规定,落实反垄断和不正当竞争、反对地方保护、行业监管等监管职责,通过加强市场监管更好地推动市场对资源配置的决定性作用。价格监管不是对于市场和市场机制的替代,而是在市场机制作用不充分的情况下,由政府的作用为市场作用的发挥创造条件。

鉴于港口环节的收费涉及的主体多、业务流程复杂、服务种类多样、降费传导难,涉及价格以市场调节价为主,仅包括少数政府定价、政府指导价的费目,因此对于降费,国家层面的要求更侧重宏观性和导向性。实行政府定价、政府指导价的项目,应该严格按照相关标准执行。在市场调节价服务领域,应鼓励竞争,破除垄断,让市场更好地发挥决定性作用。

## 6.3 跨境贸易物流费用案例分析

为了更清晰地反映各市场主体的收费情况,以及各市场主体收费费目占物流总费用的比例，本节梳理了港口口岸外贸集装箱运输主要市场主体的收费费目，并做了具体案例分析。

(1)我国中部地区—美国西海岸案例

以我国中部地区出口到美国西海岸的货物(20 英尺集装箱)为例，分析在常规情况下，根据不同贸易条款由我国货主和海外买方共同支付的货物出口物流费用如表 6-5 所示，其中需要支付给船公司的包括海运运费、码头操作费(THC)、文件费、铅封费、电放费、设备交接单费、其他海运附加费等费用；支付船舶代理企业 EDI 传输费、单证费、订舱服务费等费用；支付港口企业港口设施保安费、货物港务费、堆存费等费用；支付集疏运企业集疏港运输费用；支付堆场企业吊装费、储存费等费用；支付报关公司报关代理费、报检代理费；支付货代公司货运代理费；向海事部门缴纳港口建设费。

**表 6-5 海运出口到美国西海岸物流费用明细表**

| 序号 | 收费项目 | 定价形式 | 收费主体 | 费用(元/TEU) |
|---|---|---|---|---|
| 1 | 海运运费及其他附加费 | 市场调节价 | 船公司 | 18460 |
| 2 | 码头操作费(THC) | 市场调节价 | 船公司 | 640 |
| 3 | 文件费 | 市场调节价 | 船公司 | 450 |
| 4 | 铅封费 | 市场调节价 | 船公司 | 30 |
| 5 | 电放费 | 市场调节价 | 船公司 | 250 |
| 6 | 设备交接单费 | 市场调节价 | 船公司 | 30 |
| 7 | EDI 传输费 | 市场调节价 | 船舶代理企业 | 100 |
| 8 | 单证费 | 市场调节价 | 船舶代理企业 | 25 |
| 9 | 订舱服务费 | 市场调节价 | 船舶代理企业 | 100 |
| 10 | 港口设施保安费 | 政府定价 | 港口企业 | 8 |
| 11 | 货物港务费 | 政府定价 | 港口企业 | 17 |
| 12 | 堆存费 | 市场调节价 | 港口企业 | 20 |
| 13 | 集疏港运输费 | 市场调节价 | 集疏港运输企业 | 1000 |
| 14 | 吊装费 | 市场调节价 | 堆场企业 | 50 |
| 15 | 储存费 | 市场调节价 | 堆场企业 | 20 |
| 16 | 港口建设费 | 政府定价 | 海事部门 | 32 |
| 17 | 报检代理费 | 市场调节价 | 报关公司 | 200 |

**续表 6-5**

| 序号 | 收费项目 | 定价形式 | 收费主体 | 费用(元/TEU) |
|---|---|---|---|---|
| 18 | 报关代理费 | 市场调节价 | 报关公司 | 200 |
| 19 | 代理费 | 市场调节价 | 货运代理公司 | 300 |
| 合计 | | | | 21932 |

注:①数据来源:根据 2020 年 7 月初对我国某港口口岸代表性企业公示的收费标准及调研数据整理;②海运运费及其他附加费中未含码头操作费、文件费、铅封费、电放费、设备交接单费等 5 项费用;③上述费用未包含在目的港发生的费用。

船公司在港口作业需要支付给港口企业、引航机构、拖轮公司、理货公司的费用以及向海关缴纳的船舶吨税如表 6-6 所示。船公司支付港口企业港口作业包干费(集装箱装卸)、停泊费;支付引航机构引航费;支付拖轮公司拖轮费;支付理货公司理货服务费;向海关缴纳船舶吨税。

**表 6-6　船公司港口口岸费用支出明细表**

| 序号 | 收费项目 | 定价形式 | 收费主体 | 费用(元/TEU) |
|---|---|---|---|---|
| 1 | 港口作业包干费(集装箱装卸) | 市场调节价 | 港口企业 | 470 |
| 2 | 停泊费 | 政府指导价 | 港口企业 | 6.8 |
| 3 | 引航费 | 政府指导价 | 引航机构 | 21 |
| 4 | 拖轮费 | 政府指导价 | 拖轮公司 | 18 |
| 5 | 理货服务费 | 市场调节价 | 理货公司 | 18 |
| 6 | 船舶吨税 | 税费 | 海关 | 16 |
| 合计 | | | | 549.8 |

注:①相关数据按照船长 335 米、宽 48.6 米,装箱数为 10000 标准箱,5 万～6 万净吨,11 万～13 万载重吨,在港口装卸 2500 标准箱,港口每小时装卸 200 个自然箱,靠离泊过程中使用两条拖轮计算;②上述费用未包含在目的港发生的费用。

船公司向货主或海外买家收取了海运运费、码头操作费(THC)、文件费、铅封费、电放费、设备交接单费、其他海运附加费等费用,同时为完成港口作业也需要向港口企业、引航机构、拖轮公司、理货公司、海关等付费。为了清楚地表示我国货主和海外买方共同支付的货物出口物流总费用及各收费主体收取比例,将船公司需要转移支付的费用进行拆解,分摊给港口企业、引航机构、拖轮公司、理货公司、海关等实际收费主体,各收费主体收费情况如表 6-7 所示。

表 6-7　拆解船公司转移支付费用后海运出口货物费用明细表

| 收费主体 | 出口美国西海岸 | | | |
|---|---|---|---|---|
| | 含海运运费及附加费（元/TEU） | 占比 | 不含海运运费及其他附加费（元/TEU） | 占比 |
| 船公司 | 19310.2 | 88.05% | 850.2 | 24.49% |
| 船舶代理企业 | 225 | 1.03% | 225 | 6.48% |
| 港口企业 | 521.8 | 2.38% | 521.8 | 15.03% |
| 集疏港运输企业 | 1000 | 4.56% | 1000 | 28.80% |
| 堆场企业 | 70 | 0.32% | 70 | 2.02% |
| 海事部门代收港建费 | 32 | 0.15% | 32 | 0.92% |
| 报关公司 | 400 | 1.82% | 400 | 11.52% |
| 货运代理公司 | 300 | 1.37% | 300 | 8.64% |
| 引航机构 | 21 | 0.10% | 21 | 0.60% |
| 拖轮公司 | 18 | 0.08% | 18 | 0.52% |
| 理货公司 | 18 | 0.08% | 18 | 0.52% |
| 海关代收船舶吨税 | 16 | 0.07% | 16 | 0.46% |
| 合计 | 21932 | 100.00% | 3472 | 100.00% |

注：①不含海运运费及其他附加费，指不含海运运费，含码头操作费、文件费、铅封费、电放费、设备交接单费 5 项费用，不含除上述 5 项费用外的其他附加费。②上述费用均未包含在目的港发生的费用。

综上，中国中部地区出口到美国西海岸的货物（20 英尺集装箱），在常规情况下，根据不同贸易条款由我国货主和海外买方共同支付的货物出口物流总费用中占比最大的部分是支付给船公司的费用，占比 88.05%，集疏运企业费用占比 4.56%，港口企业费用占比 2.38%。费用构成中，政府定价的费用约占比 0.26%，政府指导价的费用约占比 0.21%，船舶吨税占比0.07%，其他费用均施行市场调节价。

在常规情况下，不含海运运费及其他附加费的费用中（含码头操作费、文件费、铅封费、电放费、设备交接单费 5 项费用），集疏运企业费用占比 28.80%，船公司费用占比 24.49%，港口企业费用占比 15.03%。费用构成中，政府定价的费用约占比 1.64%，政府指导价的费用约占比 1.32%，船舶吨税占比

0.46％，其他费用均施行市场调节价。

(2)中国中部地区—欧洲案例

以中国中部地区出口到西欧的货物(20英尺集装箱)为例，分析在常规情况下，根据不同贸易条款由我国货主和海外买方共同支付的货物出口物流总费用如表6-8所示。

**表6-8　海运出口到西欧物流费用明细表**

| 序号 | 收费项目 | 定价形式 | 收费主体 | 费用(元/TEU) |
|---|---|---|---|---|
| 1 | 海运运费及其他附加费 | 市场调节价 | 船公司 | 7810 |
| 2 | 码头操作费 | 市场调节价 | 船公司 | 640 |
| 3 | 文件费 | 市场调节价 | 船公司 | 450 |
| 4 | 铅封费 | 市场调节价 | 船公司 | 30 |
| 5 | 电放费 | 市场调节价 | 船公司 | 250 |
| 6 | 设备交接单费 | 市场调节价 | 船公司 | 30 |
| 7 | EDI传输费 | 市场调节价 | 船舶代理企业 | 100 |
| 8 | 单证费 | 市场调节价 | 船舶代理企业 | 25 |
| 9 | 订舱服务费 | 市场调节价 | 船舶代理企业 | 100 |
| 10 | 港口设施保安费 | 政府定价 | 港口企业 | 8 |
| 11 | 货物港务费 | 政府定价 | 港口企业 | 17 |
| 12 | 堆存费 | 市场调节价 | 港口企业 | 20 |
| 13 | 集疏港运输费 | 市场调节价 | 集疏港运输企业 | 1000 |
| 14 | 吊装费 | 市场调节价 | 堆场企业 | 50 |
| 15 | 储存费 | 市场调节价 | 堆场企业 | 20 |
| 16 | 港口建设费 | 政府定价 | 海事部门 | 32 |
| 17 | 报检代理费 | 市场调节价 | 报关公司 | 200 |
| 18 | 报关代理费 | 市场调节价 | 报关公司 | 200 |
| 19 | 代理费 | 市场调节价 | 货运代理公司 | 300 |
| 合计 | | | | 11282 |

注：①数据来源：根据2020年7月初对我国某港口口岸代表性企业公示的收费标准及调研数据整理；②海运运费及其他附加费中未含码头操作费、文件费、铅封费、电放费、设备交接单费等5项费用；③上述费用未包含在目的港发生的费用。

其中，船公司在港口作业需要支付给港口企业、引航机构、拖轮公司、理货公司的费用以及向海关缴纳的船舶吨税如表 6-9 所示。

**表 6-9　船公司港口口岸费用支出明细表**

| 序号 | 收费项目 | 定价形式 | 收费主体 | 费用(元/TEU) |
|---|---|---|---|---|
| 1 | 港口作业包干费(集装箱装卸) | 市场调节价 | 港口企业 | 470 |
| 2 | 停泊费 | 政府指导价 | 港口企业 | 6.8 |
| 3 | 引航费 | 政府指导价 | 引航机构 | 21 |
| 4 | 拖轮费 | 政府指导价 | 拖轮公司 | 18 |
| 5 | 理货服务费 | 市场调节价 | 理货公司 | 18 |
| 6 | 船舶吨税 | 税费 | 海关 | 16 |
| 合计 | | | | 549.8 |

注：①相关数据按照船长 335 米、宽 48.6 米，装箱数为 10000 标准箱，5 万～6 万净吨，11 万～13 万载重吨，在港口装卸 2500 标准箱，港口每小时装卸 200 个自然箱，靠离泊过程中使用两条拖轮计算；②上述费用未包含在目的港发生的费用。

将船公司需要转移支付的费用进行拆解，各收费主体收费情况如表 6-10 所示。

**表 6-10　拆解船公司转移支付后海运出口货物费用明细表**

| 收费主体 | 出口欧洲 | | | |
|---|---|---|---|---|
| | 含海运运费及附加费(元/TEU) | 占比 | 不含海运运费及其他附加费(元/TEU) | 占比 |
| 船公司 | 8660.2 | 76.76% | 850.2 | 24.49% |
| 船舶代理企业 | 225 | 1.99% | 225 | 6.48% |
| 港口企业 | 521.8 | 4.63% | 521.8 | 15.03% |
| 集疏港运输企业 | 1000 | 8.86% | 1000 | 28.80% |
| 堆场企业 | 70 | 0.62% | 70 | 2.02% |
| 海事部门代收港建费 | 32 | 0.28% | 32 | 0.92% |
| 报关公司 | 400 | 3.55% | 400 | 11.52% |
| 货运代理公司 | 300 | 2.66% | 300 | 8.64% |

**续表 6-10**

| 收费主体 | 出口欧洲 | | | |
|---|---|---|---|---|
| | 含海运运费及附加费（元/TEU） | 占比 | 不含海运运费及其他附加费（元/TEU） | 占比 |
| 引航机构 | 21 | 0.19% | 21 | 0.60% |
| 拖轮公司 | 18 | 0.16% | 18 | 0.52% |
| 理货公司 | 18 | 0.16% | 18 | 0.52% |
| 海关代收船舶吨税 | 16 | 0.14% | 16 | 0.46% |
| 合计 | 11282 | 100.00% | 3472 | 100.00% |

注：①不含海运运费及其他附加费，指不含海运运费，含码头操作费、文件费、铅封费、电放费、设备交接单费5项费用，不含除上述5项费用外的其他附加费。②上述费用均未包含在目的港发生的费用。

综上，中国中部地区出口到西欧的货物（20英尺集装箱），在常规情况下，根据不同贸易条款由我国货主和海外买方共同支付的货物出口物流总费用中占比最大的部分是支付给船公司的费用，占比76.76%，集疏运企业费用占比8.86%，港口企业费用占比4.63%。费用构成中，政府定价的费用约占比0.51%，政府指导价的费用约占比0.41%，船舶吨税占比0.14%，其他费用均施行市场调节价。

在常规情况下，不含海运运费及其他附加费的费用中（含码头操作费、文件费、铅封费、电放费、设备交接单费5项费用），集疏运企业费用占比28.80%，船公司费用占比24.49%，港口企业费用占比15.03%。费用构成中，政府定价的费用约占比1.64%，政府指导价的费用约占比1.32%，船舶吨税占比0.46%，其他费用均施行市场调节价。

## 6.4 市场主体收费项目及说明

本节梳理了船公司、船舶代理企业、港口企业、集疏港运输企业、堆场企业、报关代理公司、货运代理公司、引航机构、拖轮公司、理货公司等市场主体的收费情况，按照收费项目名称、针对的贸易类型、定价形式、收费类型进行了分类，且包括了非常规的收费项目，并对各收费项目对应的服务内容进行了说明。见表6-11～表6-18。

**表 6-11 船公司收费项目及说明**

| 收费主体 | 收费项目 | 贸易类型 | 定价形式 | 收费类型 | 说明 |
|---|---|---|---|---|---|
| 船公司 | 海运运费 | 外贸出口/进口 | 市场调节价 | 常规收费 | 按照合同的要求，将货物运送到相应港口，完成运输行为 |
| | 文件费 | 外贸出口/进口 | 市场调节价 | 常规收费 | 包括所有标准运输单据的创建和处理 |
| | 码头操作费 | 外贸出口/进口 | 市场调节价 | 常规收费 | 在码头对集装箱操作产生的费用，按不同的箱型收取 |
| | 铅封费 | 外贸出口 | 市场调节价 | 非常规收费 | 提供铅封收取的费用 |
| | 设备交接单 | 外贸出口/进口 | 市场调节价 | 常规收费 | 设备交接单制作传输打印等费用 |
| | 电放费 | 外贸出口/进口 | 市场调节价 | 非常规收费 | 电放提单收取的费用 |
| | 改单费 | 外贸出口/进口 | 市场调节价 | 非常规收费 | 更改提单收取的费用 |
| | 异地放单/换单 | 外贸出口 | 市场调节价 | 非常规收费 | 出口提单换单费 |
| | 滞箱费 | 外贸出口/进口 | 市场调节价 | 非常规收费 | 超期使用集装箱产生的费用。根据不同的箱型、不同的用箱时间，对照船公司的费用表收取 |
| | 取消订舱费 | 外贸出口 | 市场调节价 | 非常规收费 | 取消订舱的补偿费用 |
| | 目的港放单 | 外贸出口 | 市场调节价 | 非常规收费 | 在目的港进行放单 |
| | 改港费 | 外贸出口 | 市场调节价 | 非常规收费 | 客户更改目的港、卸货港产生的费用 |
| | 危险品申报费 | 外贸出口 | 市场调节价 | 非常规收费 | 危申数据采集、整理，向海事进行船方危申 |
| | 其他海运附加费 | 外贸出口/进口 | 市场调节价 | 非常规收费 | 额外加收的燃油、汇率成本等其他海运附加费 |

**表 6-12 船舶代理企业收费项目及说明**

| 收费主体 | 收费项目 | 贸易类型 | 定价形式 | 收费类型 | 说　明 |
|---|---|---|---|---|---|
| 船舶代理 | 船舶代理费 | 外贸出口/进口 | 市场调节价 | 常规收费 | 《中华人民共和国国际海运条例》规定的国际船舶代理企业经营业务范围 |
| | 代收海运费的操作费 | 外贸出口/进口 | 市场调节价 | 常规收费 | 根据船东提供的账单，代船东向客户收取预付海运费 |
| | 制单服务费 | 外贸出口/进口 | 市场调节价 | 常规收费 | ①录入、整理、转换并发送进出口客户提供的装船数据，并对有问题的数据进行跟踪反馈；<br>②联系委托方、确认提单有效性、核对有关单据、结算应收费用、依据委托方指令为客户换取提货单 |
| | EDI 传输费 | 外贸出口 | 市场调节价 | 常规收费 | 对客户提供的报关数据进行录入、整理、转换及发送，同时提供网上平台供客户跟踪查询其申报状态，对已申报数据进行核对，对数据不符项进行跟踪反馈。开船后，及时向客户提供已装船申报数据，协助客户将报关数据与提单数据进行比对，协助客户处理未能顺利出运货物的转船申报手续 |
| | | 外贸进口 | 市场调节价 | 常规收费 | 对船东提供的客户进口舱单数据进行录入、整理、转换、核对及发送，同时提供网上平台供客户跟踪查询其当前状态，对进口舱单及船图数据进行核对，对数据不符项进行跟踪反馈。对已发送海关的舱单数据，及时进行跟踪查询，对客户向船东提供信息更正的单据，及时向海关再次发送更正数据并递交纸面单据到海关指定窗口，更正完毕后及时通知客户和船东 |

续表 6-12

| 收费主体 | 收费项目 | 贸易类型 | 定价形式 | 收费类型 | 说　明 |
| --- | --- | --- | --- | --- | --- |
| 船舶代理 | 港杂包干费 | 外贸出口 | 市场调节价 | 常规收费 | 为保证出口客户顺利预约集港，收集、整理客户提供的集港数据，并转换发送至相关方，同时提供网上预约平台保证客户预约集港信息及时、准确地发送至相关方，协助客户解决预约集港过程中遇到的困难。协助客户进行出口港杂数据的录入、整理，代客户与作业区、海事局等进行费用核对，对有问题的数据及时跟踪反馈，并代为结算 |
| | D/O 换单费 | 外贸进口 | 市场调节价 | 常规收费 | 接收客户换单保函及提单，参照进口舱单信息对提单信息进行审核，审核通过后及时为客户办理更换提货单业务，审核未通过则及时告知客户单据存在的问题，指导客户更改；协助客户就遇到的换单问题协调各相关方；对遗失 D/O 单的客户，根据客户委托，在征得船东同意的情况下，收取客户提供的补打 D/O 保函、登报遗失证明材料等单据后，为客户安排补打 D/O 单 |
| | 船员服务操作费 | 外贸出口/进口 | 市场调节价 | 非常规收费 | 为代理船舶船员提供就医、住宿、交通服务、代买机票、借支或其他船东委办项目收取代理服务费 |

续表 6-12

| 收费主体 | 收费项目 | 贸易类型 | 定价形式 | 收费类型 | 说明 |
|---|---|---|---|---|---|
| 船舶代理 | 危险品申报费 | 外贸出口 | 市场调节价 | 非常规收费 | 收集客户发送的危险品货物信息,整理海事局申报资料,代客户向船东申请预配贝位,登录海事局申报系统进行危险品货物申报,并将申报结果及时向客户反馈;整理完善危险品货物装船数据,跟踪反馈实际装船贝位,必要时修改申报信息重新进行危险品货物申报 |
| | | 外贸进口 | 市场调节价 | 非常规收费 | 收集全船的危险品货物信息,整理海事局申报资料,登录海事局申报系统进行危险品货物申报,并将申报结果及时向客户及船东反馈;整理完善进口危险品货物卸船数据、品名、处置预案等相关信息,向码头作业区提供危险品说明书;暑期、重大节日期间代客户向港口公安局申报备案进口危险品信息 |
| | 舱单改单费 | 外贸出口/进口 | 市场调节价 | 非常规收费 | 装卸船后客户舱单数据与报关数据不符时,根据客户递交的申请,协助其整理、出具海关要求的资料,向海关申请舱单更改,并跟踪进度,及时向客户反馈。如产生罚金,代为向海关结算 |
| | 改提单费 | 外贸出口/进口 | 市场调节价 | 非常规收费 | 客户签提单后因货方原因修改提单内容的,协助客户与船东联系确认是否可以修改直至工作完成 |

续表 6-12

| 收费主体 | 收费项目 | 贸易类型 | 定价形式 | 收费类型 | 说　　明 |
|---|---|---|---|---|---|
| 船舶代理 | 电放费 | 外贸出口/进口 | 市场调节价 | 非常规收费 | 根据客户要求，收取相应保函，办理电放手续 |
| | 改报关手续费 | 外贸出口/进口 | 市场调节价 | 非常规收费 | 开船后如遇货物短装或客户需按商检重量证修改海关舱单数据的情况，根据客户需求提供更改所需单证（盖单证章提单复印件、舱单），并发送预配修改报文 |
| | 代签提单费 | 外贸出口/进口 | 市场调节价 | 非常规收费 | 根据客户或船东要求，请示船东，核对提单及其他需要文件内容，代签非传统业务提单（包括异地、非代理船舶的提单等） |

**表 6-13　港口企业收费项目及说明**

| 收费主体 | 收费项目 | 贸易类型 | 定价形式 | 收费类型 | 说　　明 |
|---|---|---|---|---|---|
| 港口企业 | 货物港务费 | 外贸出口/进口 | 政府定价 | 常规收费 | 维护和管理防波堤、航道、锚地等港口基础设施 |
| | 港口设施保安费 | 外贸出口/进口 | 政府定价 | 常规收费 | 用于为履行 SOLAS 公约和 ISPS 规则进行的港口保安设施的建设、维护和管理 |
| | 停泊费（国际航线） | 外贸出口/进口 | 政府指导价 | 常规收费 | 为船舶提供锚地、码头停泊服务（分 A、B、C 档） |
| | 集装箱装卸费 | 外贸出口/进口 | 市场调节价 | 常规收费 | 外贸集装箱码头装卸作业 |

**续表 6-13**

| 收费主体 | 收费项目 | 贸易类型 | 定价形式 | 收费类型 | 说明 |
| --- | --- | --- | --- | --- | --- |
| 港口企业 | 堆存保管费 | 外贸出口/进口 | 市场调节价 | 常规收费 | 根据客户委托对集装箱进行堆存保管，有一定天数的免费堆存期 |
| | 落地倒箱 | 外贸出口/进口 | 市场调节价 | 非常规收费 | 应船方要求进行的落地倒箱装卸作业 |
| | 退关提箱 | 外贸出口 | 市场调节价 | 非常规收费 | 根据客户委托对退关集装箱进行提箱作业 |
| | 退关转船 | 外贸出口 | 市场调节价 | 非常规收费 | 根据客户委托对退关集装箱进行转船作业 |
| | 中转箱装卸 | 外贸出口/进口 | 市场调节价 | 非常规收费 | 在中转港进行的集装箱“水-水”中转码头装卸作业 |
| | 船上倒箱 | 外贸出口/进口 | 市场调节价 | 非常规收费 | 应船方要求进行的船上倒箱装卸作业 |
| | 大件设备装卸 | 外贸出口/进口 | 市场调节价 | 非常规收费 | 应船方要求对大件货物、设备在集装箱码头进行装卸作业 |
| | 出口查验提箱 | 外贸出口 | 市场调节价 | 非常规收费 | 根据海关、检验检疫等查验需要在码头进行提箱作业 |
| | 查验作业 | 外贸出口/进口 | 市场调节价 | 非常规收费 | 根据海关、检验检疫等查验需要在码头进行查验作业 |
| | 施封/验封 | 外贸出口/进口 | 市场调节价 | 非常规收费 | 根据客户委托对集装箱人工施封或验封作业 |
| | 火车加固 | 外贸出口/进口 | 市场调节价 | 非常规收费 | 根据客户委托对铁路集装箱进行火车加固 |
| | 偏载检测 | 外贸出口/进口 | 市场调节价 | 非常规收费 | 根据客户委托对铁路集装箱进行偏载检测 |
| | 集装箱运输 | 外贸出口/进口 | 市场调节价 | 非常规收费 | 根据客户委托对集装箱进行吊装、运输等相关作业 |

续表 6-13

| 收费主体 | 收费项目 | 贸易类型 | 定价形式 | 收费类型 | 说　明 |
|---|---|---|---|---|---|
| 港口企业 | PTI 冷箱检测 | 外贸出口/进口 | 市场调节价 | 非常规收费 | 根据客户委托对冷藏集装箱制冷机组工作状况进行检验 |
| | 超期疏港 | 外贸出口/进口 | 市场调节价 | 非常规收费 | 由于客户未提离货物，对进口集装箱进行疏港作业 |
| | 搬移(吊装) | 外贸出口/进口 | 市场调节价 | 非常规收费 | 应船方、货方要求或其他非港方原因对集装箱进行一次搬移(吊装)作业 |
| | 制冷 | 外贸出口/进口 | 市场调节价 | 非常规收费 | 根据客户委托对冷藏箱进行制冷、监护作业 |
| | 集装箱称重 | 外贸出口/进口 | 市场调节价 | 非常规收费 | 根据客户委托使用地秤对集装箱进行称重作业 |
| | 集装箱铁路作业 | 外贸出口/进口 | 市场调节价 | 非常规收费 | 根据客户委托对集装箱进行铁路发送或铁路到达等相关作业 |
| | 拆装箱 | 外贸出口/进口 | 市场调节价 | 非常规收费 | 根据客户委托使用人工或机械进行拆箱或装箱等相关作业 |
| | 库场使用 | 外贸出口/进口 | 市场调节价 | 非常规收费 | 根据客户委托使用港口库场对货物进行加工、整理、抽样、储存等作业 |

**表 6-14　港口集疏运企业收费项目目及说明**

| 收费主体 | 收费项目 | 贸易类型 | 定价形式 | 收费类型 | 说　　明 |
|---|---|---|---|---|---|
| 车队 | 运输费 | 外贸出口/进口 | 市场调节价 | 常规收费 | 为客户提供货物运输服务 |
| | 等时压车费 | 外贸出口/进口 | 市场调节价 | 非常规收费 | 堆场安排车辆运载集装箱至码头集港，码头无集港信息时，车辆需等待，补偿压车降低车辆周转效率的费用 |
| 铁路运输企业 | 运费 | 外贸出口/进口 | 市场调节价 | 常规收费 | 运输费用 |
| | 铁路建设基金 | 外贸出口/进口 | 政府定价 | 常规收费 | 国发〔1992〕37 号，财工字〔1996〕371 号，财工〔1997〕543 号，财综〔2007〕3 号 |

**表 6-15　堆场企业收费项目及说明**

| 收费主体 | 收费项目 | 贸易类型 | 定价形式 | 收费类型 | 说　　明 |
|---|---|---|---|---|---|
| 堆场 | 拼箱综合费 | 外贸进口 | 市场调节价 | 非常规收费 | 根据客户委托为客户提供拼箱的提单数据信息录入、提箱落箱、验箱、掏货拆箱、货物入库、发送预配电子仓单信息、运输回空等服务 |
| | 拼箱出库装车费 | 外贸进口 | 市场调节价 | 非常规收费 | 根据客户委托为拼箱装箱客户提供提空箱、空箱运输、吊箱摆箱、验箱、装箱、集港等服务 |
| | 信息传输费 | 外贸出口 | 市场调节价 | 非常规收费 | 根据客户委托对出口运抵信息进行录入、核对和发送作业 |
| | 仓储费/堆存费 | 外贸出口/进口 | 市场调节价 | 常规收费 | 按照货物仓储堆存要求，根据客户委托，为客户提供货物仓储、堆存相关服务 |

**续表 6-15**

| 收费主体 | 收费项目 | 贸易类型 | 定价形式 | 收费类型 | 说明 |
|---|---|---|---|---|---|
| 堆场 | 整箱拆箱费 | 外贸进口 | 市场调节价 | 常规收费 | 根据客户委托为客户提供整箱提回堆场、堆场内吊箱摆箱、掏货拆箱、装车、运输回空等服务 |
| | 整箱装箱综合费 | 外贸出口 | 市场调节价 | 常规收费 | 根据客户委托为客户提供整箱货物集装箱的提空箱、空箱运输、吊箱摆箱、验箱、装箱、集港等服务 |
| | 拼箱装箱综合费 | 外贸出口 | 市场调节价 | 常规收费 | 根据客户委托为拼箱装箱客户提供提空箱、空箱运输、吊箱摆箱、验箱、装箱、集港等服务 |
| | 拼箱卸车费 | 外贸出口 | 市场调节价 | 非常规收费 | 根据客户委托为拼箱客户提供打尺、验唛头、拍照、货物卸车服务 |
| | 集装箱称重 | 外贸出口 | 市场调节价 | 非常规收费 | 根据客户委托使用地秤对集装箱进行称重作业 |
| | 吊费/回空费 | 外贸出口/进口 | 市场调节价 | 非常规收费 | 为客户提供空箱在院内提箱、落箱的机械吊箱码放服务 |
| | 施封/验封 | 外贸进口/出口 | 市场调节价 | 非常规收费 | 为客户提供集装箱人工施铅封或验铅封服务 |
| | 特种装卸费 | 外贸出口 | 市场调节价 | 非常规收费 | 根据客户委托为客户提供特种卸车和装车服务 |
| | 拼箱操作费 | 外贸出口 | 市场调节价 | 非常规收费 | 为客户提供仓单预配信息数据录入、信息复核发送服务 |

续表 6-15

| 收费主体 | 收费项目 | 贸易类型 | 定价形式 | 收费类型 | 说　明 |
|---|---|---|---|---|---|
| 堆场 | 加固费 | 外贸出口 | 市场调节价 | 非常规收费 | 为客户提供所装货物在集装箱内固定货物服务 |
| | 掏箱费 | 外贸出口/进口 | 市场调节价 | 非常规收费 | 根据客户委托按照客户要求对集装箱内货物进行掏箱作业，分人工掏箱和机械掏箱服务 |
| | 掏装费 | 外贸出口/进口 | 市场调节价 | 非常规收费 | 根据客户委托按照客户要求进行集装箱内货物的掏箱再装箱作业 |
| | 搬移/吊装 | 外贸出口/进口 | 市场调节价 | 非常规收费 | 根据客户委托对集装箱进行一次水平运输的搬移（吊装）作业 |
| | 打托盘费 | 外贸出口 | 市场调节价 | 非常规收费 | 根据客户委托提供打托盘服务 |
| | 退关提箱 | 外贸出口 | 市场调节价 | 非常规收费 | 根据客户委托对退关集装箱至码头和提箱出码头至堆场（其他码头）进行作业 |
| | 退关转船 | 外贸出口 | 市场调节价 | 非常规收费 | 根据客户委托对退关集装箱至码头办理转船手续业务 |
| | 熏蒸费 | 外贸出口 | 市场调节价 | 非常规收费 | 根据客户委托进行集装箱货物熏蒸，部分熏蒸业务产生费用实报实销 |
| | 偏载检测 | 外贸出口/进口 | 市场调节价 | 非常规收费 | 根据客户委托对铁路集装箱进行偏载检测 |
| | 铁路下线费 | 外贸出口 | 市场调节价 | 非常规收费 | 为客户提供取送车皮、卸货服务 |
| | 火车加固 | 外贸出口/进口 | 市场调节价 | 非常规收费 | 根据客户委托对铁路集装箱进行火车加固作业 |

**续表 6-15**

| 收费主体 | 收费项目 | 贸易类型 | 定价形式 | 收费类型 | 说明 |
|---|---|---|---|---|---|
| 堆场 | 集装箱铁路作业 | 外贸出口/进口 | 市场调节价 | 非常规收费 | 根据客户委托，完成集装箱铁路发送和铁路接收的运输作业 |
| | 开箱门验放射性 | 外贸出口/进口 | 市场调节价 | 非常规收费 | 根据客户委托对货物进行开箱门验放射性的集装箱作业服务 |
| | 检验检疫查验作业/验货费 | 外贸出口/进口 | 市场调节价 | 非常规收费 | 根据客户委托对检验检疫查验集装箱进行的掏货、装货、摆放集装箱、吊上吊下、水平运输等相关作业 |
| | 海关集中查验作业 | 外贸出口/进口 | 市场调节价 | 非常规收费 | 根据海关查验需要对于查验有问题的集装箱进行海关集中查验作业，涉及摆放集装箱、吊上吊下和水平运输等相关作业 |
| | 空箱 PTI(冷箱检验) | 外贸出口/进口 | 市场调节价 | 非常规收费 | 为客户提供冷箱检验服务，涉及电缆线、插头、锈蚀、有无撞击和不合规修理等外观检查，以及控制器时间校准、电器绝缘度、软件升级和部件有无缺失的设备检查和运行测试 |
| | 集装箱打冷费 | 外贸出口/进口 | 市场调节价 | 非常规收费 | 为客户提供调节冷箱温度至指定温度服务。需插电调节和人工监控 |
| | 水洗箱费 | 外贸进口 | 市场调节价 | 非常规收费 | 根据客户委托或按照船公司标准对集装箱进行清洗等相关作业 |
| | 化洗箱费 | 外贸进口 | 市场调节价 | 非常规收费 | 根据客户委托或按照船公司标准对集装箱进行清洗等相关作业 |

续表 6-15

| 收费主体 | 收费项目 | 贸易类型 | 定价形式 | 收费类型 | 说明 |
|---|---|---|---|---|---|
| 堆场 | 修箱费 | 外贸进口 | 市场调节价 | 非常规收费 | 按照各船公司标准对污损集装箱箱体进行清洗和维修作业 |
| | 修箱工时费 | 外贸进口 | 市场调节价 | 非常规收费 | 为客户提供场内集装箱 QC 检验、验箱、堆场内吊箱摆箱、修箱服务的工时费用 |

**表 6-16 报关报检代理企业收费项目及说明**

| 收费主体 | 收费项目 | 贸易类型 | 定价形式 | 收费类型 | 说明 |
|---|---|---|---|---|---|
| 报关报检代理 | 报关单录入服务费 | 外贸出口/进口 | 市场调节价 | 常规收费 | 人工录入电子数据及审核 |
| | 加工贸易手册核销办理服务费 | 外贸出口/进口 | 市场调节价 | 常规收费 | 进出口报关单整理;内销联系单审批;料件、边角料等补税申报 |
| | 结转单申报服务费 | 外贸出口/进口 | 市场调节价 | 常规收费 | 结转单审批及申报 |
| | 代理港杂费 | 外贸出口/进口 | 市场调节价 | 常规收费 | 代垫港口各项杂费、口岸各部门各项收费,代收代付 |
| | 征免税审批办理服务费 | 外贸出口/进口 | 市场调节价 | 常规收费 | 征免税的立项申请;征免税前期备案;征免税证明的审批 |
| | 加工贸易手册审批备案办理服务费 | 外贸出口/进口 | 市场调节价 | 常规收费 | 资料库备案;HS 编码预审核;申报要素审核;手册申请、变更、增项;验厂申请、审批 |
| | 押箱服务费 | 外贸出口/进口 | 市场调节价 | 常规收费 | 换单过程中针对船东集装箱押金的资金成本 |
| | 代理服务费 | 外贸出口/进口 | 市场调节价 | 常规收费 | 通关过程中船代、海关、检疫、码头堆场等全流程串联服务费 |

**续表 6-16**

| 收费主体 | 收费项目 | 贸易类型 | 定价形式 | 收费类型 | 说明 |
|---|---|---|---|---|---|
| 报关报检代理 | 报关服务费/报关代理费 | 外贸出口/进口 | 市场调节价 | 常规收费 | 报关单证审核;报关单证填制;报关单逻辑检查;HS编码预审核;商品信息、申报要素审核;舱单查询;配合海关查询;客户信息沟通;报关单证留存;报关数据的整理和统计 |
| | 删、改单申报服务费 | 外贸出口/进口 | 市场调节价 | 非常规收费 | 删、改单录入、上传;开具港口证明;现场改单申请;报关单申报、记分、记分返还 |
| | 暂时进出口货物审批、核销服务费 | 外贸出口/进口 | 市场调节价 | 非常规收费 | 暂时进出口审批单制单、审核;交单许可;核销、延期、留购;按期核销;更改报关单 |
| | 港口查验辅助服务费 | 外贸出口/进口 | 市场调节价 | 非常规收费 | 预约查验;协助开箱;确认查验货物;各口岸现场陪同查验;购买铅封;预约集港;取、送查验样品 |
| | 物压资金服务费 | 外贸出口/进口 | 市场调节价 | 非常规收费 | 代垫税款、保证金、滞报金、滞纳金、港口各项杂费、运输费、口岸各部门各项收费,提供金融资金服务 |
| | 关务增值服务咨询费 | 外贸出口/进口 | 市场调节价 | 非常规收费 | 提供商品归类咨询、AEO认证咨询、咨询服务、培训服务、平台服务、供应链策划、第三方物流策划等;国际关务咨询;相关通关证件的代办驻厂服务 |
| | 通关证代办服务费 | 外贸出口/进口 | 市场调节价 | 非常规收费 | 相关通关证件的代办 |

续表 6-16

| 收费主体 | 收费项目 | 贸易类型 | 定价形式 | 收费类型 | 说明 |
|---|---|---|---|---|---|
| 检验检疫处理单位 | 熏蒸费、消毒费 | 外贸出口/进口 | 市场调节价 | 非常规收费 | 根据客户的委托对进出口货物进行相应的检疫处理，并出具检疫处理结果报告单 |

**表 6-17 货运代理企业收费项目及说明**

| 收费主体 | 收费项目 | 贸易类型 | 定价形式 | 收费类型 | 说明 |
|---|---|---|---|---|---|
| 货运代理 | 港口代理运输服务费 | 外贸进口 | 市场调节价 | 常规收费 | 办理港口转运、短倒及公路、水路、铁路运输，代办手续及代付运费。办理押、还箱手续，代缴押箱费。代办货物拆箱、理货、验货发运等手续 |
| | 全程代理服务费 | 外贸出口 | 市场调节价 | 常规收费 | 代办订舱配载，缮制运输单据，办理仓储、提箱、装箱、集港、报关、报检、验重、装船、签放提单、代付运费及口岸使用费等 |
| | 换单服务费 | 外贸出口/进口 | 市场调节价 | 常规收费 | 核对提单信息，及时了解船舶动态，办理船代换单放提手续，代办到付运费等 |
| | 订舱服务费 | 外贸出口 | 市场调节价 | 常规收费 | 代办订舱，根据委托人要求，选择合适的船期、航线、价格，制作和传输相关单证，换取 D/O 单，代付海运费和其他船方费用。办理提、还箱手续，代付押箱费等 |
| | 报关服务费 | 外贸出口/进口 | 市场调节价 | 常规收费 | 整理报关单据，填制报关单，明确商品归类及随附单证，代缴关税和滞报金等 |

**续表 6-17**

| 收费主体 | 收费项目 | 贸易类型 | 定价形式 | 收费类型 | 说明 |
|---|---|---|---|---|---|
| 货运代理 | 查验服务费 | 外贸出口/进口 | 市场调节价 | 非常规收费 | 将查验货物倒运至指定场地，协调海关、检验处理和查验堆场掏箱、取样、查验、再装箱等 |
| | 港口交接代理服务费 | 外贸进口 | 市场调节价 | 常规收费 | 港口理货、验残、代办索赔、包装修理、货物交接等。向客户通报货物状况。办理押、还箱手续，代缴押箱费 |
| | 代办港口服务费 | 外贸出口 | 市场调节价 | 常规收费 | 安排货物进出库、装箱、铅封手续，办理提、还箱手续，代付押箱费及港口使费、滞箱费等，办理货物集港、装船、称重等 |
| | 国际多式联运(无船承运人)包干费 | 外贸出口/进口 | 市场调节价 | 常规收费 | 采用两种以上运输方式的全程物流服务、门到门运输等第三方物流解决方案并代办各种手续。垫付各项费用 |
| | 垫付费用 | 外贸出口/进口 | 市场调节价 | 非常规收费 | 为客户垫付海运费、港口使费等相关费用 |
| | 增值服务费 | 外贸出口/进口 | 市场调节价 | 非常规收费 | 根据客户需求提供个性化服务，提供第四方物流等 |

**表 6-18 海事、理货、拖轮、引航收费项目及说明**

| 收费主体 | 收费项目 | 贸易类型 | 定价形式 | 收费类型 | 说明 |
|---|---|---|---|---|---|
| 海事局 | 港建费 | 外贸出口/进口 | 政府定价 | 常规收费 | 中央分成的港口建设费主要用于沿海港口公共基础设施建设支出及支持保障系统建设支出；地方分成的港口建设费主要用于辖区内港口公共基础设施以及航运支持保障系统的建设和维护 |
| 理货公司 | 出证费 | 外贸出口/进口 | 市场调节价 | 常规收费 | 根据进口提单信息，核对溢短单、残损单信息 |
| | 出口理货报告出证 | 外贸出口/进口 | 市场调节价 | 常规收费 | 出口退关报告 |
| 拖轮公司 | 拖轮费 | 外贸出口/进口 | 政府指导价 | 常规收费 | 按照《港口收费计费办法》计费；使用拖轮从事集装箱船舶的抢险救助作业、海上拖航运输、新造或维修船舶进出港服务等不属于《港口法》规定的港口拖轮经营活动，其收费标准由委托方与拖轮服务单位另行协商确定 |
| 引航中心 | 引航(移泊)费 | 外贸出口/进口 | 政府指导价 | 常规收费 | 提供引航服务，按照《港口收费计费办法》计费 |
| | 引航(移泊)费(技术服务费) | 外贸出口/进口 | 市场调节价 | 常规收费 | 引航服务以外引领海上移动式平台 |

# 7 港口经营及价格决定

**引言：**

港口经营主体是指：(1)在港口区域内为船舶、旅客和货物提供港口设施或者服务的港口经营人。港口经营人在港口区域内为船舶、旅客和货物提供的港口设施或者服务的活动，主要包括下列各项：①为船舶提供码头、过驳锚地、浮筒等设施；②为旅客提供候船和上下船舶设施和服务；③从事货物装卸(含过驳)、仓储、港区内驳运；④为船舶进出港、靠离码头、移泊提供顶推、拖带等服务。(2)为船舶提供岸电、燃物料、生活品供应、水上船员接送及船舶污染物(含油污水、残油、洗舱水、生活污水及垃圾)接收、围油栏供应服务等船舶港口服务的经营人。(3)从事港口设施设备和机械租赁维修业务的经营人。(4)港口理货业务经营人。(5)引航机构。

《优化营商环境条例》第三章市场环境第二十一条："政府有关部门应当加大反垄断和反不正当竞争执法力度，有效预防和制止市场经济活动中的垄断行为、不正当竞争行为以及滥用行政权力排除、限制竞争的行为，营造公平竞争的市场环境。"

港口经营主体既包括以为船舶、旅客和货物提供港口设施或者服务为主营业务的港口经营人，也包括拖轮、理货、引航、为船舶提供物资供应服务的经营人等。港口具有自然垄断属性，我国引航服务属于完全垄断，拖轮市场属于寡头竞争，理货市场正由寡头竞争向垄断竞争转变。本章重点分析了港口管理体制改革、港口价格改革的历程，分析了引航、拖轮、理货行业改革历程、属性和特点，并从政府监管和促进行业发展的视角提出了建议。

## 7.1 港口

### 7.1.1 港口管理体制改革历程

为满足经济社会的发展需求，中国港口实现了从计划经济到中国特色社会主义市场经济的转变。

中华人民共和国成立后，中华人民共和国政务院在 1950 年 7 月颁布《政务院财政经济委员会关于统一航务港务管理的指示》,1954 年颁布《中华人民共和国海港管理暂行条例》,初步构建了计划经济体制下中央统管、政企合一的港口管理体制。国家是港口投资和运营的单一主体。

1984—1989 年,原交通部直属的 14 个沿海港口、26 个长江干线重点港口全部下放到所在城市,实行交通部和所在地政府"双重领导,地方为主"的管理体制,加强了港口所在地城市政府对港口工作的领导,扩大了港口经营自主权,增强了港口发展能力。当时,仅保留了全国煤炭装船第一大港秦皇岛港仍由原交通部直接管理。

1985 年 9 月,国务院颁布了《关于中外合资建设码头优惠待遇的暂行规定》,允许外国公司、企业和个人同中国公司、企业共同投资兴办合营企业、建设港口码头,开启了我国港口市场化进程。1992 年,原交通部发布了《关于深化改革、扩大开放、加快交通发展的若干意见》(交办发〔1992〕596 号),允许外商独资建设货主专用码头和专用航道,外商投资开发经营成片土地时,可在地块范围内建设和经营专用港区和码头。但无论是 1995 年 6 月发布的《外商投资产业指导目录》,还是 1997 年 12 月修订的《外商投资产业指导目录》都规定港口设施的建设、经营,公用码头由国有资产占控股或主导地位。2001 年 12 月修订的《外商投资产业指导目录》,取消了港口公用码头的中方控股要求。

1986 年,对进出 26 个沿海港口的货物征收港口建设费,开始实行"以港养港,以收抵支"政策,并出台政策措施,鼓励内地省市在沿海港口集资建设码头,货主单位自建专用码头。

2001 年 11 月,国务院办公厅《关于深化中央直属和双重领导港口管理体制改革意见的通知》(国办发〔2001〕91 号),决定将由中央管理的秦皇岛港以及中央与地方政府双重领导的港口,全部下放地方管理。港口下放后,原则上由港口所在城市人民政府管理,需要由省级人民政府管理的,由省级人民政府按照"一港一政"的原则确定管理形式。港口下放后,实行政企分开,港口企业不再承担行政管理职能,并按照建立现代企业制度的要求,进一步深化企业内部改革,成为自主经营、自负盈亏的法人实体。

2003 年 6 月 28 日,《中华人民共和国港口法》(以下简称《港口法》)颁布,自 2004 年 1 月 1 日起施行。《港口法》深刻总结了中华人民共和国成立后我国港口管理,特别是 20 多年改革开放的实践和经验,借鉴吸收了国际上港口管理和立法的有益做法,在港口规划、建设、维护、经营和管理等方面,确立了一系列重要法律制度。《港口法》的出台,标志着我国港口事业步入了法制轨道。

### 7.1.2 属性和特点

(1)自然垄断属性

港口岸线资源具有稀缺性，港口选址受到自然条件和港口腹地的限制。港口投资金额大、折旧时间长，港口设施设备用途单一，具有很强的规模经济性，提高了潜在市场主体的进入难度。

(2)区域复合性

港口由一定范围的水域和陆域组成，可以由一个或者多个港区组成。港口规划应当符合城镇体系规划，并与土地利用总体规划、城市总体规划、江河流域规划、防洪规划、海洋功能区划、水路运输发展规划和其他运输方式发展规划以及法律、行政法规规定的其他有关规划相衔接、协调。

(3)服务复合性

港口经营人提供的服务以及与港口相关的服务包括为船舶、旅客和货物提供港口设施的服务，为船舶提供岸电、燃物料、生活品供应，水上船员接送及船舶污染物接收、围油栏供应等服务，提供港口设施设备和机械租赁维修的服务、港口理货服务、引航服务等。

(4)竞争性

港口的竞争主要体现在两个方面：一是港口交叉腹地的竞争，在港口能力过剩的情况下，港口企业通过降低价格、提高服务质量等手段来竞争交叉腹地的货源；二是港口行业作为水运系统的物流节点，面临与铁路、公路、管道等其他运输方式的竞争。影响港口竞争性的因素主要有五个方面：一是随着铁路、公路等集疏运条件不断完善，港口交叉腹地的范围不断扩大，港口行业的竞争性增强。二是铁路、公路、管道等运输系统的发展和完善，与水运行业发展形成竞争，港口行业的竞争性增强。三是港口资源整合不断推进，港口企业规模不断提升，港口交叉腹地范围缩小，港口行业竞争性减弱。四是航运企业整合、联盟，集装箱等货类的集中度不断提升，增强了与港口企业的议价能力，港口行业的竞争性增强，特别是集装箱班轮公司航运联盟，建立干线网和支线网，为了争夺枢纽港地位，港口间的竞争变得更加激烈。五是航运企业、货主企业投资码头并提供公共服务，港口行业竞争性增强。同时，从事港口经营的市场主体，自主经营、自负盈亏，具有逐利性。港口市场竞争性分析见图 7-1。

通过对 21 家沪深 A 股上市的港口企业财务数据进行分析，港口行业净资产收益率和总资产收益率总体呈下降趋势。港口企业净资产收益率均值

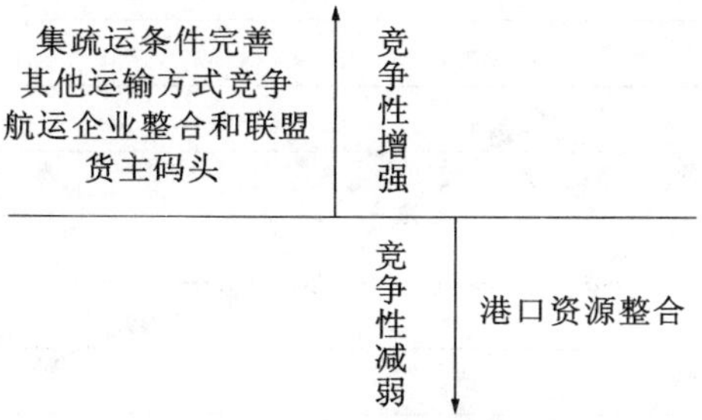


图 7-1 港口市场竞争性分析

长期低于沪深 A 股所有企业的净资产收益率均值，在一定程度上反映了港口企业并不存在超额的垄断收益。沪深 A 股上市的港口企业财务数据分析见图 7-2，沪深 A 股上市的港口企业与沪深 A 股所有企业财务数据对比分析见图 7-3。

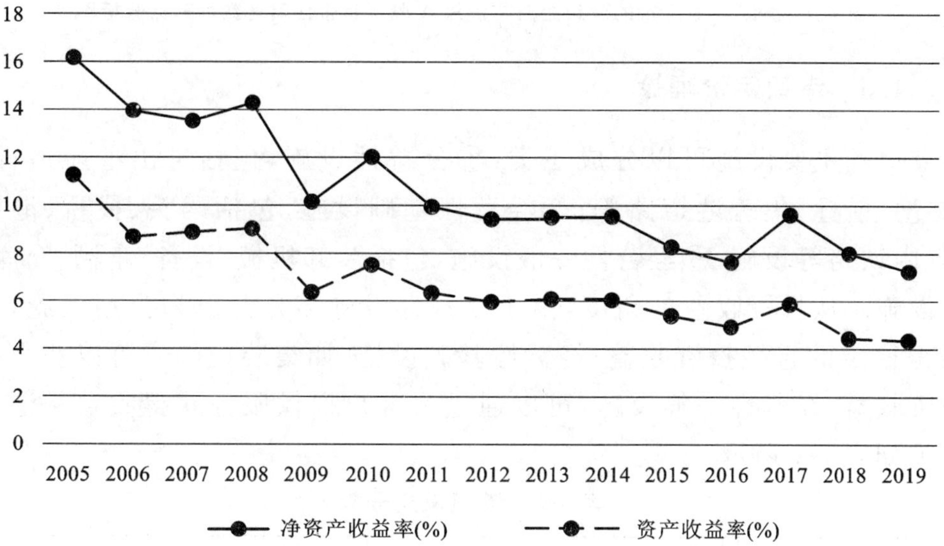


图 7-2 沪深 A 股上市的港口企业财务数据分析

(5)公益性

港口是国民经济基础性产业，是对外贸易的窗口，是促进腹地经济发展的重要引擎，对于推动港口城市经济社会发展具有重要作用。港口还承担着保障国家重点物资装卸、旅客运输等公共服务职能，《港口法》第二十七条规定："港口经营人应当优先安排抢险物资、救灾物资和国防建设急需物资的作业。"从法律上规定了港口提供公共服务的责任和义务。

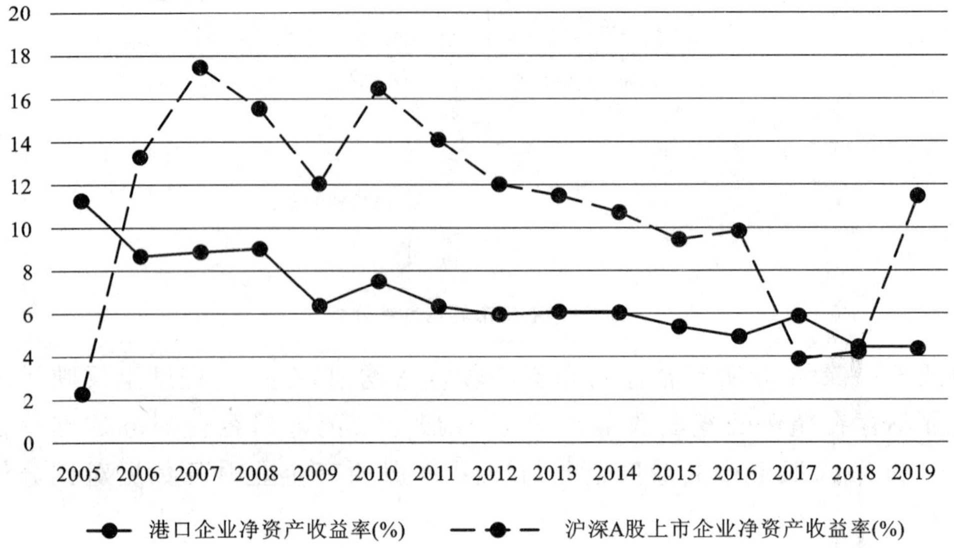


图 7-3 沪深 A 股上市的港口企业与沪深 A 股所有企业财务数据对比分析图

### 7.1.3 港口定价理论

港口的主要设施可以分成三类:①公益性设施,包括进出港航道、防波堤、锚地、航标、集疏港道路等;②经营性基础设施,包括码头、栈桥、港内道路、港内铁路等设施;③经营性一般设施,包括装卸机械、设备、车辆、仓库、堆场等设施。从投资收益的角度,由于公益性设施多是开放型公用设施,并不能获得稳定的直接投资收益;经营性基础设施,如集装箱码头可以获得稳定的投资收益;经营性一般设施,可以通过为客户提供服务获得收益。港口设施分类如表 7-1 所示。

表 7-1 港口设施分类

| 项目类别 | 内　　容 |
| --- | --- |
| 公益性设施 | 进出港航道、防波堤、锚地、护岸、航标、集疏港道路、给排水、供电、通信、救助打捞、公安消防等设施 |
| 经营性基础设施 | 码头、栈桥、港内道路、港内铁路 |
| 经营性一般设施 | 装卸机械、设备、车辆、仓库、堆场 |

由于公益性设施不能获得稳定的直接收益,港口定价是否计算公益性设施折旧,不同国家采用了不同的定价理论。根据上述分析,港口定价理论可分为宏观经济效益定价理论和微观经济效益定价理论两类。

宏观经济效益定价理论将港口视为一种公共基础设施，港口的定价目标主要强调港口对地区和国民经济所做出的贡献，要追求社会效益最大化，政府对进出港航道、防波堤、锚地、集疏港道路等公共设施进行投资。这种定价理论认为港口拥有巨大的固定资产，本身就是举足轻重的投资者与生产资料的消费者，港口向政府缴纳数量可观的税费，提供大量就业机会，为经济社会发展提供了重要的支撑保障。在这种理论的指导下，港口费率水平一般较低，以吸引船公司停靠和货物中转。日本、新加坡等国家采用的港口定价理论接近宏观经济效益定价理论。

微观经济效益定价理论是将港口视为一个经济实体，以利润最大化为目标。该理论坚持微观效益为重，尽可能地降低成本，主张港口应当自负盈亏，费率水平应当能够弥补港口全部营运和资本费用。港口定价不仅要考虑基础设施的折旧，还要考虑盈利水平，因此港口费率水平较高。美国、英国、北欧国家采用的港口定价理论接近微观经济效益定价理论。

在港口定价的实践中，还需要考虑多种影响因素，比如港口间的竞争。西欧国家的港口，如荷兰的鹿特丹港、比利时的安特卫普港、德国的汉堡港腹地交叉，港口间竞争激烈，港口定价主要考虑了竞争因素，港口费率一般不高且浮动很大。国家为了支持港口发展，在港口投资和建设方面会给予优惠政策。

我国港口公益性设施建设资金以中央和地方政府财政投入为主，《港口法》第二十条规定："县级以上有关人民政府应当保证必要的资金投入，用于港口公用的航道、防波堤、锚地等基础设施的建设和维护。具体办法由国务院规定。"第二十一条规定："县级以上有关人民政府应当采取措施，组织建设与港口相配套的航道、铁路、公路、给排水、供电、通信等设施。"我国各级政府普遍重视港口对经济社会发展的支撑作用，多个城市提出"以港兴市""港兴城兴"的战略定位，港口定价更接近于宏观经济效益定价理论。

### 7.1.4　港口价格改革历程

港口服务的价格是港口相关服务产品价值的货币表现，是港口企业提供服务收取费用的标准。

1953 年 2 月 21 日，原交通部制定了《中央人民政府交通部所属海港港口费收暂行通则》，统一了各项港口费用，不分内外贸，港口收费均执行统一规定。

1964 年 1 月 1 日，为了区分航行国际航线船舶与航行国内沿海航线船舶以及外贸进出口货物与内贸货物港口收费的不同，将《中央人民政府交通部所属海港港口费收暂行通则》一分为二，产生了《中华人民共和国交通部港口收费规则(外贸部分)》和《中华人民共和国交通部港口收费规则(内贸部分)》。

(1)港口收费规则(外贸部分)

我国外贸港口收费管理实行高度集中、统一管理的模式。收费项目的设置、收费规则的制定、费率水平的调整,均由交通运输部门会同国家物价管理部门以及国务院有关部门负责管理和制定。

1978年10月1日,新的《港口收费规则(外贸部分)》颁布,按照付费对象的不同,将费率划分为外籍船舶、我国国籍船舶、国内货方等三个标准。

1991年4月1日,外籍船舶、我国国籍船舶和国内货方的港口收费标准并轨,我国国籍船舶和国内货方收费标准与外籍船舶统一。

为适应人民币汇制改革,1994年1月1日,原交通部将外贸货物装卸费率随人民币汇率的变动相应提高52%。1997年4月29日,原交通部发布《中华人民共和国交通部港口收费规则(外贸部分)》(交通部令1997年第3号)。

随着国民经济的快速发展和对外贸易不断扩大,我国港口的吞吐量一直呈增长趋势,特别是集装箱吞吐量增长速度较快,为进一步繁荣我国海运事业,2000年2月18日,原交通部、原国家发展计划委员会发布《关于对外贸船舶及货物港口收费实行优惠的通知》(交水发〔2000〕84号),对船舶费用(引航费、移泊费、引航员滞留费、系解缆费、停泊费、拖轮费)、外贸进出口集装箱装卸包干费等做出了实行优惠的规定。

2001年12月24日,原交通部发布《关于修改〈中华人民共和国交通部港口收费规则(外贸部分)〉的决定》(交通部令2001年第11号),自2002年1月1日起实行,将码头、浮筒的生产性停泊费在原标准的基础上提高15%,将集装箱装卸包干费在原规定标准的基础上提高15%,将拖轮费在原规定标准的基础上提高5%。

2006年4月10日,原交通部和国家发改委共同发布了《关于收取港口设施保安费的通知》,决定自2006年6月1日起在《港口收费规则(外贸部分)》中增加港口设施保安费。

(2)港口收费规则(内贸部分)

《港口收费规则(内贸部分)》自1964年1月1日从《中央人民政府交通部所属海港港口费收暂行通则》分离出来后,一直实行低价政策,历次调整都是降低费率。经数年积累,港口收费在20世纪80年代初严重背离其价值,造成港口发展缓慢,直至1983年12月31日,才第一次较大幅度地提高了内贸港口收费标准。1990年3月15日,国家物价局、原交通部提高了原交通部直属及双重领导港口的收费标准。

1992年10月27日，原交通部发布《关于调整交通部直属及双重领导港口内贸港口费收标准的通知》(交运发〔1992〕967号)及附件一《港口内贸货物装卸费调整测算表》、附件二《中华人民共和国交通部港口费收规则(内贸部分)》，这次修订是我国内贸港口收费规则的一次较大改革，对我国沿海、长江和黑龙江水系中，交通部直属及双重领导港口的内贸货物装卸费和各项杂费进行了调整，上述港口的货物装卸费平均提高64.5%，取消了新港新价政策，新老码头费率并轨。

2000年3月20日，原交通部、原国家计划委员会联合下发了《国内水路集装箱港口收费办法》(交水发〔2000〕156号)，对集装箱收费实行统一管理，将国内集装箱港口收费标准改为按箱收费，同时，对集装箱港口装卸实行包干收费，并规定了包干范围。

2005年8月1日之前，我国内贸港口价格管理实行统一领导、分级管理的模式。管理体制分中央和地方两大体系，价格均由各级交通主管部门会同物价部门负责管理和制定。中央直属港口和双重领导港口的内贸港口价格，由交通部会同国家计委物价局进行管理。交通部和国家计委物价局共同负责制定港口的收费规则以及各项收费标准。省、自治区、直辖市港口价格由省、自治区、直辖市交通主管部门会同省、自治区、直辖市物价主管部门进行管理。由省、自治区、直辖市交通厅(或航务管理局)负责制定本省、自治区、直辖市的港口收费规则，报经省、自治区、直辖市物价部门核定批准各项收费的价格标准。部分省已经下放给地(市)的定价权，由地(市)交通主管部门会同当地物价管理部门进行管理。

2005年6月7日，原交通部、国家发改委下发了《关于调整港口内贸收费规定和标准的通知》(交水发〔2005〕234号)，明确要制定全国统一的《中华人民共和国港口收费规则(内贸部分)》，统一我国沿海和长江水系、黑龙江干线主要港口的内贸收费规定。区别港口收费性质和市场竞争程度，对港口内贸收费分别实行政府定价、政府指导价和市场调节价，其中，货物港务费、船舶使费(包括引航费、拖轮费、停泊费等)实行政府定价，货物装卸作业费等劳务收费实行市场调节价。

2005年7月，原交通部发布《中华人民共和国港口收费规则(内贸部分)》(交通部令2005年第8号)，2005年8月1日起正式实施，其中港口作业包干费、堆存保管费和库场使用费实行市场调节价。

(3)2014—2019年港口价格改革

为发挥市场对资源配置的决定性作用，促进我国港口事业持续健康发展，更好地保障国民经济和对外贸易平稳运行，2014 年开始对港口收费进行新一轮的改革。

2014 年 11 月，交通运输部与国家发展改革委发布《关于放开港口竞争性服务收费有关问题的通知》（交水发〔2014〕253 号），将集装箱、外贸散杂货装卸作业，国际客运码头作业等劳务性收费以及船舶垃圾处理、供水等服务收费，由政府指导价、政府定价改为市场调节价；堆存保管费继续实行市场调节价；对内外贸集装箱、散杂货装卸作业费（不含堆存保管费），国际客运码头作业费等各类劳务性收费，由现行按作业环节单独设项收费改为包干收费，综合计收港口作业包干费；国际客运码头作业包干费统一由国际客运和旅游客运运营企业支付，不得再向旅客收取。港口作业包干计费范围为集装箱、散杂货在港口作业的全部过程。港口经营人将下列收费项目对应作业或者服务纳入包干范围一并计费：外贸散杂货装卸费，内外贸集装箱装卸包干费，集装箱铁路线使用费，集装箱货车取送费，集装箱汽车装卸、搬移、翻装费，集装箱火车、驳船装卸费，集装箱拆、装箱包干费，起重船、起重机、吸扬机使用费，起货机工力费，拆包和倒包费，灌包和缝包费，分票费，挑样费，一般扫舱和拆隔舱板费，装卸用防雨设备、防雨罩使用费，装卸及其他作业工时费，岸机使用费，国际客运、旅游客运码头服务费，港站使用服务费，行李代理费，行李装卸费和迎送旅客码头票费。内贸散杂货港口作业包干费继续按照《关于调整港口内贸收费规定和标准的通知》（交水发〔2005〕234 号）规定执行。此次政策调整有鲜明的市场化导向，我国港口企业收费向市场化迈进。

2015 年 7 月，交通运输部与国家发展改革委发布《关于调整港口船舶使费和港口设施保安费有关问题的通知》（交水发〔2015〕118 号），规定港口经营人和引航机构不得收取除引航（移泊）费、拖轮费、停泊费、围油栏费、驳船取送费、特殊平舱费以及垃圾处理、供水、供油、供电服务收费以外等其他任何费用，取消收取靠垫费，以及引航费中的引航员滞留费和引航计划变更费，将系解缆费、开关舱费并入停泊费收取。将航行国际航线船舶引航费起码计费吨由 500 净吨提高到 2000 净吨；降低了节假日、夜间引航和拖轮作业收费标准；对 10 海里内引航费收费按照“递大递减” 原则分档计费，并下调了收费标准；鼓励港口经营人在不超过按拖轮马力、作业时间确定的收费标准范围内，根据接受拖轮服务的船舶吨位、船长、进出港次数等情况综合计收拖轮费；降低了港口设施保安费收费标准。完善了船舶使费管理方式，对船舶使费实行政府指导价、上限管理，对引航（移泊）费、拖轮费、停泊费、围油栏费、驳船取送费、特殊平舱费收费标准设定上限，港口经营人和引航机构可在不超过上限收费标准范围内，根据市场供求和竞争状况自主制定具体收费标准。此次通知对港口收费进行规范，强调建立收费目录清单制度来保障港口用户的知情权，形成社会监督。

2015 年 8 月，财政部与国家发展改革委发布《关于取消有关水运涉企行政事业性收费项目的通知》(财税〔2015〕92 号)，取消船舶港务费、特种船舶和水上水下工程护航费、船舶临时登记费、船舶烟囱标志或公司旗注册费、船舶更名或船籍港变更费、船舶国籍证书费、废钢船登记费等 7 项中央级行政事业性收费。

2015 年 8 月，交通运输部与国家发展改革委、财政部联合印发《关于建立长江沿线涉及航运企业收费目录清单制度等问题的通知》(发改价格〔2015〕1912 号)，规范长江沿线各港口收费管理。

2015 年 12 月，交通运输部与财政部发布《关于完善港口建设费征收政策有关问题的通知》(财税〔2015〕131 号)，规范了港口建设费的收费标准。

2015 年底，交通运输部与国家发展改革委以规范性文件的形式联合发布《关于印发〈港口收费计费办法〉的通知》(交水发〔2015〕206 号)，此次《港口收费计费办法》自 2016 年 3 月 1 日起实施，《港口收费计费办法》以“减项、并项、降费”为原则，清理和修订了港口收费相关文件，调整和优化了港口收费政策制度，并对港口收费项目、计费方式、收费标准等进行了进一步的完善和规范。此次价格改革精简了港口收费项目和条款，将港口经营服务性收费项目从原来的 45 项减至 18 项；推动港口收费价格向市场化方向发展，将 6 项政府定价调整为政府指导价，仅保留 3 项政府定价，将外贸货物装卸费、船舶供应服务费等原政府定价收费项目调整为市场调节价。新《港口收费计费办法》的实施标志着我国港口收费改革取得了阶段性突破。2015 年《港口收费计费办法》收费项目如表 7-2 所示。

**表 7-2 2015 年《港口收费计费办法》收费项目**

| 项目 | 与船舶有关的费用 | 与货物有关的费用 |
|---|---|---|
| 政府定价 | | 货物港务费、港口设施保安费、国内客运和旅游船舶港口作业费(3 项) |
| 政府指导价 | 引航(移泊)费、拖轮费、停泊费、驳船取送费、特殊平舱费和围油栏使用费(6 项) | |

续表 7-2

| 项目 | 与船舶有关的费用 | 与货物有关的费用 |
| --- | --- | --- |
| 市场调节价 | 供水(物料)服务费、供油(气)服务费、供电服务费、垃圾接收处理服务费、污油水接收处理服务费(5 项) | 港口作业包干费、堆存保管费、库场使用费(3 项) |
| 待定(另行研究) | | 理货服务费(1 项) |

2017 年 7 月,交通运输部与国家发展改革委发布《关于印发〈港口收费计费办法〉的通知》(交水发〔2017〕104 号),此次通知是对 2015 年发布的《港口收费计费办法》的修订,本次修订改革了拖轮费的计费方式,由按功率和时间计费改为按被拖船舶大小和类型计费,并由各省统一制定单价。新的拖轮费标准实施后,一是不再单独收取节假日和夜班加班费;二是对于靠离港口距离拖轮基地超过 30 海里但小于或等于 50 海里的,其拖轮费可按基准费率的 110%收取,距离超过 50 海里的,可按 120%收取;三是实行拖轮费与燃油价格联动机制,当燃油价格大幅上涨或下跌,使拖轮运营成本发生较大变化时,可适当调整拖轮费基本费率标准。优化了引航收费结构,增设一档(8 万~12 万净吨),并对 12 万净吨以上的大船引航费实行固定标准上限封顶,同时,还明确了引航服务以外引领海上移动式平台在我国水域航行的技术服务费实行市场调节价,由引领服务单位与委托方协商确定具体收费标准。进一步减少政府定价收费项目,对国内客运和旅游船舶港口作业费实行市场调节价,并将国内客运和旅游船舶港口作业费纳入港口作业包干费范围。明确理货服务费实行市场调节价。此次改革是对《港口收费计费办法》进行修订,修订后,减少了 1 项政府定价费目,港口收费项目减少至 17 项,市场化、规范化的港口收费体系进一步完善。2017 年《港口收费计费办法》收费项目如表 7-3 所示。

表 7-3 2017 年《港口收费计费办法》收费项目

| 项目 | 与船舶有关的费用 | 与货物有关的费用 |
| --- | --- | --- |
| 政府定价 | | 货物港务费、港口设施保安费(2 项) |
| 政府指导价 | 引航(移泊)费、拖轮费、停泊费、驳船取送费、特殊平舱费和围油栏使用费(6 项) | |

续表 7-3

| 项目 | 与船舶有关的费用 | 与货物有关的费用 |
| --- | --- | --- |
| 市场调节价 | 供水(物料)服务费、供油(气)服务费、供电服务费、垃圾接收处理服务费、污油水接收处理服务费(5项) | 港口作业包干费、堆存保管费、库场使用费、理货服务费(4项) |

2018年6月,交通运输部与国家发展改革委发布《关于进一步放开港口部分收费等有关事项的通知》(交水发〔2018〕77号),通知中明确将放开驳船取送费和特殊平舱费,实行市场调节,纳入港口作业包干费计费范围,进一步放开港口部分收费;加强和规范拖轮费管理,使用拖轮进行护航或监护要按照法律、法规、规章、国家标准或行业标准规定进行。

2019年3月,交通运输部与国家发展改革委发布《关于修订〈港口收费计费办法〉的通知》(交水规〔2019〕2号),2019年《港口收费计费办法》降低部分政府定价收费标准,将货物港务费、港口设施保安费、引航(移泊)费、航行国内航线船舶拖轮费的收费标准分别降低15%、20%、10%和5%;合并部分收费项目,将堆存保管费并入库场使用费,将供水(物料)服务费、供油(气)服务费、供电服务费合并为船舶供应服务费,将垃圾接收处理服务费、污油水接收处理服务费合并为船舶污染物接收处理服务费;取消对小型船舶靠离泊使用拖轮的配置要求。考虑实际情况和各地现有做法,明确了进出沿海港口80米及以下内贸船舶(化学品船、液化气体船除外)、长江干线港口150米及以下内贸船舶由船方根据需要确定是否使用拖轮,管理部门不再统一要求。2019年《港口收费计费办法》经营服务性收费项目缩减至11项,实行政府定价的有2项:货物港务费、港口设施保安费;实行政府指导价的有4项:引航(移泊)费、拖轮费、停泊费、围油栏使用费;实行市场调节价的有5项:港口作业包干费、库场使用费、船舶供应服务费、船舶污染物接收处理服务费、理货服务费。此次改革后,我国港口收费总体上比较规范,在全球处于较低水平,充分地贯彻落实了党中央、国务院决策部署。2019年《港口收费计费办法》收费项目如表7-4所示。

**表7-4 2019年《港口收费计费办法》收费项目**

| 项目 | 与船舶有关的费用 | 与货物有关的费用 |
| --- | --- | --- |
| 政府定价 | | 货物港务费、港口设施保安费(2项) |

续表 7-4

| 项目 | 与船舶有关的费用 | 与货物有关的费用 |
| --- | --- | --- |
| 政府指导价 | 引航(移泊)费、拖轮费、停泊费、围油栏使用费(4 项) | |
| 市场调节价 | 船舶供应服务费、船舶污染物接收处理服务费(2 项) | 库场使用费、理货服务费(2 项) |
| | 港口作业包干费(1 项) | |

### 7.1.5 建议

(1)落实《港口收费计费办法》

《港口法》第二十八条规定:“港口经营人应当在其经营场所公布经营服务的收费项目和收费标准;未公布的,不得实施。港口经营性收费依法实行政府指导价或者政府定价的,港口经营人应当按照规定执行。”

实行政府定价的港口收费应按规定的收费标准计收,目前只有货物港务费、港口设施保安费两项费用实行政府定价。①关于货物港务费。货物港务费主要用于防波堤、航道、锚地等港口基础设施的维护和管理。经由港口吞吐的货物及集装箱,由具体负责维护和管理防波堤、航道、锚地等港口基础设施的单位向货方或其代理人收取货物港务费。2019 年降费后,进出口外贸集装箱货物港务费分别为每标箱 34 元和每标箱 17 元,内贸集装箱货物港务费仅为每标箱 7 元。对货物港务费应综合考量,若货物港务费收入下降以致不能涵盖支出,可能会出现航道、锚地等港口公用基础设施疏于维护,导致运输通道保障能力下降,进而会影响港口通过能力和服务效率,反而会增加物流成本。②关于港口设施保安费。征收港口设施保安费是国际通行的做法,符合《1974 年国际海上人命安全公约》(SOLAS 公约)海上保安修正案和《国际船舶和港口设施保安规则》(ISPS 规则),专项用于港口保安设施的建设、维护和管理、培训人员等,遵循使用者付费的原则,相关收费应能够涵盖相对应的支出。

实行政府指导价的港口收费应以收费标准为上限,港口经营人、拖轮企业和引航机构等可在不超过上限收费标准的范围内自主制定具体收费标准。

实行市场调节价的港口收费由港口经营人根据市场供求和竞争状况、生产经营成本和服务内容自主制定收费标准。

同时,应进一步推动港口服务价格透明化。港口经营人应当在其经营场所公布经营服务的收费项目和收费标准，港口经营性收费依法实行政府指导价或者政府定价的，港口经营人应当按照规定执行。进一步推动港口服务价格透明化，让客户获得知情权。

(2)加强对港口行业的监管

《港口法》第二十九条规定："国家鼓励和保护港口经营活动的公平竞争。港口经营人不得实施垄断行为和不正当竞争行为，不得以任何手段强迫他人接受其提供的港口服务。"

根据《反垄断法》，垄断行为包括：①经营者达成垄断协议；②经营者滥用市场支配地位；③具有或者可能具有排除、限制竞争效果的经营者集中。根据《反不正当竞争法》，不正当竞争行为主要包括采用假冒或混淆等不正当手段从事市场交易的行为等7种行为。在港口领域应重点监管滥用市场支配地位和经营者集中的行为。

港口服务领域滥用市场支配地位的行为主要包括以下两个方面：一是港口企业滥用市场支配地位在船代、理货、拖轮服务领域，限定相对人与其指定的经营者进行交易；二是对于港口所在地集装箱货源和中西部地区共同腹地集装箱实施差别价格，对本地集装箱收取不公平的高价。

经营者集中主要体现在港口资源整合方面。港口资源整合能够优化区域港口资源配置，减少恶性竞争，带来规模效益，同时，过度的经营者集中会降低港口市场的竞争，出现排斥或限制竞争的不利局面，形成背离市场规律的垄断价格，削弱港口经济活力。优化区域内港口功能定位，提高资源利用效率，并保障市场的竞争性，是港口资源整合应坚持的重要原则。

港口领域价格监管的重点是破除垄断，鼓励竞争，营造公平的市场环境。首先要发挥市场在资源配置中的决定性作用，市场主体享有经营自主权，政府不应干预市场主体自主决定的各类事项，自然包括实施市场调节价服务的价格决定。同时，建议行业管理部门配合国家市场监督管理部门，做好港口市场反垄断执法工作，重点监管港口市场可能发生的垄断行为：一是港口企业滥用市场支配地位在船代、理货、拖轮服务领域，限定相对人与其指定的经营者进行交易；二是对于港口所在地集装箱货源和中西部地区共同腹地集装箱实施差别价格，对本地集装箱收取不公平的高价；三是对港口企业经营者集中进行监管，对于经营者集中行为依法审查，根据《反垄断法》第二十八、二十九条，"经营者集中具有或者可能具有排除、限制竞争效果的，国务院反垄断执法机构应当作出禁止经营者集中的决定。但是，经营者能够证明该集中对竞争产生的有利影响明显大于不利影响，或者符合社会公共利益的，国务院反垄断执法机构可以作出对经营者集中不予禁止的决定”,“对不予禁止的经营者集中,国务院反垄断执法机构可以决定附加减少集中对竞争产生不利影响的限制性条件”。鉴于港口经营者集中可能会出现排斥或限制竞争等不利局面,建议对港口经营者的经营行为及其商品和服务的价格依法实施监管和调控。

港口企业价格是否合理可通过以下三个方法综合判断。一是成本利润核算法,以实际成本和合理的利润范围作为定价原则,既要保证港口行业的公益性,又要保证港口行业的合理利润,促进行业高质量发展。受码头投资金额、折旧等因素影响,基于成本利润核算的相同类型、相似服务的港口价格会出现较大差异。二是行业对标法,对标内地港口,中国台湾地区、香港地区港口以及境外日本、韩国、新加坡等港口的收费价格。行业对标会受到不同地区生产要素价格差异、汇率等因素的影响,可以通过核算对生产要素价格偏差做矫正。三是绩效标杆法,可根据吞吐量规模确定不同层次的标杆企业,将标杆企业的价格作为监管港口价格的基准价格,通过设定偏离指数,确定标杆价格的范围。由于港口市场是寡头竞争市场,港口企业定价往往会对标竞争对手,定价有趋同性的特征。综合以上三种方法,可以以成本利润核算法、行业对标法、绩效标杆法为基础,建立港口价格监管的综合预警体系,建立预警模型、确定预警临界值,作为港口价格监管的技术支撑手段。

(3)完善行政约谈制度

无论是市场配置资源还是政府计划命令配置资源都是有成本的,行政约谈是在控制合理成本下达成预期目标的一项重要制度。通过柔性的行政约谈的手段,既让企业认识到存在的问题,并通过整改纠正其不恰当的行为,又能够将其对经济社会产生的负面影响降到最低,契合国家物流领域降本增效的大政方针[①]。鉴于港口行业自然垄断性、竞争性、公益性的特点,以及港口在国家物流体系中的重要地位和作用,建议完善对于港口领域的行政约谈制度,在市场竞争优先、产业集中优先等不同价值目标的政策平衡中,保护市场公平竞争,维护消费者利益和社会公共利益,通过柔性的行政约谈手段约束企业行为。

---

① 谢燮.新时代的水运变革[M].北京:人民交通出版社股份有限公司,2019.

**【专栏:政府对港口反垄断调查】**[①]

2017年4月起,国家发展改革委会同交通运输部,对上海港和天津港开展了反垄断调查。此次调查中发现,港口普遍存在以下三个方面问题:第一,要求船公司使用本港下属企业提供的拖轮、理货、船代等服务。第二,对不可竞争的本地外贸集装箱业务,收取远高于竞争性国际中转集装箱的装卸作业费。第三,向交易对象附加强制服务、不竞争条款、忠诚条款等不合理交易条件,如强制拆箱理货、船公司选择中转港运价限制等。在此基础上,国家发展改革委会同交通运输部、中国港口协会于9月22日联合召开会议,要求全国沿海39个港口都要对照此次反垄断调查发现的问题,进行自查自纠和切实整改。大多数港口都研究制定了整改方案,具体措施包括:一是全面开放拖轮、理货和船代市场。二是合理调降外贸进出口集装箱装卸费。三是立即废止和清理有关不合理交易条件。

**【专栏:未依法申报违法实施经营者集中案】**

国家市场监管总局于2019年4月7日对辽宁港口集团有限公司取得大连港集团有限公司和营口港务集团有限公司100%股权涉嫌未依法申报违法实施经营者集中案进行立案调查。经查,该案构成未依法申报违法实施的经营者集中,但不具有排除、限制竞争的效果,决定对辽宁港口集团处以35万元人民币罚款的行政处罚。[②]

国家市场监管总局于2019年5月30日对广州港股份有限公司收购中山港航集团股份有限公司股权涉嫌未依法申报违法实施经营者集中案进行立案调查。经查,该案构成未依法申报违法实施的经营者集中,但不具有排除、限制竞争的效果,决定对广州港处以30万元人民币罚款的行政处罚。[③]

商务部于2017年8月9日对青岛港招商局国际集装箱码头有限公司、青岛港(集团)有限公司设立合营企业涉嫌未依法申报违法实施经营者集中案进行立案调查。经查,两家公司设立合营企业构成未依法申报违法实施的经营者集中,但不具有排除、限制竞争的效果,决定对两家公司各处以20万元人

---

① 张振.规范港口生产经营行为 降低进出口物流成本 促进实体经济持续健康发展——国家发展改革委有关负责人就港口反垄断调查答记者问[J].中国经贸导刊,2017(34):35-37.

② 资料来源:国家市场监督管理总局行政处罚决定书(国市监处〔2019〕48号)

③ 资料来源:国家市场监督管理总局行政处罚决定书(国市监处〔2019〕49号)

民币罚款的行政处罚。[①]

商务部于2017年8月9日依法对青岛港招商局国际集装箱码头有限公司、青岛新前湾集装箱码头有限责任公司设立合营企业涉嫌未依法申报违法实施经营者集中案进行立案调查。经查,两家公司设立合营企业构成未依法申报违法实施的经营者集中,但不具有排除、限制竞争的效果,决定对两家公司各处以20万元人民币罚款的行政处罚。[②]

## 7.2 引航

船舶引航是指引领船舶航行、靠泊、离泊、移泊的活动。引航机构是指专业提供引航服务的法人。引航具有公益服务和专业技术有偿服务属性,在维护国家主权和保障港航安全方面具有特殊作用。

我国共有45家引航机构,2300余名引航员,承担着每年约38万艘次的引航工作。2019年,我国45家引航机构共引领中外船舶38万艘次,引领船舶净吨达75.1亿吨,其中引领外贸船舶32.5万艘次,引领内贸船舶5.5万艘次。[③]

### 7.2.1 引航改革

改革开放前,我国没有专门的引航机构,引航作为港口对外轮的一项管理职能,隶属于港航监督部门。

改革开放初期,沿海14个港口对外开放后,为了服务好中外船舶,原交通部决定将全国引航工作从港监部门剥离,划归政企合一的港口局领导。各港设立专业的引航机构,成立引航站,为港口和中外船舶服务。各港引航站的出现,标志着中国引航业作为国家对外开放的重要窗口、连接世界经济的桥梁、港口发展的重要组成部分,实现了由港口管理职能向港口服务职能的转变。

2001年11月,国务院办公厅《关于深化中央直属和双重领导港口管理体制改革意见的通知》(国办发〔2001〕91号),明确改革引航管理体制。“沿海港

---

① 资料来源:商务部行政处罚决定书(商法函〔2018〕129号)

② 资料来源:商务部行政处罚决定书(商法函〔2018〕129号)

③ 中华人民共和国交通运输部. 2019中国航运发展报告[M]. 北京:人民交通出版社股份有限公司,2020.

口的引航机构作为向各码头靠泊船舶提供引航服务的单位，应从港口企业中分离出来。鉴于目前引航机构与港口企业分离的条件尚未成熟，为平稳过渡，引航机构尚未与港口企业分离的港口可暂维持现状，过渡期为三年，在业务上接受港口管理机构的指导，为全港所有码头提供服务。长江引航机构作为独立向航行在长江的船舶提供引航服务的单位，仍隶属于长江航务管理局。”

2005 年 10 月，原交通部发布《关于我国港口引航管理体制改革实施意见的通知》，调整和理顺港口引航相关关系，按照“一个港口一个引航机构”，将沿海港口的引航机构从港口企业中分离出来，成立具有独立法人资格的事业单位，向全港所有码头提供引航服务。中国引航业实现了由为港航企业服务职能向港口公共服务职能的转变①。

2008 年 1 月，中国引航协会成立。随着中国引航协会的成立以及成功运转，各个引航站挂牌成为具有独立法人资质的事业单位，中国引航机构形成了与世界引航机构管理模式接轨的政府部门管理、协会自律、引航机构自主经营的新的管理模式。

2016 年，交通运输部办公厅《关于加强引航管理的通知》(交办水〔2016〕177 号)明确：“引航具有公益服务和专业技术有偿服务属性，在维护国家主权和保障港航安全方面具有特殊作用。”“引航机构为事业单位，沿海按‘一个港口一个引航机构’设置，为进出全港所有码头的船舶提供引航服务，保持全国引航管理体制的统一性和完整性……长江干线设一个引航机构并由长江海事局管理，长江干线引航管理由长江航务管理局负责。”“引航收费标准严格执行《港口收费计费办法》有关要求，引航移泊费实行政府指导价，在不超过上限收费标准的范围内制定和执行具体收费标准。引航机构要对外公布收费清单，接受外部监督。”“引航收入应当用于引航机构人员费用、设备购置、设施建设、教育培训、运营管理等，如有节余，应当由所在地港口行政管理部门在当地人民政府领导下制定资金使用方案，用于港口公用基础设施维护等用途。”

### 7.2.2　属性和特点

(1)主权性

《中华人民共和国海上交通安全法》规定外国籍船舶进出中华人民共和国港口或者在港内航行、移泊以及靠离港外系泊点、装卸站等，必须由主管机

---

①　陈治政.把世界引进中国 把中国引向世界——中国引航改革开放 40 年述评(上)[J].中国港口，2018(8)：47-50.

关指派引航员引航。根据《船舶引航管理规定》(交通部令 2001 年第 10 号),外国籍船舶在中华人民共和国引航区内航行或者靠泊、离泊、移泊(顺岸相邻两个泊位之间的平行移动除外)以及靠离引航区外系泊点、装卸站应当申请引航。引航机构代表国家对外籍船舶行使引航权,具有明显的主权性质。

(2)垄断性

我国沿海引航机构按"一个港口一个引航机构"设置,长江干线设一个引航机构,每一个引航区都有特定的引航机构提供服务,引航市场属于完全垄断市场。

(3)公共安全性

在船舶大型化、专业化、多样化的趋势下,引航机构应采取措施应对港口水域有限、环境水文条件复杂、通航船舶密度大、气候恶劣、渔船碍航、船舶机械设备故障等风险,维护港口、航道、船舶的通航安全和航行秩序,保护引航区的生态环境安全。

(4)公益服务性

依据《船舶引航管理规定》,"接受引航申请,提供引航服务"是引航机构的主要职责之一,引航机构所提供的引航服务是公开、公平、公正的,是非歧视性的公共服务,引航服务不以营利为目的。

(5)专业技术性

依据《船舶引航管理规定》,在任职资格上,引航员需持有有效的引航员适任证书,具备大专以上航海或船舶驾驶专业学历并完成规定专业培训。引航员既要熟悉引航区的航道气候水文及相关法律法规,还要了解各类不同船舶的基础性能与操作要领,同时还要具备流利的英语会话能力和较强的沟通协调能力。

(6)有偿服务性

引航服务是有偿的,引航费的收入除了支付引航员薪酬以外,主要用于引航队伍建设以及与引航有关的基础设施的建设和维护,其结余可用于港口公共设施的建设和发展等方面。引航费属于港口经营服务性收费项目,根据《港口收费计费办法》,实行政府指导价。

### 7.2.3　国外引航管理

(1)美国

出于对公众利益和海洋环境保护的考虑,美国法律将引航规定为具有垄断性质的公众服务,而不是商业行为,因此引航业务不受美国《反托拉斯法案》的约束。无论引航机构的性质为私人公司还是政府部门，都受到政府组织的委员会或港口当局监管。引航费率受政府管制，具体由引航主管部门制定。费率的制定主要考虑以下因素：①引航机构的成本；②保证足够的回报以吸引高素质的引航员；③物价指数；④可比港口的费率水平；⑤可比服务的收入费用比；⑥其他港口的收费办法；⑦对地方航运业的经济影响；⑧船舶交通量；⑨引航员数量；⑩引航员的风险；⑪引航安全设备和引航支持系统的变化和革新；⑫其他因素。①

(2)德国

德国引航机构被称为“港口引航员兄弟会”。德国引航机构是根据港口所在位置和河流而设置的，其中汉堡港引航员兄弟会和不来梅港引航员兄弟会分别由汉堡市和不来梅市管辖，其他港引航员兄弟会由德国政府管辖。每个兄弟会推选1名资深引航员与政府官员和1名主席组成共15人的德国引航协会。引航协会的职能是传达有关法律、规章和条令，上递引航员兄弟会对通航环境和码头水道改造规划的建议及改善自身工作条件的要求。德国引航员兄弟会属于公共事业机构。德国的船舶引航是国家事权，德国的船舶引航以联邦法律和直辖市法律为依据。德国引航实行国家立法，政府监督，由行业协会进行管理。②

(3)加拿大

加拿大将全国的强制引航水域按地理位置划分为四个区域，分别由大西洋引航局、劳伦引航局、五大湖引航局和太平洋引航局管辖。引航局是政府机构，不受地区政府的管辖，直接对运输部长和议会负责，其官员和职工为国家公务员。

在引航局辖区或部分辖区内的引航员组成引航公司，这是一种合伙性质的法人团体，引航员之间没有雇佣关系，按自愿原则自行管理。加拿大的引航属于国家事权，引航公司不能直接为船舶提供引航服务，需要与该地区的引航局签订服务合同，引航公司为引航局提供引航服务，并得到一定的报酬。该地区的引航服务合同一旦生效，引航局就不能再与其他的引航公司签订合同，即同一引航区域内只能有一家引航公司提供服务，不存在竞争。

引航费率由各引航局制定，但必须征得议会的同意。引航费包括以下项目：①取消引航申请的费用；②将引航员运送到超出引航服务区域的船上费

---

① 陈治政.美国引航机构发展与组织管理考察报告[J].中国水运，2009(3)：20-21.

② 陈建华.德国引航管理考察的启示[J].中国港口，2002(7)：13-14.

用；③引航员在船上的滞留费；④发生在引航员身上与执行引航任务直接相关的交通费和其他费用；⑤引航艇的使用费；⑥通信设备的使用费；⑦引航员的服务费。

引航局制定的费率应固定在公平合理的水平上，同时使引航局在自收自支的财务体系基础上维持运转。引航局制定的每一项费率都要在加拿大的政府公报上公布，只要有人认为公布的费率有损于公众利益，都可以致函加拿大运输机构（Canadian Transportation Agency）提出反对意见，由该机构采取措施调查，包括召开公共听证会，最后对引航费率提出建议，由议会决定是否采纳。如果建议的引航费率被采纳并低于引航局提出的费率，引航局有义务返还多收取的引航费。[①]

### 7.2.4 建议

从优化营商环境的角度，引航机构应为服务对象提供优质的服务，并将收费控制在合理的水平。

在收费方面，经过几轮调整，目前引航费用已基本处于合理水平。鉴于引航属于垄断经营，建议定期由第三方对引航收费水平进行评估，主要考虑以下因素：①引航成本；②保障高水平的引航员队伍；③引航设施、装备、技术的革新；④船公司的接受程度；⑤国外引航收费水平对标。建立科学的决策体系，根据第三方评估的结果，适时对引航费用进行调整，做出维持现有收费水平、降低引航费用或提高引航费用的决定。

在提高服务质量方面，建议继续推进“阳光引航”，向全社会公开引航计划、工作流程、服务承诺、收费标准，接受社会公众监督，打造“水上国门形象第一人”品牌；不断完善引航设施装备，不断提升引航员队伍水平，加强技术创新与应用，确保安全服务，提升服务水平。

## 7.3 拖轮

拖轮业务主要是指为船舶进出港、靠离码头、移泊提供顶推、拖带等服务，同时，拖轮企业也从事抢险救助作业、海上拖航运输、新造或维修船舶进出港服务等业务。我国大型港口企业都组建了拖轮公司，为进出港船舶提供拖轮服务。除公共码头经营人外，货主码头、船厂、港机厂、救捞局、航道局等

---

① 《中国引航》编辑部.加拿大引航发展模式[J].港口经济，2012(1)：60.

也配备有拖轮,开展拖轮服务业务。

### 7.3.1 拖轮改革

计划经济时代,各港口下属的拖轮公司占有本港拖轮业务的绝大多数市场,拖轮经营处于高度垄断状态,基本形成了各港拖轮公司为本港提供服务的市场格局,同时也有企业拓展市场,提供本港之外的拖轮服务,例如针对一些新建码头的拖轮服务。拖轮企业的直接客户是引航机构和船舶代理企业。在引航改革前,引航机构和拖轮企业同属于港口集团,业务联系紧密。2005年引航改革后,沿海港口的引航机构从港口企业中分离出来,成立具有独立法人资格的事业单位,引航机构按照市场规则选择拖轮企业。

随着引航管理体制的改革,很多企业有从事拖轮经营的意愿。鉴于港口拖轮经营市场准入标准较低且不够具体,为防止拖轮经营市场出现无序竞争,2007 年,原交通部发布《关于加强港口拖轮经营市场管理的通知》(交水发〔2007〕326 号),要求各地港口行政管理部门要切实加强港口拖轮经营管理,实行总量控制、结构优化的管理方针。在新的市场准入标准出台之前,各地暂停审批新增港口拖轮经营企业。但仅有 1 家港口拖轮经营企业的港口,可择优批准新设立 1 家企业从事拖轮经营。

2016 年,交通运输部办公厅发布《关于明确拖轮费适用范围的函》(交办水函〔2016〕1317 号),明确:"使用拖轮从事抢险救助作业、海上拖航运输、新造或维修船舶进出港服务,不属于《港口法》规定的港口拖轮经营活动,其有关费用不适用《港口收费计费办法》。其收费标准可由委托方与港口拖轮经营人或其他经营人协商确定。港口拖轮经营人在提供上述服务时,要严格落实明码标价规定,在其经营场所公示收费项目、对应服务内容和收费标准;要坚持用户自愿原则,自觉规范经营和价格行为,保护用户合法权益。""使用拖轮从事与船舶进出港直接相关的监护、护航等服务,属于港口拖轮费对应服务范围,港口拖轮经营人提供上述服务时不得在拖轮费外另立收费项目。"

为进一步放开港口拖轮经营市场,促进港口拖轮经营安全有序发展,2018 年修订的《港口经营管理规定》补充完善了港口拖轮经营许可条件,从企业法人资格、经营场所、拖轮停靠泊位、拖轮数量、专职管理人员数量及从业年限、相关管理制度等方面细化了港口拖轮经营准入条件,规定:"从事港口拖轮经营,应当具备下列条件:(一)在申请经营的港口所在地注册并具备企业法人资格;(二)有满足拖轮停靠的自有泊位或者租用泊位;(三)在沿海港口从事拖轮经营的,应当至少自有并经营 2 艘沿海拖轮;在内河港口从事拖轮经营的，应当至少自有并经营1艘内河拖轮；（四）海务、机务管理人员数量满足相关要求，海务、机务管理人员具有不低于大副、大管轮的从业资历且在申请经营的港口从事拖轮服务满1年以上；（五）有健全的经营管理制度和符合有关规定的安全与防污染管理制度。”“从事港口拖轮业务的经营人，应当公布所经营拖轮的实时状态，供船舶运输经营人自主选择。”

2018年8月，交通运输部办公厅发布《关于加强港口经营管理有关工作的通知》（交办水〔2018〕103号），要求：“地方交通运输（港口）管理部门要促进港口拖轮市场公平竞争，督促拖轮经营人严格按照《港口收费计费办法》和公布的拖轮艘数配备标准，提供拖轮服务，并于2018年12月31日前建立拖轮服务公共信息平台。拖轮经营人需通过平台公开拖轮配备情况和实时使用状态，供服务对象自主选择，不得排除、限制市场竞争。从事港口装卸的经营人不得限制或妨碍拖轮经营人提供拖轮服务，不得与拖轮经营人签订或变相签订服务协议，指定拖轮经营人服务。”

### 7.3.2 属性和特点

（1）拖轮行业属于资本和技术密集型行业

拖轮行业有较高的准入门槛，对于设施、装备、人员等有较高的要求。拖轮公司的竞争能力主要表现在拖轮船舶的数量和性能、年拖带能力、高性能拖轮驾驶人员的技能水平等，需要拥有大量的资金和高技能的技术人员。

（2）拖轮行业由高度垄断走向竞争

计划经济时代，港口企业下属的拖轮公司几乎垄断了本港的拖轮业务，随着引航机构与港口企业的分离，以及拖轮市场的逐步开放，虽然港口企业的拖轮公司仍然占有优势地位和较大的市场份额，但市场竞争的态势逐渐形成。

**【专栏：对拖轮公司的反垄断调查】**①

国家市场监督管理总局自2017年11月起，对深圳4家拖轮公司涉嫌达成并实施价格垄断协议的行为进行了调查。经查，4家拖轮公司定期或者不定期举行会议，一方面就拖轮收费总体走势进行沟通，保持价格总体走势基本一致；另一方面就个别船公司的拖轮收费问题进行沟通，保持谈判策略基本一致。认定深圳4家拖轮公司就拖轮收费事宜进行沟通，在此基础上保持价格行为的基本一致，限制了各拖轮公司之间的竞争，违反了《中华人民共和

① 国家市场监督管理总局行政处罚决定书（国市监价监处罚〔2018〕1号至4号）

国反垄断法》第十三条第一款第(一)项的规定，属于达成并实施"固定或者变更商品价格"垄断协议的行为。责令4家拖轮公司停止违法行为，并分别处上一年度相关销售额4%的罚款，合计罚款1286万元。

### 7.3.3 建议

拖轮市场的服务价格经过几轮的改革已基本合理，建议政府部门加强拖轮市场监管：①督促拖轮经营人严格按照《港口收费计费办法》和公布的拖轮艘数配备标准，提供拖轮服务；②监督港口企业利用优势地位，排除、限制市场竞争，指定港口企业控股的拖轮经营人提供服务；③对拖轮公司涉嫌达成并实施价格垄断协议的行为进行监管；④随着拖轮市场准入的放开，一些老旧拖轮进入了市场，存在一定的安全隐患，建议加强拖轮市场的安全监管；⑤建议相关拖轮行业协会出台拖轮服务标准，引导拖轮行业高质量发展。

建议拖轮企业：①增强企业竞争力，满足船舶大型化、专业化对拖轮市场的要求，提升服务的安全性、准确性和便捷性等；②推进拖轮业务网络化经营，形成规模效益，并积极拓展海外市场；③积极拓展海上大件驳运、远洋拖带等市场。

## 7.4 理货

理货业务是指收集、整理货物信息，理清货物数量，检查货物表面状况，分清货物标志和残损，编制货物实际积载图，办理货物交接手续，出具理货单证等相关证明，提供相关信息等相关服务工作。《港口法》将港口经营人、港口理货业务经营人并列论述，说明港口理货业务是独立于港口业务之外，又依附于港口业务的一种特殊业务。港口理货业务经营人，是指为委托人提供货物交接过程中的点数和检查货物表面状况的理货服务的组织和个人。

理货工作分法定性理货(也称强制性理货)和委托性理货。由于进出口贸易涉及国家的主权、海关关税、货物品质、污染和防疫等问题，大多数国家对外贸船舶实施强制性理货，而内贸船舶则是通过委托或协议理货。

港口理货是国际海上货物运输中不可缺少的一项工作。港口理货处于承、托双方的中间地位，对于承、托双方履行运输契约，承运方保质保量地完成运输任务，以及买卖双方履行贸易合同都具有重要意义。理货文件是处理航运纠纷、判断经济责任的重要原始依据。

2019年,主要理货企业完成理货船舶56.04万艘次,集装箱理箱量1.74亿TEU,件杂货理货量18.62亿吨。[①]

### 7.4.1 理货改革

1949年中华人民共和国成立后,中国海员工会筹组上海外港理货委员会,对外承揽理货业务。1950年,中国海员工会成立上海理货委员会,分布于上海港各码头和仓库从事外贸理货业务。1958年,上海外轮理货公司成立,主管全港的外贸理货业务。1961年,中国外轮理货公司成立,归属原交通部海洋运输局,统管全国理货业务。"文化大革命"期间,外轮理货公司遭到严重干扰和破坏,原交通部于1971年下发了《关于限期恢复外轮理货公司和加强外轮理货工作的通知》,要求港口限期恢复外轮理货公司,加强外轮理货工作。

1971年之前,外轮理货公司主要是代表外籍轮船从事外贸件杂货理货。1972年8月,原交通部制定了《中国外轮理货公司业务章程》和《外轮理货工作规则》,港口理货业务范围随之扩大到对航行国际航线的中国远洋运输船舶理货。1981年9月,原交通部重新修订了《中国外轮理货公司业务章程》,新制定了《中国外轮理货公司理货规程》,这个时期港口理货业务又得到了进一步的扩展,由单纯代表航行国际航线船舶的理货扩大到接受货主和其他委托方的委托性理货。[②] 新修订的《中国外轮理货公司业务章程》明确了航行国际航线船舶在我国港口装卸货物,应由中国外轮理货公司代船方理货。

1987年5月,中国外轮理货公司从原交通部海洋运输局脱离,成为原交通部部属一级企业,更名为"中国外轮理货总公司"。

20世纪90年代初,我国港口体制改革刚刚完成"双重领导,地方为主"的阶段性改革任务,为理顺体制,原交通部将主要港口理货分公司从港务局划出,实行"双重领导,以总公司为主"的管理体制。

1993年,原交通部发布《航行国际航线船舶及外贸进出口货物理货费收规则》(交财发〔1993〕272号)(已于2003年废止),并附《航行国际航线船舶理货费率表》,规定了中国外轮理货总公司及其分支机构向航行国际航线船舶(含外贸出口一程、进口二程船舶)和国外进出口货物计收理货费用的标准,

---

① 中华人民共和国交通运输部.2019中国航运发展报告[M].北京:人民交通出版社股份有限公司,2020.

② 任汉诗.40年港口理货的变迁[J].中国港口,2018(9):6-8.

同时规定:“对理货业务章程规定的委托性理货业务的收费标准,除节假日、夜班外,可在《费率表》规定费率的百分之二十的幅度内上下浮动。其中委托办理集装箱装、拆箱理货业务的,可由理货公司参照《费率表》规定的费用与费率,协商定价。”此时理货价格已有了政府指导价性质。2017 年 7 月,交通运输部与国家发展改革委发布《关于印发〈港口收费计费办法〉的通知》(交水发〔2017〕104 号)明确理货服务费实行市场调节价。

《港口货物作业规则》(交通部令 2000 年第 10 号)(已于 2016 年废止)规定:“国际运输以件交接货物、集装箱货物和集装箱,船方应当通过理货机构与港口经营人交接。前款规定以外的货物和集装箱,船方可以委托理货机构与港口经营人交接。”

2001 年 11 月,国务院办公厅《关于深化中央直属和双重领导港口管理体制改革意见的通知》(国办发〔2001〕91 号),明确逐步放开理货市场,进一步规范理货业务。“为保证理货的公正性,促进理货质量的不断提高,港口理货要引入竞争机制,每个港口可先设立两家理货企业。将各港外轮理货公司从港口企业中分离出来,作为独立的企业法人,自主经营。将中国外轮理货总公司向各港外轮理货公司收取管理费的方式改为持有各港外轮理货公司一定的股份,具体比例由交通部组织中国外轮理货总公司与港口企业共同协商确定后,报财政部办理相关的股权确认及产权变更手续。”

原交通部于 2002 年开始港口理货体制改革,逐步放开理货市场,进一步规范理货业务。将各港外轮理货公司从港口企业中分离出来,作为独立的企业法人,自主经营。同时,将中国外轮理货总公司向各港外轮理货公司收取管理费的方式改为持有各港外轮理货公司一定的股份,形成以资本为纽带的现代企业制度。中国外轮理货总公司由原来向各港分公司收取收入 3%的管理费改为占各港外轮理货公司 16%的股份,当地港口企业占 84%的股份。

为保证理货的公正性,促进理货质量不断提高,港口理货引入竞争机制,原交通部于 2002 年发布《关于组建第二家外轮理货公司有关问题的通知》(交水发〔2002〕285 号),要求第二家全国性理货总公司的组建主体为中央国有大型海运企业或其海运辅助企业和中国外轮理货总公司;各港第二家理货公司的投资主体,由新组建的第二家全国性理货总公司和各港口企业共同组成。2003 年 5 月,中国对外运输集团总公司(32%股份)、中国外轮代理有限公司(隶属中国远洋集团,32%股份)、中国海运集团公司(31%股份)和中国外轮理货总公司(5%股份)四家股东共同出资,组建成立中联理货有限公司,成为第二家全国性理货公司。

2004年《港口法》出台，明确经营港口理货业务，应当按照规定取得许可。2004年出台的《港口经营管理规定》明确原交通部负责理货经营许可审批。

2005年，根据国资委关于进一步推进企业兼并、联合、重组，培育具有国际竞争力大企业大集团的要求，中国外轮理货总公司与中国远洋运输（集团）总公司重组，中国外轮理货总公司正式并入中国远洋运输（集团）总公司，成为中国远洋运输（集团）总公司全资子公司。中国外轮理货总公司并入中国远洋运输（集团）总公司后，公司名称仍保留不变，按原建制对其全资、控股的企业进行管理。

2014年12月，交通运输部修订《港口经营管理规定》，将理货经营许可审批权下放到港口所在地省一级交通运输主管部门。考虑到港口理货对其公正性和社会信用度要求很高，下放省级后，为避免过分失控、影响理货质量、引发航运纠纷，对许可条件进一步做了明确，增加了经营区域的限定、质量管理体系及信息系统和技术装备的要求。理货经营审批权下放标志着理货行业开始了市场化，理货行业由寡头竞争向垄断竞争转变。

2018年8月，交通运输部办公厅发布《关于加强港口经营管理有关工作的通知》（交办水〔2018〕103号），要求："地方交通运输（港口）管理部门要进一步放开港口理货经营市场，促进公开有序竞争，并加强理货质量管理和安全监管。督促理货经营人建立质量管理制度，确保经营人理货信息系统能与港航电子数据交换中心和电子口岸进行数据传输，大力推行智能理货。督促理货经营人遵守港口安全生产相关规定，避免多家理货公司同时登船理货影响装卸作业和安全生产的行为。理货人员要加强业务技能、生产安全等教育培训，具备从事港口理货的能力。"

2018年底修订的《港口法》规定，经营港口理货业务，须报港口行政管理部门备案；港口理货业务经营人应当公正、准确地办理理货业务；不得兼营港区内货物装卸经营业务和仓储经营业务。2019年，交通运输部修订《港口经营管理规定》，将经营港口理货业务许可改为备案。2019年，交通运输部颁布《进出口集装箱货物装拆箱理货操作规程》《进出口集装箱货物装拆箱理货单证》等行业标准，《智能理货操作规程》《船舶水尺计重工作规范》等团体标准也陆续发布。目前，交通运输部正在制定《理货行业服务规范》，已征求行业意见，拟于2020年内印发，进一步提升港口理货服务质量。经营港口理货业务由审批改为备案后，市场主体的进入和退出更加容易，从市场准入的角度，理货市场已经完全放开。

### 7.4.2 属性和特点

(1)服务性和公正性

理货的具体业务范畴属于服务类业务,服务性是理货行业的固有属性。公正性是理货行业的特殊性质,理货公司以中间人的身份独立公正地对承、托运双方交接的货物数字和状态,做出实事求是的判断和确认,并出具理货证明,据以划分承、托运双方责任。理货文件经海关、国检等机构认可后,可以作为公证文件。

(2)由完全垄断逐步走向市场竞争

1961 年,我国成立中国外轮理货公司,在之后的数十年里,理货市场一直由其独家完全垄断。2003 年,中联理货有限公司成立,各港口理货业务由两家公司经营,尽管二者存在股权交叉,但也形成了一定竞争,理货市场变成双寡头竞争市场。2014 年,理货经营审批权下放到港口所在地省级交通运输主管部门,理货正在逐渐由政策主导型行业转向市场主导型行业,理货市场由寡头竞争向垄断竞争转变。2016 年,交通运输部废止了《港口货物作业规则》,清理了有关规范性文件。2017 年修订的《港口收费计费办法》,明确理货服务费实行市场调节价。2018 年,经营港口理货业务由审批改为备案后,垄断竞争市场逐步形成且市场竞争程度进一步加剧。

**【专栏:对理货公司的反垄断调查】**①

2017 年 11 月起,国家市场监督管理总局对深圳中理外轮理货有限公司、深圳中联理货有限公司开展反垄断调查,认为两家公司作为具有竞争关系的经营者,于 2013 年 5 月至 2016 年 8 月通过价格协调的方式进行客户转移,并每年对超出市场划分部分收入进行划转,排除和限制了两家公司之间的竞争,违反《中华人民共和国反垄断法》第十三条第一款第(三)项的规定,属于达成并实施“分割销售市场”垄断协议的行为;两家公司相互交换理货价格信息,共同推高深圳港西部港区理货市场价格,限制了当事人与深圳中理之间的价格竞争,违反《中华人民共和国反垄断法》第十三条第一款第(一)项的规定,属于达成并实施“固定或者变更商品价格”垄断协议的行为。决定对当事人处上一年度相关销售额 4%的罚款,合计 316 万元。

---

① 国家市场监督管理总局行政处罚决定书(国市监价监处罚〔2018〕5 号、6 号)

### 7.4.3 建议

理货市场放开后，市场机制会发挥作用，理货服务的价格更多地由市场供需决定，理货服务质量也将接受市场的考验，服务质量差、不诚信经营的企业会被市场淘汰。

建议政府管理部门加强对理货行业的监管：①在收费方面，监督港口理货业务经营人建立收费目录清单，依法合理制定理货服务收费标准并公示，接受社会监督；②在维护市场秩序方面，鉴于港口企业、航运企业在理货企业中拥有股份，应重点监督相关企业滥用市场支配地位，在理货服务领域限定相对人与其指定的经营者进行交易；③在风险防控方面，鉴于经营港口理货业务由审批改为备案，各种类型的企业均可以从事理货业务，应重点监管航运企业、货主企业成立的理货公司出具虚假理货报告的行为；④在经营行为监管方面，重点监管理货公司分割市场、形成垄断价格协议等行为，同时应加快建立以信用为基础的新型监管机制，保障理货行业的公正性。

建议理货企业通过技术创新，提高理货服务质量。加快理货工艺与现代信息技术的结合，加快实施“智能理货”，提高理货科技含量；通过推广集装箱船舶“零时间签证”、集装箱“零时间验残”、件杂货船舶“零缺陷服务”等特色服务，为顾客提供更加高效、便捷、优质、准确的服务，提高理货服务效率和质量。

# 8 港口集疏运及价格决定

引言：

货物集港、疏港的费用是外贸进出口货物物流费用的重要组成部分。本章分析了港口集疏运的总体情况，重点分析了铁路和公路集疏运的发展历程，市场主体的属性和特点，并从政府监管和促进行业发展的视角提出了建议。

## 8.1 港口集疏运概况

经过多年发展，我国港口集疏运系统建设取得了积极进展，集疏运铁路和公路规模持续扩大，港口信息互联水平不断提高，货物转运效率明确提升。全国沿海主要港口规模化散货港区基本实现铁路进港，50%左右的重要港区实现了高速公路进港区。公路运输是港口集疏运的主要方式，从总量上看，一半以上的港口货物通过公路方式集疏运。铁路运输和水水转运在港口大宗散货集疏运方面发挥了重要作用，例如秦皇岛港、黄骅港煤炭90%以上通过铁路集港；宁波舟山港矿石约90%通过水水转运疏港、约10%通过铁路疏港；青岛港矿石约30%通过铁路疏港、约30%通过水水转运疏港；广州港煤炭约10%通过铁路疏港、约65%通过水水转运疏港。在港口集装箱集疏运方面，集疏港铁道建设滞后，2017年、2018年和2019年集装箱铁水联运占港口集装箱吞吐量比重分别为1.47%、1.80%和1.97%。

交通运输部、国家铁路局、中国铁路总公司正在加快推动港口集疏运系统建设，港口铁路、公路集疏运能力显著提高，布局进一步优化，与港区的衔接效率稳步提升，沿海和内河主要港口铁路进港率分别达到80%和70%以上，重要港区铁路进港率超过60%，二级及以上公路覆盖率达到100%。

## 8.2 铁路集疏运

### 8.2.1 铁路改革

1955 年 3 月，原铁道部成立了集装箱运输营业所，各铁路局成立了集装箱运输营业分所，投入铁木合制的 2.5 吨集装箱，开始办理集装箱业务。由于当时认识不足，而且集装箱的装卸设备、场地等不到位，影响了这种先进的运输方式的普及，1958 年精简机构时撤销了集装箱运输管理机构。1958—1978 年，铁路集装箱运输基本处于无人管理、停滞状态。

1978 年 6 月，铁道部成立了集装箱运输营业所(筹备组)，后改名运输局集装箱运输管理处，同时在 10 个铁路局货运(运输)处成立了集装箱科，50 个车站货运车间成立了集装箱办公室。

1978—1985 年，铁路运输部门的改革处于“放权让利的改革起步阶段”，铁路上缴国家利税，基本建设投资大部分由国家财政拨款，铁路的经营成果与铁路建设的发展互不挂钩。国务院于 1986 年 3 月 31 日批准了《关于铁道部实行经济承包责任制的方案》，铁路部门开始实行“包投入、包产出、包以路建路”的“大包干”经济承包责任制，铁路迈出了由国有国营向国有路营转变的第一步，使国家与铁路的关系从行政管理走向了经济责任制，是对当时国家高度集中的计划经济体制的一个重大历史性突破，但却没能解决政企不分的问题。

铁路领域很长一段时期采取政企合一的模式，原铁道部直接负责铁路的经营，同时其又是铁路行业的行政主管部门。1996 年，原铁道部在国家支持和批准下成立了铁路总体改革办公室，拉开了市场化改革的序幕。2000 年提出“网运分离”模式，2002 年调整为“网运合一、区域竞争”的模式，2003 年市场化改革搁浅。2003 年，铁路主管部门提出“铁路跨越式发展”战略，着手制定了《中长期铁路网规划》；并于 2004 年经国务院审议通过，铁路发展方式从以技术改造为主调整成以新建铁路线路为主。2005 年，铁道部宣布铁路运输建设、装备制造、多元化经营等领域都将向非公有制资本全面放开。2008 年，铁路主管部门对《中长期铁路网规划》进行了调整，开启了大规模的铁路建设。

2013 年 3 月，组建国家铁路局，划归交通运输部管理，接替原铁道部的监督管理职能，新组建的中国铁路总公司承担原铁道部的企业职能。

2013 年，国务院出台《关于改革铁路投融资体制加快推进铁路建设的意见》(国发〔2013〕33号),提出推进铁路投融资体制改革,多方式多渠道筹集建设资金;向地方政府和社会资本放开城际铁路、市域(郊)铁路、资源开发性铁路和支线铁路的所有权、经营权,鼓励社会资本投资建设铁路;研究设立铁路发展基金,以中央财政性资金为引导,吸引社会法人投入;铁路发展基金主要投资国家规定的项目,社会法人不直接参与铁路建设、经营,但保证其获取稳定合理的回报。国发〔2013〕33号文要求:“坚持铁路运价改革市场化取向,按照铁路与公路保持合理比价关系的原则制定国铁货运价格,并建立铁路运价随公路运价变化的动态调整机制;创造条件,将铁路货运价格由政府定价改为政府指导价,增加运价弹性。”

1991年以前,铁路集装箱统计在零担运量中。自1991年1月1日起,在月度精密统计报表中,在零担项后增加集装箱一项。集装箱作为一个品类与零担分开统计。

长期以来,铁路货运价格都由政府定价。从1977年起铁路集装箱运价多次变化,1999年8月24日,原铁道部发出《关于实行集装箱运输一口价公告的通知》,自1999年9月1日实行。2013—2015年,铁路运价开启了市场化改革,建立了按照与公路货运替代运输方式保持比价关系原则制定铁路货运价格的机制,分三步理顺了铁路货运价格,并由政府定价改为政府指导价,允许铁路运输企业以国家规定运价为基础,在上浮不超过10%、下浮不限的范围内自主确定具体运价水平。

为营造良好的价格政策环境,吸引社会资本积极投入铁路建设运营领域,2014年4月,明确神华集团新建的准池铁路货物运价实行市场调节,开创了市场决定铁路货运价格的先河,标志着我国铁路货运价格市场化改革迈出了具有里程碑意义的重要一步。随后,又陆续放开了散货快运、包裹运输价格以及社会资本控股新建铁路货物运价等竞争性铁路货运价格。

铁路运输杂费是铁路运输企业在正常旅客、货物运价以外,针对运输辅助作业环节收取的费用。2015年以前,依据《铁路法》规定,铁路运输杂费实行政府定价,具体收费项目和收费标准由原铁道部规定。2015年4月,全国人大常委会颁布了修订后的《铁路法》,明确铁路运输杂费的收费项目和收费标准由铁路运输企业自主制定。国家发展改革委持续加强对铁路运输企业制定、收取杂费情况的监管,按照国家发展改革委要求,铁路总公司自2017年8月1日起,取消了抑尘费、自备车管理费等8项应当通过正常运价补偿成本或没有实质服务内容的货运杂费,将液体换装费等3项收费分别并入服务内容接近的换装费等项目,调整完善了货车延期使用费计费办法。

2017 年 12 月,国家发展改革委发布《关于深化铁路货运价格市场化改革等有关问题的通知》(发改价格〔2017〕2163 号),规定:"铁路集装箱、零担各类货物运输价格,以及整车运输的矿物性建筑材料、金属制品、工业机械等 12 个货物品类运输价格实行市场调节,由铁路运输企业依法自主制定。""实行政府指导价的整车运输各货物品类基准运价不变,铁路运输企业可以国家规定的基准运价为基础,在上浮不超过 15%、下浮不限的范围内,根据市场供求状况自主确定具体运价水平。"随着集装箱等运输价格实行市场调节价,铁路货运价格市场调节范围进一步扩大,铁路货运价格改革迈出了重要的一步。

2018 年 12 月,国家发展改革委、市场监管总局发布《关于进一步清理规范铁路货物运输相关收费的通知》(发改价格〔2018〕1959 号),规定:"各级地方政府及其所属部门、事业单位不得在全国政府性基金目录清单、中央及地方行政事业性收费目录清单之外,在铁路货物运输领域,包括专用线(含专用铁路)、港口集疏运环节违规收取各类政府性基金(附加费)、行政事业性收费,也不得以经营服务性收费名义变相收取。""铁路运输企业在目录清单以外代地方政府及其有关部门、单位收取政府性基金(附加费)、行政事业性收费,继续收取已明令取消、停征、免征的政府性基金(附加费)、行政事业性收费,或将上述基金(附加费)、行政事业性收费转为企业经营服务性收费的,应立即予以纠正。""中国铁路总公司应对现有铁路货物运输杂费进行逐项梳理,取消没有实质服务内容或相关作业成本应通过正常运价补偿的收费项目,归并服务作业内容相近的项目;对保留的项目,进一步完善计费办法,按照补偿合理成本原则,并引入市场竞争机制,合理确定收费标准。清理规范后的铁路货运杂费项目、收费标准应及时对外公布,接受社会监督。"

### 8.2.2 属性和特点

(1)运输能力大

与集装箱公路运输比较,集装箱铁路运输具有一次运输运量大的优势,一辆集装箱卡车一次只能运输 2 个标准箱,而一列 50 节车皮的铁路集装箱班列一次可运输 100 个标准箱,采用单层装载相当于 50 辆集装箱卡车,如一些具备条件的线路采用双层装载则可替代 100 辆集装箱卡车,运输能力远远高于公路运输,运输规模效应显著。

(2)运输稳定性强

对比其他运输方式,集装箱铁路运输具有运输稳定性强的优势,铁路集装箱运输几乎不受气候和自然条件的影响,一年四季可以不分昼夜地进行定期的、有规律的、准确的运转，可以保障全年的正常运行，具有高度的连续性。

(3)节能减排效益明显

实际统计数据显示，根据道路状况和司机操作水平，集装箱卡车百公里柴油油耗为 50 升左右，按一车 2 个 TEU 计算，公路集装箱运输每 TEU 公里油耗为 0.25 升。为体现可比性，以专为干线货运重载提速而研制的东风 8B 型内燃机车为参照对象，该机车标定功率油耗 208 克/(千瓦·时)，按恒功率速度 90 公里/时，折算整列货运列车百公里油耗为 800 升左右，按整列由 40 节单层箱平车组成装运 80 个标准箱，每标准箱公里油耗为 0.1 升，铁路方式的油耗是公路方式的 40%。

以上述公路、铁路集装箱运输单位油耗，集装箱由公路运输改为铁路运输，每标准箱公里可以减少二氧化碳排放 0.4 千克，对于一个集装箱年吞吐量达到 1000 万标准箱的港口，按集疏运平均距离为 200 公里计，其中 1%吞吐量的集疏运由公路方式改为铁路方式，每年就可减少碳排放 8000 吨。随着我国干线铁路继续提高电气化程度，大量采用电力机车牵引，积极发展双层集装箱运输，与集装箱公路运输相比，铁路运输在减少燃油消耗、节约运输能耗上的作用将更加明显。

(4)垄断经营

我国铁路有自然垄断的属性，铁路市场开放性、融合性不强，还未形成有效的竞争机制。如果企业服务的领域足够大，大多数规模经济和范围经济都将被耗尽[①]，中国铁路总公司正面临类似的情况。集装箱铁路集疏港业务的经营主体离不开中国铁路总公司，中国铁路总公司垄断经营限制了市场作用的发挥。

### 8.2.3　发展现状

(1)集装箱铁水联运量

近年来，我国港口集装箱铁水联运总量规模总体呈现增长态势，2017 年、2018 年、2019 年集装箱铁水联运量分别达到 348 万标准箱、450 万标准箱和 516 万标准箱，保持了较高速度的增长，但港口集装箱铁路集疏运比例仍然比较低。2010—2019 年我国集装箱铁水联运量及增长率如图 8-1 所示。

(2)铁路线进港情况

---

① 伊瑞克·维尔赫夫，王雅璨，胡雅梅. 市场和政府——运输经济理论与应用[M]. 北京：社会科学文献出版社，2019.

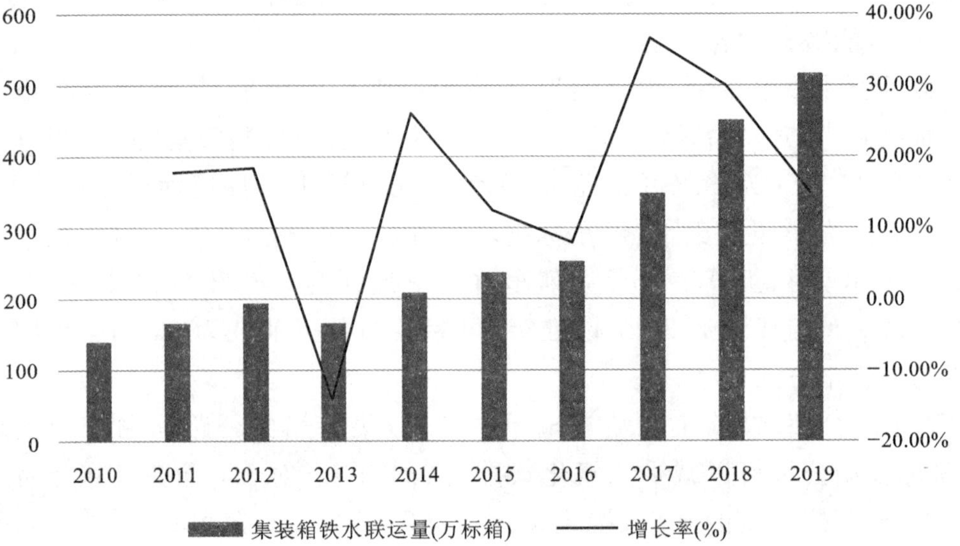


**图 8-1　2010—2019 年我国集装箱铁水联运量及增长率**

港口铁路系统由港口车站、分区车场、装卸线等三部分组成。由于运量、货种、接轨站与港区位置和管理方式等因素，港口铁路也可以不设港口车站，其功能由接轨站承担。

铁路部门推进集装箱运输，规划建设 18 个大型铁路集装箱中心站(综合物流中心)，目前已有 12 处投入运营，其中大连、天津、青岛、芦潮港集装箱中心站是支撑推进相关沿海港口开展集装箱铁水联运业务的重要基础设施。大连集装箱中心站紧邻集装箱港区，且有铁路专用线进入港区；天津集装箱中心站临近集装箱港区，通过公路短驳运输实现港口与中心站的衔接；青岛集装箱中心站距离集装箱港区较远，通过开行集装箱中心站到港口站(黄岛站)的小运转班列实现港口与中心站的衔接；芦潮港集装箱中心距离集装箱港区较远，且无铁路专用线与港区连接。我国集装箱中心站建设情况见表 8-1。

**表 8-1　我国集装箱中心站建设情况**

| 序号 | 局别 | 车站 | 中心站名称 | 项目进度 |
|---|---|---|---|---|
| 1 | 哈 | 新香坊 | 哈尔滨集装箱中心站 | 2015.8 建成 |
| 2 | 沈 | 岔路口 | 沈阳综合性货场 | 2018.4 建成 |
| 3 | 沈 | 金港 | 大连集装箱中心站 | 2010.4 建成 |
| 4 | 京 | 窦店 | 北京集装箱中心站 | 待建 |

续表 8-1

| 序号 | 局别 | 车站 | 中心站名称 | 项目进度 |
|---|---|---|---|---|
| 5 | 京 | 新港北 | 天津集装箱中心站 | 2016.6 建成 |
| 6 | 郑 | 莆田 | 郑州集装箱中心站 | 2009.12 建成 |
| 7 | 武 | 吴家山 | 武汉集装箱中心站 | 2010.6 建成 |
| 8 | 西 | 新筑 | 西安集装箱中心站 | 2010.6 建成 |
| 9 | 济 | 胶州 | 青岛集装箱中心站 | 2010.4 建成 |
| 10 | 上 | 芦潮港 | 芦潮港集装箱中心站 | 2005.12 建成 |
| 11 | 上 | 郭隘 | 宁波集装箱中心站 | 待建 |
| 12 | 广 | 平湖南 | 深圳集装箱中心站 | 部分开通 |
| 13 | 广 | 大田 | 广州集装箱中心站 | 在建 |
| 14 | 成 | 城厢 | 成都集装箱中心站 | 2009.12 建成 |
| 15 | 成 | 团结村 | 重庆集装箱中心站 | 2009.12 建成 |
| 16 | 昆 | 王家营西 | 昆明集装箱中心站 | 2006.11 建成 |
| 17 | 兰 | 东川 | 兰州综合性货场 | 部分开通 |
| 18 | 乌 | 三坪 | 乌鲁木齐集装箱中心站 | 在建 |

我国港口集装箱吞吐量规模位于世界第一位，但大多数港口集装箱集疏运通过公路运输完成，港口集装箱铁路集疏运系统还不完善，大多数集装箱港区都没有铁路线进入。

根据交通运输部制定的《港口综合统计报表制度》，对集装箱铁水联运界定如下："集装箱由铁路运到港口之后由船舶运出，或是集装箱由船舶运到港口之后再经铁路运出的运输方式。港口铁路设施满足下列条件之一的列入集装箱铁水联运统计范围：①铁路线进入港区范围；②铁路线未进入港区，货运站距码头前沿的公路驳运距离在 10 公里以内。"

沿海主要港口中只有大连大窑湾、营口鲅鱼圈、青岛前湾、连云港庙岭、宁波北仑、宁波镇海等港区部分集装箱作业区有铁路线进入，天津东疆、天津北疆、厦门海沧、深圳东部（盐田）、深圳西部（招商）等重要集装箱港区后方临近区域（10 公里之内）布局有铁路车站，具备开展集装箱铁水联运的条件。

上海外高桥、上海洋山、宁波梅山、宁波大榭、宁波穿山、广州南沙等重要集装箱港区距离铁路车站较远（10 公里以上）。

近年来,上海在推进外高桥港区进港铁路建设,青岛在推进铁路黄岛站至前湾(南)港区的进港铁路建设,广州正在推进南沙港区进港铁路和南沙货运站的建设,宁波在推进穿山港区进港铁路建设,厦门在推进海沧港区进港铁路建设,深圳正在推进平南铁路(平湖南至妈湾、蛇口站)、平盐铁路(平湖南至盐田站)改造。我国沿海主要集装箱港口铁路线进港情况见表 8-2。

**表 8-2　我国沿海主要集装箱港口铁路线进港情况**

| 序号 | 分类 | 主要集装箱港区及铁路项目 |
| --- | --- | --- |
| 1 | 铁路线进入港区 | 大连大窑湾、营口鲅鱼圈、青岛前湾、连云港庙岭、宁波北仑、宁波镇海 |
| 2 | 铁路车站距港区 10 公里之内 | 天津东疆、天津北疆、厦门海沧、深圳东部(盐田)、深圳西部(招商) |
| 3 | 铁路车站距港区 10 公里以上 | 上海外高桥、上海洋山、宁波梅山、宁波大榭、宁波穿山、广州南沙 |
| 4 | 规划建设和在建项目 | 上海外高桥港区进港铁路、青岛黄岛站至前湾(南)港区铁路、广州南沙港区进港铁路和南沙货运站、宁波穿山港区进港铁路、厦门海沧港区进港铁路、深圳平南铁路(平湖南至妈湾、蛇口站)和平盐铁路(平湖南至盐田站)改造 |

(3)运营模式

目前港口铁路集疏运主要有以下几种经营模式:

一是港口企业与铁路公司合作经营模式。例如大连港—东北地区集装箱铁水联运由大连港集团、沈阳铁路局等合作组建的大连集益物流有限公司经营;宁波港集团投资的无水港及宁波港铁路公司与铁路部门合作开行的江西鹰潭、上饶—宁波的铁水联运线路。

二是航运企业与铁路公司合作经营的模式。例如,中远海集团与上海铁路局合作开行合肥—宁波线路,与上海铁路局合作开行苏锡常—上海的线路,航运企业负责组织铁水联运货源。

三是物流企业承包运营铁水联运线路。例如台州—宁波集装箱铁水联运线路由浙江铁达物流有限公司进行经营,铁达公司与上海铁路局宁波车务段签订了《台州南站至宁波北仑港铁路集装箱运输协议》,获得班列的经营权;义乌—宁波线路由义乌市天盟事业投资有限公司(民企)负责经营,同时该公司负责经营义乌铁路海关监管场所，运营义乌至中亚五国、俄罗斯、蒙古、欧洲铁路国际联运。

(4)铁路运价

2013年铁路价格改革之前，铁路运价由政府定价，以集装箱为例，铁路集装箱运价由基价1和基价2构成，计算公式如下：集装箱运价=基价1+基价2×运价公里。铁路货物运价率见表8-3。

**表8-3 铁路货物运价率**

| 办理类别 | 运价号 | 基价1 | | 基价2 | |
|---|---|---|---|---|---|
| | | 单位 | 标准 | 单位 | 标准 |
| 整车 | 1 | 元/吨 | 7.10 | 元/吨公里 | 0.0418 |
| | 2 | 元/吨 | 7.80 | 元/吨公里 | 0.0502 |
| | 3 | 元/吨 | 9.80 | 元/吨公里 | 0.0562 |
| | 4 | 元/吨 | 12.20 | 元/吨公里 | 0.0629 |
| | 5 | 元/吨 | 13.40 | 元/吨公里 | 0.0722 |
| | 6 | 元/吨 | 19.60 | 元/吨公里 | 0.0989 |
| | 7 | | | 元/轴公里 | 0.3275 |
| | 机械冷藏车 | 元/吨 | 14.70 | 元/吨公里 | 0.0996 |
| 零担 | 21 | 元/10千克 | 0.15 | 元/10千克公里 | 0.00071 |
| | 22 | 元/10千克 | 0.21 | 元/10千克公里 | 0.00103 |
| 集装箱 | 20英尺箱 | 元/箱 | 337.50 | 元/箱公里 | 1.4000 |
| | 40英尺箱 | 元/箱 | 459.00 | 元/箱公里 | 1.9040 |

运费计算办法：

整车货物每吨运价=基价1+基价2×运价公里

零担货物每10千克运价=基价1+基价2×运价公里

集装箱货物每箱运价=基价1+基价2×运价公里

在实际铁路集装箱运输中，根据客户"门到门"服务的要求，铁路集装箱运输费用需要增加公路短驳的费用，增加运输时间成本及费用。公路短驳费用在不同地区、不同场站差别很大，一般来说，铁路运输在500公里以上的运距中，与公路运输相比具备优势，但在部分地区，铁路运输在1000公里以上才具备优势。同时，公路运输具有较好的灵活性，能够提供门到门的服务，通过铁路运输仍需要两端的公路短驳和换装，铁路编组也需要时间，因此公路运输时效方面优于铁路运输。

2013年，铁路价格开启市场化改革后，允许铁路企业进行运价下浮，铁路运输的竞争力逐渐显现，但是运价下浮申请仍需要进行层层审批，流程较多，耗时较长，无法满足市场需求，此外，除铁路运价，货主还需要负担多个名目的铁路货物运输杂费、政府性基金、行政事业性收费，削弱了铁路的市场竞争力。

2017年底，集装箱等运输价格实行市场调节价后，铁路运输企业可根据市场需求进行定价，且对铁路相关收费进行了清理、规范，铁路运输的竞争力逐步增强。

### 8.2.4　国外发展经验

(1)重视港口铁路集疏运系统规划建设，港口和铁路基础设施高效衔接

欧美集装箱海铁联运发展较好的港口，在规划建设阶段重视铁路集疏运系统建设，铁路线延伸至主要集装箱码头的前沿，典型的沿海集装箱码头铁路线距离码头前沿300～900米，可以通过港内作业机械实现海铁联运的高效衔接。国外典型港口铁路线至集装箱码头前沿的距离见表8-4。

**表8-4　国外典型港口铁路线至集装箱码头前沿的距离**

| 序号 | 港口名称 | 所在国家 | 铁路线至主要集装箱码头前沿的距离(米) |
|---|---|---|---|
| 1 | 安特卫普 | 比利时 | 530～550 |
| 2 | 汉堡 | 德国 | 380～550 |
| 3 | 鹿特丹 | 荷兰 | 500～600 |
| 4 | 洛杉矶 | 美国 | 460～700 |
| 5 | 纽约-新泽西 | 美国 | 330～830 |

美国国土面积辽阔，平原面积居多，东西两面都是大洋联结世界上其他的主要经济区域，美国东西部经济发展比较均衡，内陆腹地广阔，为开展海铁联运创造了有利条件。欧洲最主要的三大集装箱港口汉堡港、鹿特丹港、安特卫普港，均位于西欧北海海岸线上，随着欧洲经济一体化的进程不断加深，这些港口共同拥有整个欧洲广阔的内陆腹地，为集装箱海铁联运的发展提供了基础条件。

①美国洛杉矶港

洛杉矶位于美国西海岸，2017年集装箱吞吐量934万标准箱，铁路集装

箱运输比例约为25%。洛杉矶是美国第三条横贯大陆的干线铁路起点,并通过南北向铁路与太平洋各大城市相连。2002年竣工的20英里长港口铁路线全程立交网络,每天可以让100列满载集装箱的火车,以49英里的时速进出港口码头。洛杉矶港全部采用双层集装箱列车,班列使用4台机车,每列满载300标准箱;为了最大限度地发挥双层集装箱列车的效率,建设了1个邻近码头的集装箱多式联运站和4个码头集装箱装卸区,采用专门的铁路集装箱列车来疏港,铁路装卸线位于码头泊位旁边,岸桥既可以把集装箱卸到堆场搬运车辆上,也可以卸到专门的铁路集装箱列车上,大大减少了中间集疏运及其带来的城市道路污染。

②美国纽约-新泽西港

纽约-新泽西港位于美国东海岸,2017年吞吐量达到674万标准箱。港口拥有12个铁路车站用于装卸集装箱、汽车和其他货物,目前铁路集疏运比例为14%,集装箱海铁联运的发展主要受铁路基础设施和运输能力的制约。因此,港口当局致力于海铁联运改善工程,包括改善多式联运铁路设施,修建海铁联运铁路和车站,通过加挂车皮大幅度降低铁路疏运的成本等。

③德国汉堡港

汉堡港是欧洲第三大集装箱港口,2017年集装箱吞吐量达882万标准箱。汉堡港是传统的铁路港口,长距离运输基本依靠铁路,是欧洲最大的铁路集装箱转运中心。汉堡港拥有3个铁路场站,港口所有码头都有铁路,铁路在进出汉堡的长距离运输竞争中占据超过70%份额。海铁联运在汉堡港集装箱集疏运系统中发挥了重要的作用,占港口集疏运比例约25%。促进海铁联运方面,汉堡港加强与码头配套的铁路基础设施建设,提高铁路运输效率;在Maschen地区建设大型编组站,编组能力为每天大约1万标准箱;港口成立专门部门负责港区铁路车站、线路的建设和运营;建设EDI中心连接海关、铁路、港口、货代、码头等200多家用户,处理200多种格式的相关电子单证;建设内陆和水陆揽货体系,保证货源充足。

④荷兰鹿特丹港

鹿特丹港是欧洲最大的集装箱港口,2017年集装箱吞吐量为1373万标准箱。鹿特丹港的集装箱海铁联运比例约为10%,预计未来铁路集疏运量将提高到15%左右。鹿特丹港内,铁路直接与码头主体无缝衔接,港区内有2个中转站提供集装箱快速换装作业服务。在硬件条件完整的铁路运输网基础上,集装箱可从鹿特丹港运输到欧洲主要国家。2007年建设成连接鹿特丹和德国贝突威的货物专用铁路;开行往返集装箱班列,保证列车准时出发与到达。

⑤比利时安特卫普港

安特卫普港是欧洲第二大集装箱港口，2017 年集装箱吞吐量达 1045 万标准箱。港口区位接近于欧洲主要的生产和消费中心，吞吐量一半为转口贸易，是欧洲汽车、纸张、水果等产品的分拨基地，运输量几乎 100％是国际运输。港口海运量中 20％是依靠铁路运送，每年铁路运输量达 2500 万吨，是欧洲第一大铁路港，是多条国际铁路线的终点站。

(2)制定实施优惠政策，支持基础设施建设

在经济发展要求及资源环境约束等多重背景下，欧美均将发展多式联运作为交通运输的核心政策，并在资金、土地、税收、产业等方面给予支持。

美国国会于 1991 年颁布《多式联运地面运输效率法案》(冰茶法案)，将“构造一个统一、无缝、有效、经济、安全和环保的国家多式联运系统”确立为美国运输政策的核心。冰茶法案实施后，美国政府 1992—1997 年财政年度提供了 1553 亿美元，以发展多式联运的客运与货运系统。后续的 1999 年颁布的《21 世纪交通运输平等法案》、2005 年颁布的《安全、可靠、灵活、高效的交通运输平等法案》、2012 年颁布的《在 21 世纪中前进法案》在资金使用上明确有多式联运的补助，进一步推动了美国多式联运的快速发展。

德国多式联运基础设施征地工作是由德国州、市政府负责，政府负责解决建设需要的用地，所需的土地基本上由德国州政府无偿提供。德国实施“PACT”规划，即“Pilot Actions in Combined Transport”，对联运方面新的运输项目给予一定的推动资助。德国政府对入驻到多式联运枢纽的企业给予资金、税收、产业等方面优惠政策的支持，例如入驻企业可以得到政府一定的资助金额用于水、电等方面的建设工程。

(3)鼓励提高集装箱海铁联运份额

欧盟委员会于 2001 年发布《面向 2010 年的欧盟运输政策：时不我待》白皮书，明确提出多式联运发展战略与方向。欧盟 2011 年出台新的运输政策白皮书《迈向统一欧洲的运输发展之路：构建更有竞争力、更高能效的运输系统》，提出了绿色低碳发展目标，强调通过发展组合运输把更多公路货运转向铁路和水运，并提出 2030 年前转移 30％、2050 年前转移 50％的目标。

(4)市场化的定价机制

1980 年，美国国会通过了《斯塔格斯铁路法》，把市场竞争作为铁路运价和业务的最有效调节者，在管理上放宽对铁路的控制，给予铁路行业一定程度的自由，以便它能在运输市场中自由地经营。例如，铁路可以自由地调整运费以应付竞争，同货主签订运输合同，使铁路行业财政得到改善，竞争能力

得到提高。

1995年，美国秉持充分鼓励竞争和对货主保护的原则，全面开放铁路运价。从此，由于市场竞争，铁路公司会通过提高服务质量和降低运输成本来吸引运输需求，而货主便可以在各运输方式竞争中得到愿意承受的运价。美国铁路经过规制改革后，铁路公司通过裁员、缩短线路以及减少设备等措施，减少了运输成本，降低了运价，提高了运输需求，为铁路未来的发展奠定了坚实的基础。

(5)灵活的经营模式

欧盟和美国已经实现经营主体的多元化和运营形式的多样化。欧盟和美国的集装箱铁水联运发展已经十分成熟，铁路公司、船公司、码头公司、物流公司等企业都可以开展集装箱铁水联运业务。欧盟的网运分离的市场机制使集装箱铁水联运经营者可以通过多种方式获得对集装箱班列的控制权，可以自己购买和建设备货车、货场、铁路停车线，灵活进行定价，进而开展多样化的集装箱铁水联运业务，开行覆盖面较广的中短途穿梭班列，运量较大区域的班列运行距离有些仅为100公里左右。美国铁路为私有制，实行开放的网运合一，各企业都拥有自身独立的铁路基础设施网络和设备，但线路可以开放使用，市场定价形式多样化，价格调节机制灵活。

### 8.2.5　建议

提升集装箱铁路集疏港效率、降低集疏运成本，亟须破除铁路领域一家独大的垄断地位，建议引入市场竞争机制：①借鉴美国经验，实施“大区域公司”模式改革。该模式是开放的“网运合一”模式，各企业都拥有自身独立的铁路基础设施网络和设备，但线路可以开放使用。或借鉴欧洲经验实施“网运分离”模式改革，铁路基础设施以国营为主，不以营利为目的，各运营商可自有或租赁设备并安排人员定班期提供服务，开展市场竞争。如果在全国范围内推行“大区域公司”模式或“路网分离”模式改革存在困难，建议在重点区域进行试点，为港口企业、航运企业参与铁路运营提供机会。[①] 关于铁路改革有多种理论分析，包括交易成本理论、规模经济和范围经济理论、公共物品理论、外部性理论等，一些研究发现采取“网运合一”或“网运分离”方案特别要考虑铁路的运输密度，一般来看，铁路运输密度越高，“网运合一”的成本效率或生产效率越高，反之，铁路运输密度较低，“网运分离”更有利于引入竞争，

---

① 张哲辉.我国集装箱铁水联运发展存在的问题及对策[J].水运管理，2018，7：1-4，9.

同时也不会丧失过多的密度经济性[①]。②创新"承包线路""合作经营""特许经营权"等机制，以集装箱运输作为试点，鼓励社会企业参与集装箱多式联运。

同时，我们建议：①引导港口、航运、铁路企业集中核心资源，以资本为纽带，通过参股、兼并、联合、合资、合作等多种形式重组整合，发挥各自优势，组建多式联运企业，开展铁水联运业务，做好集装箱铁路运输集疏港服务。②我国航运企业、港口企业应积极参与集装箱铁水联运经营，一方面与铁路部门通过资本纽带组建跨运输方式的运行实体，另一方面采用契约形式与铁路部门开展合作，积极保障契约的稳定性和连续性，共同推进集装箱铁水联运业务。③支持港口端和内陆端铁路基础设施建设，解决基础设施互联的"最后一公里"和"最初一公里"问题。④铁路运输企业在已制定的电子数据报文标准的基础上，进一步开放集装箱铁路运输数据，与港口、航运、代理等企业及口岸监管部门互联互通，提高铁路集疏运效率。

## 8.3 公路集疏运

### 8.3.1 发展历程

我国的公路集装箱运输最早开始于1977年，为了疏港的需要，由原交通部在天津港组建了第一支集装箱运输专业车队，并通过技术改造建成了第一座集装箱公路中转站。随着港口集装箱业务的发展，天津、上海、大连、青岛等港口地区或其腹地都陆续组建了集装箱汽车运输企业，并规划建设了相应的中转站作业基地。

1980年8月，原交通部颁布《公路集装箱运输计费暂行办法》，这是第一个关于公路集装箱运输的专业规章，首次对公路集装箱运输的费目、费率、计费方法和适用范围做出了具体规定。

1987年9月，原交通部和国家物价局共同发布《国际集装箱汽车运输费收规则》和《国内集装箱汽车运输费收规则》(〔87〕交公路字668号)，自1988年1月1日起施行，规定了国际集装箱道路运输的计价单位、计价箱型和计价公式，全国统一的基本运价为：20尺标准箱基本运价3.00元/箱公里，40尺标准箱基本运价5.00元/箱公里。各省、自治区、直辖市交通主管部门，根据当

① 伊瑞克·维尔赫夫，王雅璨，胡雅梅. 市场和政府——运输经济理论与应用[M]. 北京：社会科学文献出版社，2019.

地实际情况，可以在全国统一基本运价基础上，在20%上下幅度内，制定本地区基本运价，报原交通部备案。

1990年，原交通部、国家物价局发布《关于整顿公路汽车货物运价的通知》(〔1990〕交运320号)，为解决集装箱汽车运价和货运站费收低、经营亏损问题，原交通部、国家物价局于1991年3月发布《关于调整国际集装箱汽车运输和汽车货运站部管费收项目基本费率的通知》(〔1991〕交运字231号)，对收费标准进行了上调，国际集装箱汽车运输基本运价20英尺标准箱调整为5.00元/箱公里，40英尺标准箱调整为7.50元/箱公里。

1994年2月，原交通部发布《关于公路汽车运价改革有关问题的通知》(交运发〔1994〕135号)，规定国际集装箱的汽车货运价格管理形式，由各省根据本地实际情况自行确定。

1995年12月，原交通部首次发布《集装箱汽车运输规则》(交公路发〔1995〕1283号文)，自1996年2月1日起施行。该规则包括总则，运输基本条件，运输合同的订立、履行、变更和解除，运输责任的划分，装拆箱、装卸和交接，运输费用和统计，货运事故处理，运输合同争议的处理，附则等共9章72条，另附有5种单证的格式内容和使用说明。该项法规的颁布实施，对加强公路集装箱运输市场的规范管理，正确界定合同各方的权利、义务和责任，维护合同当事人的合法权益都提供了有效的依据。

2004年4月30日，《中华人民共和国道路运输条例》(国务院第406号令)出台，规定从事货运经营，实行经营许可管理。申请从事货运经营的，应当具备：①有与其经营业务相适应并经检测合格的车辆；②有符合条件的驾驶人员；③有健全的安全生产管理制度。从事货运经营的驾驶人员，应当符合：①取得相应的机动车驾驶证；②年龄不超过60周岁；③经设区的市级道路运输管理机构对有关货运法律法规、机动车维修和货物装载保管基本知识考试合格。在依法向工商行政管理机关办理有关登记手续后，申请人向县级道路运输管理机构提出申请。道路运输管理机构予以许可的，向申请人颁发道路运输经营许可证。外商可以依照有关法律、行政法规和国家有关规定，在中华人民共和国境内采用中外合资、中外合作、独资形式投资有关的道路运输经营以及道路运输相关业务。

2009年6月，交通运输部和国家发展改革委发布《汽车运价规则》和《道路运输价格管理规定》(交运发〔2009〕275号)，规定货物运输价格实行市场调节价。

### 8.3.2　属性和特点

(1)服务覆盖面广,灵活性强

依托公路网络,集装箱道路运输市场主体提供服务的覆盖面非常广泛,能够为客户提供“门到港”“港到门”服务,而且服务时间可以根据客户需求灵活确定。

(2)行业竞争激烈

由于行业准入门槛较低,大量个体户、小型运输企业纷纷进入为港口提供集疏运服务的集装箱道路运输市场,市场供需失衡,竞争非常激烈,接近于完全竞争市场。

(3)行业呈现“散、小、弱”特点,市场话语权弱

为港口提供服务的集装箱道路运输行业整体呈现“散、小、弱”的特点,集约化程度低,面对货主、货代、港口、船公司等企业时,议价能力弱,在市场博弈中处于弱势地位。

在我国各沿海港口口岸出现过多次集装箱卡车司机集体停工事件,提出了涨运费、提高码头提交箱作业效率、减免部分堆场收费项目、解决停车难问题等诉求,通过集体停工这种极端行为,争取和上游企业、政府部门对话的渠道。

### 8.3.3　存在的问题

(1)面对城市拥堵和环境污染的挑战

随着经济社会发展,人民生活水平稳步提高,人民群众对环境问题的关注也越来越多,尤其是近年来的雾霾现象,更引起了群众对环境保护问题的高度关注。随着城市的发展,很多港口周边地区已经由远郊区发展为新城区,原港口集疏运通道成了城市道路。集装箱卡车造成的道路拥堵和环境污染越来越受到关注,尤其是集装箱枢纽港口都位于沿海的大中城市,对于污染排放和道路拥挤更加敏感。

(2)为集装箱卡车服务的配套设施短缺

部分港口口岸集装箱卡车停车场、司机餐厅、住宿等基础配套设施短缺,大量车辆只能停在路边,司机风餐露宿,造成秩序混乱,司机健康也得不到保障。港区周边车辆救援、修理服务机构缺失,车辆遇到问题难以解决。为满足环保要求,车队换代燃气动力车辆,但部分口岸 LNG 加气站配套设施数量不够,影响了车辆的运营效率。

(3)经营秩序有待进一步规范

集装箱道路运输市场竞争秩序不规范、治理不充分,影响了正常的经营秩序。由于集装箱运输准入门槛低,很多个体通过挂靠公司的形式从事集装箱运输业务,出现了保险不齐全、超载等情况,带来了很大的经营风险。

(4)行业协会缺失

部分港口口岸没有集装箱卡车运输的行业协会,整个行业又以中小企业和个人经营者为主,没有和货主、货代、港口、船公司等企业沟通对话的渠道,也没有和政府部门反映诉求的有效渠道,缺少行业自律和对外沟通的渠道。

### 8.3.4 建议

针对公路集疏运存在的问题,我们建议政府部门:①建立以信用为基础的新型监管机制,加强安全监管、市场准入监管、日常经营行为监管,营造公平的市场经营秩序;②引导企业通过技术革新、装备革新提升环保水平和行业服务水平;③引导集装箱运输企业组建行业协会,发挥行业协会的行业自律、内外协调、权益保护、信息服务、规范培训等作用,切实保护集装箱运输企业的利益;④完善港口周边集装箱卡车公路港、LNG加气站、车辆救援维修等配套设施建设,为集装箱卡车提供完备的配套设施。

我们建议企业:①通过参股、控股、兼并、合作等多种方式整合市场资源,发挥规模经济效益和集约效应,改变港口集装箱道路运输行业现有的"散、小、弱"局面;②加强运输装备、信息化等技术革新,提升行业的环保水平、服务效率和服务质量。

# 9 国际集装箱班轮运输及价格决定

**引言：**

《优化营商环境条例》第三章市场环境第二十一条："政府有关部门应当加大反垄断和反不正当竞争执法力度，有效预防和制止市场经济活动中的垄断行为、不正当竞争行为以及滥用行政权力排除、限制竞争的行为，营造公平竞争的市场环境。"

海运承担了约90%的国际贸易运输量，海运运费在货物进出口物流成本中占了很大比重。国际集装箱班轮运输市场是显著的寡头垄断市场，集装箱班轮公司的收费在国际集装箱物流成本的占比较高，海运运费及附加费一直以来都是承运人和托运人博弈的焦点，对集装箱班轮公司的监管是市场监管的重点。本章重点分析了国际集装箱班轮运输的属性和特点，集装箱班轮运输海运运价及附加费的特点、存在的问题，分析了欧盟、美国、日本及我国对集装箱班轮市场监管政策，对我国集装箱班轮市场及海运附加费监管提出了建议。

## 9.1 国际集装箱班轮运输的属性和特点

国际集装箱班轮运输业务，是指以自有或者经营的船舶，或者以共同派船、舱位互换、联合经营等方式，在固定的港口之间提供的定期国际海上集装箱运输服务。

截至2019年年底，在中国开展班轮运输业务的中外航运企业共152家，具有国际班轮运输业务经营资质的中国大陆集装箱运输企业共28家。[①]

国际集装箱班轮运输具有国际性、规模性、资本和技术密集型、寡头垄断等特点。

(1)国际性

据统计，海运承担了约90%的国际贸易运输量，海运在促进经济发展、融

① 中华人民共和国交通运输部. 2019中国航运发展报告[M]. 北京：人民交通出版社股份有限公司，2020.

入经济全球化进程中具有不可替代的作用,集装箱的出现以及国际集装箱班轮运输加快了经济全球化的进程。根据《联合国海洋法公约》、WTO 规则、国家间的海运协定,商船有权和平航行于公海和各国领海,可以自由进出各国对外开放港口,国际集装箱班轮运输具有显著的国际性特征。

(2)资本和技术密集型

国际集装箱班轮运输企业需要拥有一定规模的船队,保障网络化服务和班期密度,1 艘大型集装箱船舶(1 万~2.2 万标准箱)的造价为 5 亿~10 亿人民币,因此在维护船队方面需要大量资金投入。同时,为了维护正常班期,还需要投资或租赁专用码头;为了争取货源,需要建立揽货机构,这些同样需要大量的资金投入。船舶大型化、船舶设备技术革新、海事规则的变化等对从业人员的要求也不断提升,资本和技术密集型的特征更加显现。

(3)寡头垄断

国际集装箱班轮运输市场公司数量少,市场集中度高,不同公司的服务产品有一定的差异,但差异性不大。国际集装箱班轮运输企业在规模、资金、市场、管理等方面有较大优势,在市场需求扩大有限的条件下,主要通过提升服务维持和扩大市场份额,具有强烈的排他性,新服务商进入困难,同时,由于企业具备了较大的规模,也不容易退出市场。从事国际集装箱班轮运输的企业数量较少,为避免恶性竞争,容易达成妥协或结成联盟。

## 9.2 海运运价及附加费

### 9.2.1 班轮运价

国际集装箱班轮运价是班轮经营者提供海上货物运输服务所取得的报酬,包括海运运价和海运附加费。国际集装箱班轮运输海运运价和附加费属于市场调节价,由班轮公司根据运输成本、航运市场供需状况、航运市场结构、运输合同条款、承运货物、航线及港口状况等因素确定。

运输成本是影响班轮运价的主要因素,运输成本主要包括船舶资本成本、集装箱成本、燃油成本、港口使费、管理成本等。受市场供需影响,班轮运价呈现淡季、旺季的价格波动。班轮市场集中度较高,由规模较大的班轮公司主导,各航线市场结构的变化,如班轮公司的加入或退出,会对该航线运价产生较大影响。运输合同中约定的运输条件,如运费支付方式、承担责任等也会影响运价。不同类型的货物具有不同的性质和特点,会影响舱容利用,以及是否提供特殊的服务，由此产生的费用会反映在运价中。航线的距离、航线安全性、港口装卸效率、港口使费、港口拥挤程度及安全性等因素也会对运价产生影响。

国际集装箱班轮运输海运运费及附加费一直以来都是承运人和托运人博弈的焦点。

### 9.2.2　海运附加费规定

《1974 年班轮公会行动守则公约》第 16 条对海运附加费做出了规定，我国是该公约的缔约国。

**【专栏:《1974 年班轮公会行动守则公约》第 16 条附加费】**

第 16 条　附加费

1. 公会因费用的突然增加或异常增加或收益减少而收取的附加费，应视为临时性质。上述附加费应随着所面临局势或条件的改善而减少，并应在促使其收取此项费用的局势或条件不再存在时立即撤销，但应遵守第 16 条第 6 款的规定。在开始征收附加费时即应指出这点，并应尽可能对足以导致附加费提高、减少或撤销的局势或条件变化加以说明。

2. 对运往某一港口或由某一港口运出的货物征收的附加费，也应视为临时性的，应随着该港情况的改变同样予以增减或取消，但应遵守第 16 条第 6 款的规定。

3. 不论全面地或仅对某一港口收取附加费，均应事先发出通知，并根据要求由有关公会同直接受附加费影响且经本守则中规定有权参加协商的其他当事各方，按照本守则的程序进行协商，但由于当时局势必须立即征收附加费时，不在此限。在事先未经协商即行收取附加费的情况下，应根据要求于开始改收后尽早进行协商。在这种协商之前，公会应提出它们所以认为应该收取附加费的资料。

4. 除各方另有协议外，如第 16 条所述有关各方之间，于收到依照该条第 3 款规定发出的通知后十五天内，对于收取附加费问题不能达成协议时，则应按本守则所定有关解决争议的规定办理。除有关各方另有协议外，如在收到上述通知三十天后仍未解决争议时，则可以在争议未解决前先收取附加费。

5. 如在特殊情况下未经第 16 条第 3 款所规定的事先协商即行收取附加费，又未能通过事后协商达成协议，则应按照本守则所定有关解决争议的规定办理。

6. 如因按照本守则的规定，就收取附加费的问题进行协商及(或)进行其他解决争议的程序，比依照第16条第3款规定发出的通知内所定收取附加费的日期延后，因而公会的会员航运公司有财务上的损失时，可以在取消附加费前延长一个相应的时期，以资补偿。相反地，公会收取的附加费，事后如经本守则所定的协商或其他程序，决定和同意其为不合理或超收时，则除另有协议外，如经有关当事各方提出要求，应于提出要求后三十日内将所收的款额或上述决定的超收数额退还给他们。

### 9.2.3　海运附加费特征

根据《1974年班轮公会行动守则公约》的规定，海运附加费有以下特征：一是海运附加费是在特定条件下临时征收的，在条件改善后应减少和撤销。二是收取海运附加费应事前发出通知并和托运人协商，如事前不具备协商条件收取附加费后，应尽早和托运人协商；协商前，应提供收取附加费的说明材料。三是如就收取附加费问题承运人和托运人不能达成一致，或已征收附加费，又未能通过事后协商达成协议，则经争议任何当事一方的请求，提交国际强制调解；如当事各方已协议通过其他的程序来解决，按照他们协议的办法予以解决，但应遵守国家的法律、规章。

### 9.2.4　海运附加费种类

海运附加费种类繁多，主要包括币值附加费、燃油附加费、紧急燃油附加费、码头操作费、综合费率上涨附加费、集装箱不平衡附加费、旺季附加费、苏伊士运河附加费、巴拿马运河附加费、超重附加费、超长附加费、港口拥堵附加费等。

目前，海运附加费有多种类型和多种征收的理由，例如：①应对突然增加的费用征收的附加费，如燃油附加费、冷藏箱调整附加费；②应对特殊管理要求征收的附加费，如美国舱单系统附加费、加拿大海关申报费；③针对特殊类型货物征收的附加费，如超长附加费、超重附加费；④代收代付型的附加费，如码头操作费；⑤针对特殊航线征收的附加费，如苏伊士运河附加费、巴拿马运河附加费；⑥针对特殊风险征收的附加费，如战争附加费；⑦提供增值服务征收的附加费，如电放费、内陆转运费；⑧以增加营收为目的征收的附加费，如旺季附加费；⑨弥补运营成本征收的附加费，如集装箱不平衡附加费、港口拥堵附加费；⑩违约补偿性的附加费，如取消订舱附加费；⑪针对具体业务操作收取的费用，如文件费、设备交接单费等。

海运附加费还可以分为起始港收的附加费、目的港收的附加费、伴随运费收取的附加费等类别。海运附加费计算一般有两种方式:一是在海运运费的基础上用百分比的方式计算;二是用绝对数的方式计算。

常见的海运附加费如表 9-1 所示。

**表 9-1 海运附加费**

| 序号 | 名称 | 全称 | 中文名称 | 备注 |
| --- | --- | --- | --- | --- |
| 1 | CAF | Currency Adjustment Factor | 币值附加费/贬值附加费 | 国际金融市场汇率经常发生变动,为弥补因收取运费的货币贬值造成损失,加收的一种费用,一般随着货币贬值幅度按照基本费率的百分比收取 |
| 2 | BAF | Bunker Adjustment Factor | 燃油附加费 | 因油价上涨,船公司营运成本增加而加收的费用。有的航线按基本费率的百分比加收,有的航线按运费吨加收一定金额 |
| 3 | EBS | Emerent Bunker Surcharges | 紧急燃油附加费 | 船公司根据国际原油和成品油价格的波动为平衡船舶航行增加的额外燃油成本而收取的一项费用 |
| 4 | THC | Terminal Handling Charge | 码头操作费 | 船公司在始发港、目的港向发货人、收货人收取的集装箱码头操作费用,用以弥补承运人由于集装箱运输使其责任由船边延伸到堆场(CY)后而扩大的责任及集装箱船和堆场之间所产生的与集装箱搬运、平移、装卸、堆存相关的各项成本费用支出,这些费用大致包括集装箱装卸费、码头前沿机械使用费、码头过磅费、码头后方机械使用费、拖头使用费、底盘车费、绑扎费等。可进一步分为 OTHC(Origin Terminal Handling Charge,起运港码头操作费)和 DTHC(Destination Terminal Handling Charge,目的港码头操作费) |
| 5 | DOC | Documentation Charge | 文件费 | 包括所有标准运输单据的创建和处理 |
| 6 | CSF | Container Sealing Fee | 集装箱铅封费 | 提供铅封服务收取的费用 |

**续表 9-1**

| 序号 | 名称 | 全称 | 中文名称 | 备注 |
|---|---|---|---|---|
| 7 | EIR | Equipment Interchange Receipt | 设备交接单费 | 设备交接单制作、传输、打印等费用 |
| 8 | TELEX | Telex Release | 电放费 | 应客户要求电放提单收取的费用 |
| 9 | GRI | General Rate Increase | 综合费率上涨附加费 | 由于港口、船舶、燃油、货物或者其他原因，使得船公司的运输成本明显增加，船东为补偿这些增加的开支加收的费用 |
| 10 | CIC | Container Imbalance Charge | 集装箱不平衡附加费 | 由于贸易量的不平衡或季节性变化导致货流量和集装箱的不平衡，船公司为了弥补调运空集装箱的成本而加收的费用 |
| 11 | PSS | Peak Season Surcharge | 旺季附加费 | 货运繁忙时期船公司向托运人加收的费用，大多数航线通常在运输旺季时可能临时使用 |
| 12 | SCS | Suez Canal Surcharge | 苏伊士运河附加费 | 亚洲、大洋洲、东非等地区到欧洲的航线经过苏伊士运河，船舶通过苏伊士运河时需要向运河当局支付一定的通航费用，船东通过苏伊士运河附加费的形式向客户收取 |
| 13 | PTF | Panama Canal Transit Fee | 巴拿马运河附加费 | 远东地区和美西到美东的航线经过巴拿马运河，船舶通过巴拿马运河时船公司需要向运河当局支付一定的通航费用，船东通过巴拿马运河附加费的形式向客户收取 |
| 14 | HLA | Heavy-Lift Additional | 超重附加费 | 单件货物的重量超过了一定的标准，需要特殊设备或者特殊操作，装卸作业比较困难，或在船舶积载上需要特殊处理，为了弥补增加的操作成本而收取的附加费 |

**续表 9-1**

| 序号 | 名称 | 全称 | 中文名称 | 备注 |
| --- | --- | --- | --- | --- |
| 15 | LLA | Long Length Additional | 超长附加费 | 单件货物的长度超过了一定的标准,需要特殊设备或者特殊操作,装卸作业比较困难,或在船舶积载上需要特殊处理,为了弥补增加的操作成本而收取的附加费 |
| 16 | BCF | Booking Cancellation Fee | 取消订舱附加费 | 客户由于个人原因,在距离船舶离港日 7 天内(或其他约定时间)取消订舱,将被收取该笔费用 |
| 17 | AMS | Automatic Manifest system | 美国舱单系统/反恐信息费 | 用于美加航线,所有到美国的货物或经美国中转至其他国家或地区的货物都要进行 AMS 申报(装船前 24 小时) |
| 18 | ACI | Advance Commercial Information | 加拿大海关申报费/加拿大使用系统费 | 加拿大海关的规定,所有到加拿大的货物或经加拿大中转到其他国家的货物都必须在装船前 24 小时向加拿大海关申报 |
| 19 | ENS | Entry Summary Declaration | 自动舱单系统录入费 | 自 2011 年 1 月 1 日起,欧盟对前往或途经欧盟港口的所有货物强制执行"舱单提前申报"的规则,该规则适用于欧盟成员国,以及挪威、瑞士、土耳其等 |
| 20 | PCS | Port Congestion Surcharge | 港口拥堵附加费 | 港口拥挤或特别繁忙时,船舶的等待时间和船期就会延长,拖轮费等靠港费用也可能增加,船公司为了弥补损失而收取的费用 |
| 21 | WARS | War Surcharge | 战争附加费 | 主要针对地中海航线的 Lattakia(叙利亚)、Haifa(以色列)、Ashdod(以色列)、Beirut(黎巴嫩)等港口收取 |
| 22 | IPI | Inter Point Intermodal | 内陆转运费 | 多式联运中,货物到达港口后在内陆转运所产生的费用 |

**续表 9-1**

| 序号 | 名称 | 全称 | 中文名称 | 备注 |
| --- | --- | --- | --- | --- |
| 23 | ACC | Alameda Corridor Charge | 绿色通道费 | 东亚至美国的航线要经过阿拉米达货运走廊，要交纳的费用 |
| 24 | IAC | Intermodal Administration Charge | 联运管理费 | 转美国内陆点所特有的费用 |
| 25 | ERA | Equipment Repositioning Additional | 空箱调运费 | 转美国内陆点所特有的费用 |
| 26 | RAS | Reefer Adjustment Surcharge | 冷藏箱调整附加费 | 新冠肺炎疫情期间对运往中国主要港口的冷藏集装箱征收附加费，用以弥补因中国码头冷藏箱堆场饱和而转运其他港口增加的费用 |

### 9.2.5 海运附加费存在的问题

(1)海运附加费名目繁多

《1974 年班轮公会行动守则公约》并未明确解释哪些费用可以作为海运附加费，班轮公司利用信息不对称，凭借市场优势地位向货主收取名目繁多的海运附加费。通过对 2020 年 6 月在我国从事集装箱班轮运输业务的船公司开行的美西航线、欧洲航线、地中海航线、东南亚航线、日本航线海运附加费备案情况进行检索，几家大型集装箱班轮公司在各航线进行备案的附加费达 15～27 项，各航线常征收的附加费有 5～8 项。

(2)临时性收费变成了常规收费，背离了海运附加费的初衷

《1974 年班轮公会行动守则公约》规定海运附加费应当是临时性的，在条件改善时应该取消。但是，当前海运附加费已成为班轮运价的重要组成部分，很多班轮公司延展了附加费弥补成本暂时性增加的功能，忽视了附加费的临时性特征，将征收附加费作为营业收入和利润的重要构成。

(3)转移支付，增加了我国货主的成本

我国出口的主要外贸方式以 FOB 条款为主，国外贸易商承担运输责任，船公司为了获得运输合同往往压低基本的海运运价，让利国外贸易商，同时

向国内货主收取海运附加费弥补运价损失和获得利润，增加了国内货主的成本。船公司对于中小货主有强势的市场地位，国内货主缺少议价能力。尽管海运附加费实行市场调节价，但班轮公司收取海运附加费多次引起我国货主企业和贸易商的不满，海运附加费已经成为船货双方博弈的焦点。

(4)船东和货主的沟通机制有待完善

根据《1974 年班轮公会行动守则公约》的规定，班轮公会或运价协议组织向我国货主征收海运附加费应当与我国货主或货主协会协商，经协商达成的附加费率可作为指导费率供各方参考。然而，长期以来，班轮公会和运价协议组织并未与货主充分有效协商，双方的协商机制并未发挥应有的作用。

## 9.3 班轮公会和航运联盟

出于保护航运业发展的需要，航运市场反垄断规制曾长期游离于一般反垄断法之外，其中以班轮公会、航运联盟享有的反垄断豁免权最具代表性，但是这种情况正在发生变化。在反垄断执法中适用豁免制度，蕴含着现代法治中的宽容精神，这种宽容精神在一定程度上构成反垄断豁免制度的法理基础，反垄断豁免制度从公平角度出发，对航运市场上部分垄断组织和行为予以豁免，既实现了效率，又保障了公平，使反垄断法的多元价值达到有机统一。[①]

### 9.3.1 班轮公会

海运业竞争激烈，为了避免恶性竞争，维护船公司自身利益，产生了班轮公会组织。1875 年，在伦敦—加尔各答航线上，出现了船舶运力过剩的情况，7 家航运公司结成了世界上第一个班轮公会。20 世纪，班轮公会普遍存在于世界各国的对外贸易航线，在 20 世纪 80 年代以前达到鼎盛。根据联合国贸易和发展会议统计，公会鼎盛时期的 1974 年，世界上大约有 375 个班轮公会。大到庞大的远东公会，小到来往于小港口之间的 UK/Berbsra 公会，控制着世界上 1/3 的班轮航线。20 世纪 70 年代之前，班轮公会不断发展，1974 年，在主要的贸易航线上，公会的市场占有率高达 90%以上。在 20 世纪 80 年代以前的 100 多年里，几乎所有的班轮市场都被公会所垄断。[②]

---

① 裴瑞彤. 我国航运业反垄断豁免制度法理研究[J]. 管理观察，2017，7：35-36.

② 周海霞. 浅谈班轮运输中的价格卡特尔[J]. 商场现代化，2005，27：2.

《1974年班轮公会行动守则公约》对班轮公会的定义是:"两个或两个以上使用船舶的运输商的团体,这些运输商在特定的地理范围内,在某一条或数条航线上提供运送货物的国际班轮服务,并在一项不论何种性质的协定或安排的范围内,按照划一的或共同的运费率及任何其他有关提供班轮服务的协议条件而经营业务。"该公约通过改进班轮公会制度,达成一个普遍接受的班轮公会行动守则,公约订立的目标是便利世界海洋货运的有序扩展,促进适应贸易需要的、定期的和有效率的班轮服务的发展,保证班轮航运服务的提供者和使用者之间的利益均衡。该公约于1974年4月6日在联合国贸易和发展会议上通过,1983年6月生效。我国是该公约缔约国。

班轮公会将分散的航运企业集中,通过协定运价、统筹经营、统筹分配收入,避免了恶性竞争,促进了航运业发展。班轮公会采取延期回扣制度,稳定货源并给货主相应的让利回扣。同时,班轮公会形成了垄断,一方面减弱了货主的议价能力,另一方面班轮公会与非会员企业竞争占有优势地位,破坏了公平竞争环境。

考虑到班轮运输业和国际贸易的特殊性,班轮公会在一定程度上发挥了稳定贸易服务的作用,因此,在一定时期获得了反垄断豁免待遇。

### 9.3.2 航运联盟

随着集装箱运输的发展,独立承运人的作用越来越重要,大型联营体和独立承运人也可以替代公会的功能,发挥稳定市场的积极作用。20世纪80年代以来,班轮公会力量日趋削弱,大量非公会船涌入市场,一些成员公司退出公会,班轮公会的市场占有率下降。船公司之间为降低成本,提高服务质量,增强竞争力结成了各种联盟,通过结盟可以增加船公司运输网络的覆盖面而不需要额外增加船舶。1994年,总统轮船、渣华轮船、东方海外、商船三井、马来西亚国际成立了第一家航运联盟——"全球联盟"(Global Alliance),之后航运联盟成为航运市场的主旋律,船公司通过舱(箱)位互租协议、码头共享等形式进行联合经营。航运联盟运力的配置和航线服务优于班轮公会,运价手段比班轮公会灵活,在改善经营状况和降低经营成本方面更有效,组织结构和办事效率优于班轮公会。联盟成员之间通过联合派船和互租舱位的方式,在航线设置、资源优化、成本调整等方面取得了成功,这对原有的航运体系产生了强烈的冲击,并从根本上动摇了班轮公会存在的基础。① 同时,

① 王彦.班轮工会的衰落及航运联盟的发展[J].世界海运,2001,6:17-19.

集装箱班轮公司兼并重组的情况时有发生，集装箱班轮市场集中度不断提高。2020年4月，前10大班轮公司运力占比约达82%，前5大班轮公司运力占比约65%，而2014年1月前，前10大班轮公司运力占比仅为约60%，前5大班轮公司运力占比约46%。航运咨询机构 SeaIntelligence 发布的报告称"最近20年以来，集装箱运输市场中的班轮公司数量大幅减少，因申请破产、退出市场或被其他班轮公司收购的情况时而发生，以至于在这20年间，已有约60班轮公司消失于业界视野，并且，这种趋势很可能继续。到2038年，当前全球排名前40位的班轮公司也许只有16家仍在列。"[①]全球前20大集装箱班轮公司运力排名见表9-2。

**表9-2　全球前20大集装箱班轮公司运力排名**

| 排名 | 公司 | 总运力(TEU) | 市场份额 |
|---|---|---|---|
| 1 | 马士基航运(APM-Maersk) | 4165886 | 17.6% |
| 2 | 地中海航运(MSC) | 3813010 | 16.1% |
| 3 | 中国远洋海运(COSCO Group) | 2926367 | 12.4% |
| 4 | 法国达飞(CMA CGM Group) | 2641456 | 11.2% |
| 5 | 赫伯罗特(Hapag-Lloyd) | 1757933 | 7.4% |
| 6 | 海洋网联船务(ONE) | 1568179 | 6.6% |
| 7 | 长荣海运(Evergreen) | 1236261 | 5.2% |
| 8 | 阳明海运(Yang Ming) | 599538 | 2.5% |
| 9 | 现代商船(HMM) | 414600 | 1.8% |
| 10 | 太平船务(PIL) | 359825 | 1.5% |
| 11 | 以星航运(Zim) | 270876 | 1.1% |
| 12 | 万海航运(Wan Hai) | 262452 | 1.1% |
| 13 | 高丽海运(KMTC) | 162498 | 0.7% |
| 14 | 中谷海运(Zhonggu Logistics) | 160368 | 0.7% |
| 15 | 伊朗航运(IRISL Group) | 152419 | 0.6% |
| 16 | 安通国际航运(Antong) | 145772 | 0.6% |

① 赵博.20年消逝的大型航企背影[J].中国船检,2019,3:32-36.

**续表 9-2**

| 排名 | 公司 | 总运力(TEU) | 市场份额 |
|---|---|---|---|
| 17 | 海丰航运(SITC) | 120111 | 0.5% |
| 18 | X-Press Feeders Gruop | 113511 | 0.5% |
| 19 | 丹麦船公司联合支线(UniFeeder) | 93795 | 0.4% |
| 20 | 兴亚海运/长锦商船(Sinokor/Heung-A) | 90919 | 0.4% |
| 合计 | | 21055776 | 88.90% |

数据来源:Alphaliner,2020 年 4 月。

联盟组建目的不尽相同,大型航运企业之间的联盟是为了强强联合,排挤其他竞争者,占领更大的市场份额,形成规模经济;中小企业之间的联盟则是为了抱团取暖,在特定市场形成竞争优势。航运联盟的实施方式多种多样,其合作形式大多位于运作层面,不涉及企业间利益和市场的直接分配。联盟成员间具有独立性,但由于缺乏统一规划,不能避免联盟内部成员间的竞争,又缺少直接的利益约束与联系,造成了联盟的不稳定。联盟合作形式的不断扩展促使联盟企业间的联系更加密切,可能使问题得到一定缓解。国际班轮公司联盟的发展历程见表 9-3。

**表 9-3　国际班轮公司联盟的发展历程**

| 时间(年) | 联盟 | 主要成员 | 备注 |
|---|---|---|---|
| 1994—1997 | 全球联盟(Global Alliance) | 总统轮船、渣华轮船、东方海外、商船三井、马来西亚国际 | 1996 年,渣华轮船和铁行箱运合并成立铁行渣华;<br>1997 年,新加坡东方海皇集团(NOL)收购美国总统轮船,但集装箱业务改以总统轮船的品牌经营;<br>1997 年,韩进海运收购德国胜利海运 80%股权 |
| | 马士基/海陆联盟 | 马士基、海陆船公司 | |
| | 伟大联盟(Grand Alliance) | 赫伯罗特、东方海皇、日本邮船和铁行箱运 | |
| | 联合联盟 | 韩进海运、胜利海运、朝阳航运 | |
| | CKY 联盟 | 中远集运、川崎汽船、阳明海运 | |

**续表 9-3**

<table>
<tr><th>时间(年)</th><th>联盟</th><th>主要成员</th><th>备注</th></tr>
<tr><td rowspan="5">1998—2000</td><td>马士基/海陆联盟</td><td>马士基、海陆船公司</td><td rowspan="5">1999 年，丹麦的马士基兼并了美国的海陆船公司</td></tr>
<tr><td>新世界联盟(New World Alliance)</td><td>美国总统轮船、现代商船、商船三井</td></tr>
<tr><td>伟大联盟</td><td>日本邮船、赫伯罗特、东方海外、铁行渣华、马来西亚国际航运</td></tr>
<tr><td>联合联盟</td><td>韩进海运、胜利海运、朝阳航运</td></tr>
<tr><td>CKY 联盟</td><td>中远集运、川崎汽船、阳明海运</td></tr>
<tr><td rowspan="4">2001—2006</td><td>新世界联盟</td><td>美国总统轮船、现代商船、商船三井</td><td rowspan="4">2002 年，加拿大太平洋轮船收购意大利航运；<br>2005 年，赫伯罗特收购加拿大太平洋轮船；<br>2006 年，马士基收购铁行渣华；<br>2006—2007 年，达飞轮船收购兼并法国达贸轮船(Delmas)、美国航运公司(U. S. Lines Ltd.)、摩洛哥航运(CoMaNav)和正利航运(CNC Line)</td></tr>
<tr><td>伟大联盟</td><td>日本邮船、赫伯罗特、东方海外、铁行渣华、马来西亚国际航运</td></tr>
<tr><td>联合联盟</td><td>韩进海运、胜利海运、朝阳航运、阿拉伯联合航运</td></tr>
<tr><td>CKY 联盟</td><td>中远集运、川崎汽船、阳明海运</td></tr>
<tr><td rowspan="3">2007—2012</td><td>大联盟</td><td>日本邮船、赫伯罗特、东方海外、马来西亚国际航运</td><td rowspan="3"></td></tr>
<tr><td>新世界联盟</td><td>美国总统轮船、现代商船、商船三井</td></tr>
<tr><td>CKYH 联盟</td><td>中远集运、川崎汽船、阳明海运、韩进海运</td></tr>
</table>

**续表 9-3**

| 时间(年) | 联盟 | 主要成员 | 备注 |
|---|---|---|---|
| 2013—2014 | P3 网络联盟 | 马士基航运、地中海航运、达飞轮船 | 2014 年，P3 因垄断问题被中国商务部否决；<br>2014 年 1 月 22 日，赫伯罗特与南美轮船(CSAV)合并；<br>2014 年 7 月，汉堡南美收购智利航运(CCNI)集装箱运输业务 |
| | CKYHE 联盟 | 中远集运、川崎汽船、阳明海运、韩进海运、长荣海运 | |
| | G6 联盟 | 美国总统轮船、现代商船、商船三井、日本邮船、赫伯罗特、东方海外 | |
| 2015—2016 | 2M | 马士基航运、地中海航运 | 2015 年 12 月，达飞集团(CMA CGM)收购东方海皇(NOL)，东方海皇旗下主要资产——美国总统轮船(APL)为达飞轮船所有；<br>2016 年 2 月，中国远洋运输(集团)总公司与中国海运(集团)总公司合并成立中国远洋海运集团有限公司；<br>2016 年 10 月，商船三井、日本邮船和川崎汽船合并集装箱运输业务成立 Ocean Network Express(简称 ONE) |
| | O3 | 达飞轮船、中海集运、阿拉伯联合航运 | |
| | CKYHE 联盟 | 中远集运、川崎汽船、阳明海运、韩进海运、长荣海运 | |
| | G6 联盟 | 美国总统轮船、现代商船、商船三井、日本邮船、赫伯罗特、东方海外 | |
| 2017— | 2M | 马士基航运、地中海航运 | 2M 于 2024 年到期；2017 年 4 月，2M 与现代商船签订了三年的船舶共享协议(即“2M+H”战略合作协议)；<br>2017 年 2 月，韩进海运破产；<br>2017 年 12 月，马士基集团收购汉堡南美；<br>2018 年 7 月，中远海运收购东方海外；<br>海洋联盟(Ocean Alliance)于 2026 年到期；<br>THE Alliance 于 2030 年到期；2020 年 4 月现代商船加入 THE Alliance，“2M+H”战略合作协议终止 |
| | 海洋联盟(Ocean Alliance) | 中国远洋海运、达飞轮船、长荣海运、东方海外 | |
| | THE Alliance | 赫伯罗特、ONE、阳明海运、现代商船 | |

航运联盟与班轮公会的形式比较见表 9-4。

**表 9-4　航运联盟与班轮公会的形式比较**

| 组织形式 | 产生时间 | 主要合作内容 | 组织效力 |
| --- | --- | --- | --- |
| 班轮公会 | 1875 年 | 协定费率、统筹运营(航次、挂靠港口)、统筹分配收入 | 强制性约束力 |
| 航运联盟 | 1994 年 | 航线和挂靠港口互补、船期协调、舱位互租、集装箱互换、内陆运输合作 | 协议性约束力 |

我国集装箱运价整体呈现波动态势,受 2008 年全球金融危机影响,运价大幅下行,受 2013 年后世界经济波动下行的影响,运价大幅下行。2016—2019 年,运价总体呈现稳定的态势。从运价波动情况来看,班轮联盟并未形成高企的垄断运价,运价受经济环境、运力投放等因素影响,在合理范围内波动。2001—2019 年中国出口集装箱运输指数如图 9-1 所示。

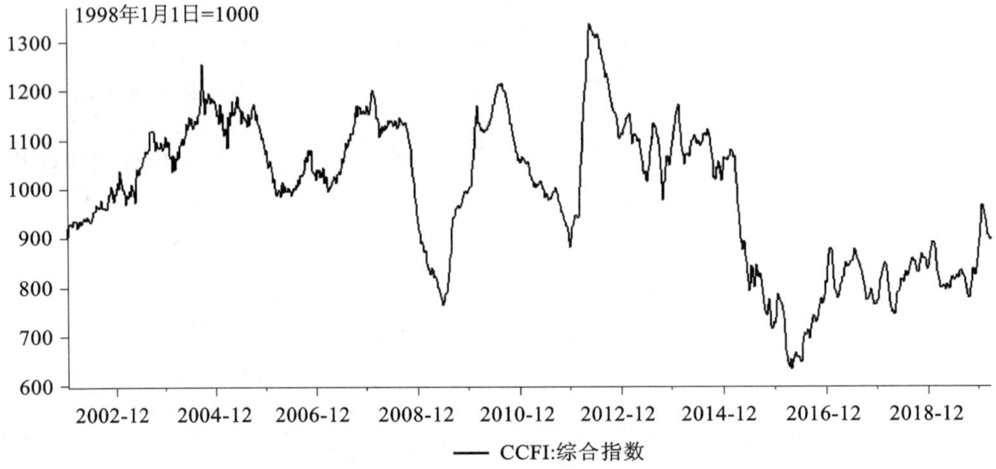


**图 9-1　2001—2019 年中国出口集装箱运输指数图**

沪深上市的 11 家航运企业,经营业绩波动很大,多年处于亏损状态,航运企业净资产收益率除个别年份外,普遍低于所有上市企业净资产收益率均值,如图 9-2、图 9-3 所示。从我国上市的航运企业业绩来看,由于我国航运企业深度融入国际竞争,不仅不存在垄断利润,反而竞争十分激烈。

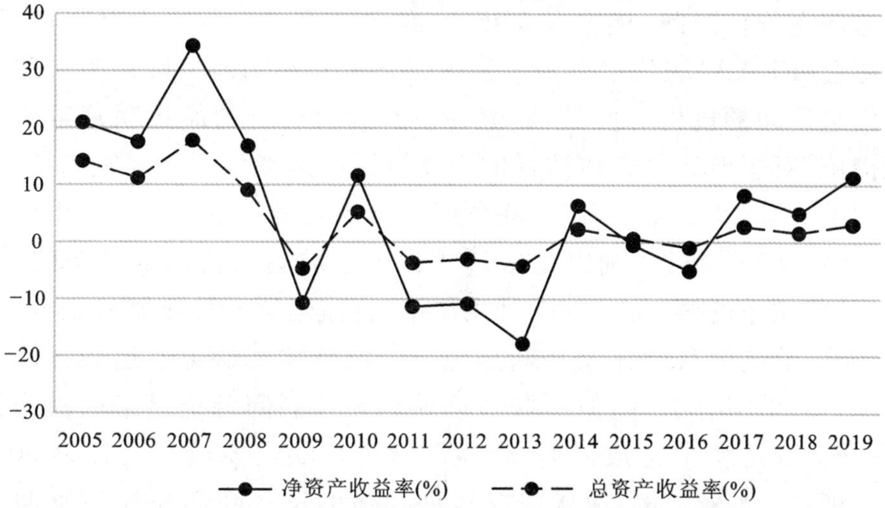


图 9-2 2005—2019 年沪深上市的航运企业净资产收益率和总资产收益率图

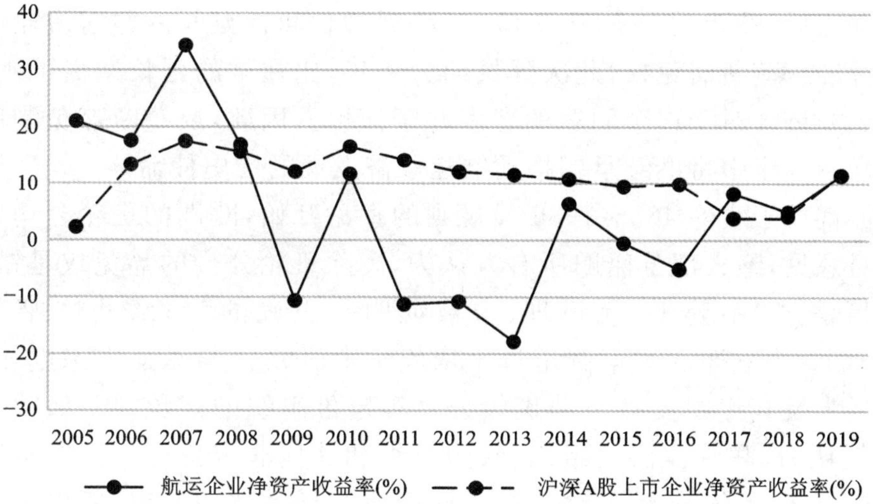


图 9-3 2005—2019 年沪深上市的航运企业与所有上市企业净资产收益率比较图

## 9.4 班轮市场监管

### 9.4.1 欧盟监管

2008 年 10 月 18 日，欧盟理事会根据其于 2006 年颁布的 1419 号规则（以下简称 1419/2006 号规则），正式废除 4056/1986 号规则。班轮公会以及其他承运人间的定价协议自此不得再整体豁免适用《欧共体条约》第 81 条关于禁止垄断行为的有关规定，旨在通过对班轮公会反垄断豁免权的限制，维护市场有序竞争。因此,从这一天开始,欧洲的班轮公会将不复存在,欧洲班轮事务协会(ELAA)取代远东班轮公会(FEFC),在功能上转化为管理班轮公司业内信息流动的机构。但是,欧盟并没有针对所有的航运联营组织采取此种强硬措施,对于航运联营体这样的新型国际航运竞争形式则宽以待之。

欧盟委员会1995年出台的《联营组织自欧共体竞争法中享有整体豁免权的条例》(870/95号条例)则以立法形式肯定了航运联营体的反垄断豁免权;而在2005年颁布的第611/2005号条例中,将航运联营体规则延长至2010年4月,继续赋予航运联营体反垄断豁免权。虽然欧盟认可航运联营体为了优势互补而进行的具体合作,但对联营体就运力控制问题仍然采取极为强硬的态度,禁止其在运费上达成任何"合谋"。随后,欧盟委员会通过第906/2009号条例、697/2014号条例,两次将航运联营体的反垄断豁免权各延期5年至2020年4月25日。在收集了来自公众、众多利益相关者和欧盟国家竞争当局的数据之后,欧盟委员会于2019年11月提议再次延长欧盟对班轮航运联营体实行的反垄断豁免权,此次延长期为4年,比往常的延长期少了1年,反映了欧盟委员会对于这个问题的态度趋于谨慎。因此,反垄断豁免制度在欧盟航运联营合作中将继续承担推动航运经济发展的历史使命。

从征询关于废除4056/1986号规则的意见开始,欧洲的班轮公司就提出强烈反对意见,绝大部分船舶所有人认为,废除班轮公会的豁免权是错误的,欧洲海事法规"不公平、无道理、未被证明是正确的"①;欧共体船东协会(ECSA)则认为欧盟的政策制定过于依赖学术研究。②与承运人态度相反,大部分托运人及其组织支持取消班轮公会等定价组织的豁免权。如欧洲托运人协会就认为,联营体协议组织、联盟组织和其他非定价协议组织都能提高承运人的服务效率,最后的结果是不能阻碍市场主体的发展,所以不应该再保留定价协议。但也有一些大托运人认为,在班轮公会被解散后,承运人定价的透明度相对下降,而海运费率波动增加。③

---

① 刘圣琦. 班轮公会制度终结之后[J]. 航运交易公报,2010(1):28-29.

② EC's Push Signal Pan-European Multi-Modal Transport[J]. Fairplay,2009:367.

③ Global Shippers'Forum. GSF Submit Views to APEC over Regulation of Liner Shipping Alliances and Consortia [EB/OL] (July2009) [2011-12-27] http://www.shippersvoice.com/2009/07/22/gsf-submit-views-to-apec-over-regulation-of-liner-shipping-alliances-and-consortia/.

### 9.4.2　美国监管

根据美国《1984 年航运法》及其修订案《1998 年航运改革法》(OSRA1998),远洋公共承运人之间关于讨论、确定或调整运输费率或者分配货载、运力等合作行为,符合一定条件,完成法定报备程序后,可以享有反托拉斯法的豁免权。因而,确定和讨论价格的班轮公会和运价讨论协议等是被允许的。

不过,在执法上,美国对航运联盟的反垄断豁免权进行了严格的限制。在决定是否授予反垄断豁免权的阶段,若美国联邦海事委员会(Federal Maritime Commission,简称 FMC)认定运价协议以及其他统一行动对运价波动、新的船公司入市以及航运技术的开发应用等不会产生负面影响,则可依职权或依申请赋予其反垄断豁免权,如果不满足上述豁免条件,实质上减少竞争,损害航运业利益,FMC 将驳回申请或赋予附条件的豁免权。

欧盟 1419/2006 号规则出台后,对于是否保留班轮公会的反垄断豁免权,美国国内意见不一。代表托运人利益的美国工业运输联盟(NITL)反对继续给予豁免权,但遭到美国联邦海事委员会的否决。托运人组织也反对继续给予班轮公会等定价协议反垄断豁免权,但没有欧洲那么激烈。

在 FMC 以及政府机构内部也有分歧,但主流观点认为 OSRA1998 实施效果良好,不需要大的改革。从 2010 年开始,FMC 启动欧盟 2008 年废除班轮公会豁免权对美国航运业和贸易影响的研究。

2012 年,FMC 发布研究报告①。报告选择北欧/美国、远东/欧洲和远东/美国 3 个市场进行经济计量分析,同时充分考虑全球经济衰退所带来的影响。报告认为:欧盟废除班轮公会整体豁免权,并没有带来运费以及其他附加费用的下降,也没有"具有说服力"的证据证明该项豁免权对运输服务质量有影响;同时,在远东/欧洲等航线上,价格的波动加强,而某些航线的班轮公司集中度也有轻微上升。综观报告可以看出,欧盟原来所预期的废除豁免权带来的好处在航运市场中并没有积极地体现。

2014 年,FMC 发布《1998 年美国航运改革法实施情况报告》,对航运联营组织的反垄断豁免权采取了较为宽容的态度,报告提到"公会协议享受的

---

① FMC, BUREAU OF TRADE ANALYSIS. Study of the2008Repeal of the Liner Conference Exemption from European Union Competition Law[EB/OL]. (2012-01) [2012－05－22]www. fmc. gov. cn

反垄断豁免权下降，承运人主要通过非强制性的运价协议来享受有关费率水平的反垄断豁免权”，可以积极引导班轮公会朝新型航运联营组织转变。

由于经修订的《1984 年航运法》和《1998 年航运改革法》有一些条款限制了航运联营组织反垄断豁免权的适用，例外情况必须向 FMC 申请批准。2014 年 3 月，由当时全球前三大集装箱班轮公司马士基航运、地中海航运和达飞轮船组成的 P3 联盟获得 FMC 的批准。2020 年 2 月，全球六家最大的集装箱运输商中的五家——马士基、地中海、法国达飞、赫伯罗特和 ONE，与 IBM 合作的区块链运输计划 TradeLens 经 FMC 批准获得反垄断豁免权。应该说，尽管近年来美国托运人和承运人之间对于航运业反垄断豁免权问题争议不断，FMC 对于航运联盟的态度依然较为宽容。

2020 年 5 月下旬，由海运承运商和码头运营商组成的联盟——全球航运业务网络（GSBN），也向 FMC 提交了申请，希望根据《1984 年航运法》获得反垄断豁免权，目前 FMC 对这一申请还在审查阶段，可以通过这一申请进一步关注 FMC 的态度。

### 9.4.3 日本监管

日本 1949 年颁布《海上运送法》给予班轮公会及其运价协议反垄断豁免权，经多次修订，对国际航运协议反垄断豁免权确定相对严格的条件，其对相关协议或者协同行为采取备案制度。日本班轮管制政策与美国十分相似，同时日本国内拥有强大的船舶所有人，故日本暂时不会对其班轮管制制度作根本性变革，当然，为顺应时代发展，进行豁免制度的修补仍是有可能的。[①] 在欧盟 1419/2006 号规则出台后，日本公平贸易委员会（JFTC）就于 2006 年 6 月计划取消日本航运业享有的反垄断豁免权。由于当时有分析师认为取消豁免权可能会造成日本航运市场的动荡，最终日本没有明文取消航运业反垄断豁免权，但 JFTC 加强了《禁止垄断法》的执行力。与美国是典型的货主国家不同，日本的船舶所有人实力十分强大。虽然托运人协会、亚洲托运论坛等一再呼吁取消豁免权，但日本船东协会一直强调，豁免制度不仅有利于航运业，而且对整个贸易行业和托运人也有积极作用。日本航运公司也指出，在班轮公会反垄断豁免权的情况下，它为成员交换各种

---

① 邹盈颖. 国际班轮运输业反垄断豁免政策和立法之态势与启示——欧盟 1419/2006 号规则生效后的考察[J]. 上海海事大学学报，2012，33(2)：76-82.

信息提供契机，以此建立平稳的市场环境，最终为托运人提供更为稳定的服务。[①]

2010年，日本政府展开审查程序，决议主张重申日本航运业反垄断豁免法案及其他所有有关的政策。在审查过程中，赞成和反对反垄断豁免的声音都非常多。2011年，日本作出决议，继续为承运人提供反垄断豁免权，并将这一法案延长到2015年。对日本而言，这些豁免条例允许航运公司与对方公开讨论运价、附加费和其他商业信息，并一同制订行业定价方案。

### 9.4.4 我国对集装箱班轮市场的监管

我国对班轮公司的监管主要根据《中华人民共和国反垄断法》《中华人民共和国反不正当竞争法》《中华人民共和国国际海运条例》及《中华人民共和国国际海运条例实施细则》。

(1)1996年原交通部发布的《国际集装箱班轮运输运价报备制度实施办法》(交水发〔1996〕880号)规定：

在江苏省、浙江省、上海市对外开放口岸经营国际集装箱班轮运输的航运公司应将其通过上述口岸出口的国际集装箱运价(目的港为美国港口的除外)向上海航运交易所(以下简称航交所)报备。

报备的运价分为公布运价、多重运价和协议运价。公布运价是指航运公司运价本上载明的运价。多重运价是指单航次一定箱量时的运价。协议运价是指航运公司与货主商定的运价。

报备运价应同时报备附加费及佣金。

运价应按CY/CY条款报备，因非航运公司原因不能按CY/CY条款报备的，应加以说明。

调整运价、附加费及佣金应重新报备。

(2)2002年实施的《中华人民共和国国际海运条例》(2019年第三次修订)规定：

经营国际班轮运输业务的国际船舶运输经营者的运价和无船承运业务经营者的运价，应当按照规定格式向国务院交通主管部门备案。国务院交通主管部门应当指定专门机构受理运价备案。

---

① 中国联合钢铁网钢材频道. 纵谈后班轮公会时代[EB/OL]. (2009-02-24)[2011-09-15]. http://www.custeel.com/Scripts/viewArticle.jsp?articleID=1730228.

备案的运价包括公布运价和协议运价。公布运价，是指国际船舶运输经营者和无船承运业务经营者运价本上载明的运价；协议运价，是指国际船舶运输经营者与货主、无船承运业务经营者约定的运价。

从事国际班轮运输的国际船舶运输经营者之间订立涉及中国港口的班轮公会协议、运营协议、运价协议等，应当自协议订立之日起15日内将协议副本向国务院交通主管部门备案。

国务院交通主管部门应利害关系人的请求或者自行决定，可以对下列情形实施调查：

①经营国际班轮运输业务的国际船舶运输经营者之间订立的涉及中国港口的班轮公会协议、运营协议、运价协议等，可能对公平竞争造成损害的；

②经营国际班轮运输业务的国际船舶运输经营者通过协议产生的各类联营体，其服务涉及中国港口某一航线的承运份额，持续1年超过该航线总运量的30%，并可能对公平竞争造成损害的；

③以低于正常、合理水平的运价提供服务，妨碍公平竞争；

④在会计账簿之外暗中给予托运人回扣，承揽货物；

⑤滥用优势地位，以歧视性价格或者其他限制性条件给交易对方造成损害；

⑥其他损害交易对方或者国际海上运输市场秩序的行为；

⑦可能损害国际海运市场公平竞争的其他行为。

(3)2003年实施的《中华人民共和国国际海运条例实施细则》(2019年11月修改)规定：

班轮公会协议，是指符合联合国《1974年班轮公会行动守则公约》定义的，由班轮公会成员之间以及班轮公会之间订立的各类协议。

运营协议，是指两个或者两个以上国际班轮运输经营者为稳定或者控制运价订立的关于在一条或者数条航线上增加或者减少船舶运力的协议，以及其他协调国际班轮运输经营者共同行动的协议，包括具有上述性质内容的会议纪要，两个或者两个以上国际班轮运输经营者为提高运营效率订立的关于共同使用船舶、共同使用港口设施及其他合作经营协议和各类联盟协议、联营体协议。

运价协议，是指两个或者两个以上国际班轮运输经营者之间订立的关于收费项目及其费率、运价或者附加费等内容的协议，包括具有上述内容的会议纪要。

公布运价，是指国际班轮运输经营者和无船承运业务经营者运价本上载明的运价。运价本由运价、运价规则、承运人和托运人应当遵守的规定等内容组成。

协议运价，指国际班轮运输经营者与货主、无船承运业务经营者约定的运价，包括运价及其相关要素。协议运价以合同或者协议形式书面订立。

国际集装箱班轮运输经营者在报备运价时，应当报备中国港口至外国基本港的出口集装箱的海运运价和附加费。

班轮公会、运价协议组织在中国开展业务应当遵守我国缔结或者参加的国际公约和我国的法律法规、规章及相关规定，不得损害国际海运市场公平竞争秩序。

班轮公会和运价协议组织应当与中国境内的托运人组织建立有效的协商机制。

**【专栏：《关于公布国际班轮运输码头作业费(THC)调查结论的公告》】**

2002 年 12 月，应中国对外贸易经济合作企业协会请求，中华人民共和国交通部、国家发展和改革委员会、国家工商行政管理总局，依法对国际班轮公司在中国港口收取码头作业费(THC)展开调查，2006 年 4 月发布《关于公布国际班轮运输码头作业费(THC)调查结论的公告》，认为：

码头作业费在性质上属于国际集装箱班轮运费的组成部分。

对班轮公会和运价稳定协议组织决定于 2002 年 1 月起在涉及中国港口的国际班轮航线上同时按照相同标准收取码头作业费的行为，调查机关认为，依照《中华人民共和国国际海运条例》的有关规定和我国加入的联合国《1974 年班轮公会行动守则公约》，班轮公会、国际班轮运输经营者享有集体订立运价协议的权利，但不得对公平竞争和国际海运市场秩序造成损害，并应当依法向中华人民共和国交通部备案。

班轮公会和运价协议组织通过集体协议，以联合通知或公告的方式宣布同时按相同的标准在我国收取码头作业费。由于这些通知或公告未声明收取码头作业费的决定对各成员公司不具有约束力，各成员公司有采取独立行动的权利，客观上限制了托运人自由选择承运人的权利，不利于班轮公司之间开展正常的价格竞争，在一定程度上损害了国际海运市场秩序。

调查机关敦促班轮公会和运价协议组织，今后凡订立的涉及中国港口的运价协议和各类附加费协议生效前，应当与中国境内的托运人或托运人组织建立有效的协商机制，对共同关心的事项进行充分有效的协商。

(4)《交通部关于加强对班轮公会和运价协议组织监管的公告》(2007 年第 10 号)对涉及中国航线的班轮公会和运价协议组织的相关事项进行公告：

班轮公会、运价协议组织应遵守《中华人民共和国国际海运条例》和中国有关法律、法规和规章以及联合国《1974 年班轮公会行动守则公约》的相关规定，不得损害国际海运市场公平竞争秩序。

班轮公会和运价协议组织应当与中国境内的托运人或托运人组织建立有效的协商机制，对调整收费项目、运价、附加费等有关事项进行充分有效的协商。一方在收到另一方的协商请求后，应当及时派出代表进行协商，不得无故拖延。有关各方应尊重和认真考虑彼此的意见和问题，力争达成共识。

参与订立涉及中国港口班轮公会协议、运营协议、运价协议的国际班轮公司是协议报备义务人。

报备材料应包括：

①经签字的协议复印件，包括讨论涉及收费项目及其费率、运价或者附加费调整等内容的会议纪要、决议、协议等材料。

相关协议或会议纪要和决议等材料应明确载明相关决定事项对各成员公司不具有约束力，各成员公司有采取独立行动的权利。各成员公司的代表应在协议或会议纪要文本中签名确认。

②由班轮公会和运价协议组织负责人签署的关于报备事项的说明书。

如协议涉及收费项目调整及运价或者附加费提高的内容，应详细说明下列事项：

a. 理由和依据；

b. 与中国境内托运人组织的协商情况及各有关方的主要意见；

c. 在中国大陆以外地区的相关情况。

(5)2009 年交通运输部发布《关于国际集装箱班轮运价备案实施办法的公告》(2009 年第 20 号公告)规定：

国际集装箱班轮运价属于市场调节价，由班轮经营者自主制定。

持有交通运输部颁发的“国际班轮运输经营资格登记证”并经营集装箱船舶运输业务的经营者为运价备案义务人。备案的运价包括公布运价和协议运价。运价备案义务人应报备中国港口至外国基本港的出口集装箱货物海运运价(Ocean Freight)幅度，即对外报价的上限和下限。备案的运价幅度应正常、合理。实际执行的运价超出备案公布运价幅度的，按照协议运价的方式报备，协议运价生效时间为受理备案之时起满 24 小时。

交通运输部指定上海航运交易所为运价备案受理机构。

1996 年原交通部发布的《国际集装箱班轮运输运价报备制度实施办法》(交水发〔1996〕880 号)同时废止。

(6)2013年交通运输部《关于国际集装箱班轮运价精细化报备实施办法的公告》(2013年第64号)做出了新的规定：

国际集装箱班轮运价是班轮经营者提供海上货物运输服务所取得的报酬，包括海运运价(Ocean Freight)和海运相关附加费(含码头作业费)。国际集装箱班轮运价属于市场调节价，由班轮经营者根据运输经营成本和航运市场供求状况，按照国际公约或行业惯例确定。

备案的运价包括公布运价和协议运价。公布运价，是指班轮经营者运价本上载明的运价，或其通过公开渠道对外声明的报价。协议运价，是指班轮经营者与货主、无船承运业务经营者约定的运价。

备案义务人在新设、调涨附加费前，应与收费对象沟通协商，并在报备时提交说明调涨依据、幅度合理性的材料。

2009年交通运输部发布的《关于国际集装箱班轮运价备案实施办法的公告》(2009年第20号公告)同时废止。

(7)针对部分班轮公司未经运价报备或未按报备的运价调涨THC费率的情况，2015年，交通运输部发布《关于清理整顿国际海运附加费报备相关事宜的通告》，重点规范涉及THC备案的相关行为，要求：

各班轮公司对各自征收的THC情况进行自查，提供与港口码头装卸包干费(以国家发展改革委、交通运输部关于外贸费收规定的相关项目为准)相匹配、成本项目明确、调涨依据充分、幅度合理的证明材料，包括拟调涨THC前后与港口经营人签订的码头装卸作业协议。

要求提交决定调涨THC后与收费对象沟通协商的证明材料。

THC等海运附加费仅用于弥补增加的额外成本，在收取的情形和条件不复存在时，应及时予以撤销或下调。

## 9.5 建议

### 9.5.1 对班轮市场监管的建议

根据《中华人民共和国国际海运条例》，我国对经营国际班轮运输业务的国际船舶运输经营者之间订立的涉及中国港口的班轮公会协议、运营协议、运价协议表示肯定，但未明文表示给予各类联营协议以反垄断豁免权。

同样，《中华人民共和国反垄断法》也未把反垄断豁免权规则明确纳入到反垄断立法当中，只是在部分条文中规定了不予适用的情形，未明确给予国际班轮运输业务各类联营行为反垄断豁免权。2014 年,我国商务部否决 P3 联盟,体现了中国营造航运公平竞争环境的政策取向。

完善我国班轮市场监管,要平衡和协调多元化的目标,应综合考虑以下几个方面:①塑造航运联盟成员、班轮公会成员、独立承运人能够在市场中公平竞争的环境,既要保障联盟、公会提高规模经济效益,不断提升航运企业的竞争力,又要确保联营行为不过分排斥竞争,维护市场公平秩序。②要充分考虑我国国情,我国既是货运大国,也是航运大国,但不是航运强国,给予班轮公会、航运联盟反垄断豁免权,有利于航运企业生存发展,但对货主企业议价谈判带来挑战,所以应平衡考量货主企业和船东企业的利益,保障托运人和承运人公平的权利关系。③集装箱班轮行业发生的深刻变化将对港口企业带来深远影响。班轮公司整合加深,三大联盟运行稳定,2020 年 4 月的数据显示三大联盟的市场运力已经超过了 80%,拥有了更多的资源配置能力以及更多码头选择,削弱了港口的议价能力。港口企业则通过港口资源整合,应对集装箱班轮市场集中度提升带来的港航谈判地位的变化。港口企业通过区域联盟(如香港海港联盟)、区域并购(和记港口达成意向收购鹿特丹 APM 码头,与其 ECT 三角洲码头形成协同)、区域整合(浙江、辽宁、山东、江苏、广西等省内港口资源整合),增强与船公司谈判的话语权。因此,完善海运市场监管也应统筹考虑港航间的关系平衡。④海运市场监管政策不是一成不变的,应定期对航运市场集中度、市场运价变化、托运人反馈等进行评估,对监管政策进行调整。尤其应对市场大幅波动,应建立预警机制并采取应对措施。⑤航运市场中垄断与反垄断豁免等问题应有法律层面的明确界定,细化联营体反垄断豁免规定,明确联营体实质性审查条件,使涉及我国的海运联营体组织得到有效的反垄断规制,保护市场公平竞争,维护消费者利益和社会公共利益,出台《航运法》是十分必要和迫切的。⑥对于集装箱班轮市场横向经营者集中应给予持续的关注,如班轮联盟;同时,尽管非横向经营者集中的反竞争效果通常小于横向集中,且非横向集中一般天然具有提高经济效率的因素,但对于非横向集中也应该给予关注,并对不同的类型逐一、分别进行分析处理,如达飞收购基华物流、马士基收购专注于欧洲贸易和报关管理服务的 KGH(KGH Customs Services)公司等。

**【专栏:商务部禁止马士基、地中海航运、达飞设立网络中心经营者集中】**

2013 年 9 月,商务部收到丹麦穆勒马士基集团、地中海航运公司、法国达飞海运集团公司设立网络中心的经营者集中反垄断豁免权申报。

商务部经审查认为:①本次交易形成了紧密型联营,与松散型的传统航运联盟有实质不同。国际集装箱班轮运输市场上传统的航运联盟,以船舶共享协议、舱位互换协议为基础开展合作,各联盟成员独立运营,属松散型合作。本案交易方通过设立网络中心,整合了交易方在全球东西航线(亚洲—欧洲航线、跨太平洋航线和跨大西洋航线)的全部运力,与传统的航运联盟在合作形式、运营程序、费用分摊等多个方面存在实质区别,属紧密型联营。审查发现,在合作形式方面,传统的航运联盟一般采取船舶共享、舱位互换等合作形式;本案中,交易方通过共同设立网络中心,对交易方在合作航线上的所有船舶进行日常管理,交易方仅保留对船舶的技术管理权。在运营程序方面,航运联盟通过每条航线的代表组成的委员会对运营进行协调;本案中,由网络中心根据事先商定的工作程序单独负责管理运营。在费用分摊方面,航运联盟各成员各自承担船舶的运营费用,独立核算并承担成本;本案中,通过规定航次成本(包括租船费、燃油费、港口费、运河费),将合作涉及的所有航线分为若干结算组统一结算成本并分摊船舶运营成本。在未使用舱位销售方面,航运联盟成员根据所有权人利益条款可直接出售给其他成员,或出售、转租给任何第三方;本案中,交易方对未使用舱位的销售由网络中心统一协调处理。在停航方面,航运联盟由成员共同商定;本案中,由网络中心直接决定。②本次交易显著增强交易方的市场控制力。在亚洲—欧洲航线,运力份额交易方合计运力份额高达46.7%,运力整合后的市场控制力明显增强。③本次交易将大幅提高相关市场的集中度。交易前,市场上存在包括本案交易方在内的多个竞争者,亚洲—欧洲航线国际集装箱班轮海运市场的赫芬达尔—赫希曼指数(HHI)值约为890。交易后,由于交易方形成紧密型联营,减少了市场主要竞争者的数量,HHI值增至约2240,HHI值变量约为1350。亚洲—欧洲航线集装箱班轮运输服务市场将从较为分散变为高度集中,市场结构将发生明显变化。④本次交易将进一步推高相关市场的进入壁垒。本次交易集合了交易方的实力,整合交易方的运营网络,消除了相关市场中主要竞争者之间的有效竞争,可能进一步推高国际集装箱班轮海运服务市场的进入壁垒,难以产生新的有竞争力的制约力量。⑤本次交易对其他有关经营者的影响。货主企业对集装箱运输的议价能力较弱,交易方可能利用其增强的市场控制力损害货主的利益。本案还将增强交易方对港口的议价能力,为争取交易方船舶挂靠,港口可能被迫接受更低的港口服务价格,给港口发展带来负面影响。

基于上述竞争影响,且交易方提交的最终救济方案缺少相应的法律依据和可信服的证据支持,商务部于2014年6月禁止了此项经营者集中。

**【专栏:商务部批准马士基收购汉堡南美】**

2017年11月,商务部批准马士基航运公司收购汉堡南美,并且附加条件要求履行四项义务。商务部的反垄断调查指出,马士基收购汉堡南美可能对远东—南美西海岸航线、远东—南美东海岸航线的普通和冷藏集装箱运输市场产生排除、限制竞争的影响,在此项经营者集中后,马士基对于这两条航线的控制力大幅增加,可能会实施单方面涨价等垄断行为,其他企业无法与之竞争。通过对马士基提交的限制性条件进行评估,商务部认为马士基集团提交的方案能够降低收购汉堡南美后对市场造成的不利影响,因此批准马士基附加限制性条件收购汉堡南美。

**【专栏:对8家滚装货物国际海运企业的反垄断调查】**

根据相关企业提供的线索,国家发展改革委对日本邮船株式会社、川崎汽船株式会社、株式会社商船三井、威克滚装船务有限公司、华轮威尔森物流有限公司、智利南美轮船有限公司、日本东车轮船有限公司、智利航运滚装船务有限公司等8家滚装货物国际海运企业进行调查。

经查,8家滚装货物国际海运企业在往返于中国与其他国家和地区的滚装货物(包括汽车、卡车以及工程机械等)海运服务市场上,存在互不侵犯既有业务以维持或抬高运费水平的共识,并针对滚装货物制造商发出的进出口中国的海运业务招标、询价等事项,通过电话、会议、聚餐、电子邮件、专程拜访等方式频繁进行双边或多边沟通,交换敏感信息、进行价格协商、商讨投标意向、分配客户及航线,多次达成报高价或不报价的协议并予以实施,协助具有竞争关系的海运企业获得了海运订单。上述行为违反了《中华人民共和国反垄断法》第十三条第一款第(一)、(三)项的规定,构成了与具有竞争关系的经营者达成并实施"固定或者变更商品价格""分割销售市场"垄断协议的行为,排除、限制了相关市场竞争,损害了中国相关滚装货物进出口商和消费者的利益。决定对8家企业分别处以2014年度与中国市场相关的滚装货物国际海运服务销售额之4%～9%不等的罚款,合计罚款4.07亿元。

**【专栏:对班轮市场的监管】**

2015年8月底,交通运输部分别组织人员赴上海、青岛、深圳口岸开展了国际海运运价备案执行情况检查,并依据《中华人民共和国国际海运条例》,对查出的未报备运价或未按报备运价执行的8家班轮公司的违规经营行为实施了行政处罚。本次行政处罚累计罚款110万元。

2015年10月,交通运输部分别组织人员赴上海、宁波、厦门、广州口岸开展了国际海运运价备案执行情况检查,并依据《中华人民共和国国际海运条例》，对查出的未报备运价或未按报备运价执行的17家班轮公司的违规经营行为实施了行政处罚，累计罚款170万元。

2016年底到2017年初，国家发展改革委会同交通运输部对我国市场上集装箱班轮运输公司收取码头作业费等附加费的行为开展了执法调查。2017年3月开始陆续有19家集装箱班轮运输公司相继致函国家发展改革委和交通运输部，主动承诺规范码头作业费(THC)收费行为，降低收费标准。

2017年2月9日，交通运输部发布《关于处罚14家班轮公司违规经营行为情况的通告》，对14家班轮公司违反运价备案制度的违法违规行为作出处罚，并对其中违法违规情节严重的8家班轮公司进行约谈。

2018年3月，交通运输部组织在天津口岸开展了国际集装箱班轮运输运价备案执行情况检查，发现3家班轮公司存在未报备运价或未按报备运价执行等违法违规经营行为，依据《中华人民共和国国际海运条例》第四十五条的规定，对这3家班轮公司实施了累计32万元的行政罚款。

2018年6月，交通运输部组织在深圳口岸开展了国际集装箱班轮运输运价备案执行情况检查，发现5家班轮公司存在未报备运价或未按报备运价执行等违法违规经营行为，依据《中华人民共和国国际海运条列》第四十五条的规定，对这5家班轮公司实施了累计85万元的行政处罚。

### 9.5.2 关于应对THC等海运附加费的建议

鉴于THC等海运附加费一直都是船货双方博弈的焦点，对优化THC等海运附加费提出以下建议。

(1)引导优化我国进出口贸易方式

海运附加费多达上百种，THC是其中之一，即使降低了THC费用，船公司仍然通过增加其他费目、提高其他附加费费用的方式转嫁成本。在FOB条款下，很多国外贸易商选择了无船承运人提供运输服务，根据美国商会发布的数据统计分析，2017年和2018年我国出口美国的集装箱货运量，无船承运人所占市场份额约为41%和45%。无船承运人在开发小型货主市场方面具有优势，掌握了大量的货源，在和船公司的谈判中能够获得优惠的价格和优质的服务，无船承运人能够锁定中长期的价格，能够帮助客户锁定运输成本。无船承运人是物流链中货主(货代)与船公司间的中间环节，运费差价是无船承运人的重要利润来源之一，即使船公司降低THC等海运附加费，能否通过无船承运人将降费效果传递给货主存在不确定性。

因此，解决THC及海运附加费的核心是解决贸易方式问题，建议引导我国货主外贸出口业务采用 CIF 条款，承担运输责任，基本运价和海运附加费共同成为货主和船公司或无船承运人运输合同谈判的标的，将有效解决海运附加费费目多、费用高的问题。

如果仅针对 THC 费用过高问题，一是建议外贸方式采用 FCA(货交承运人指定地点)条款，在合同中明确交货地点和买卖双方责任，可规避货主承担 THC 费用；二是在采用 FOB 条款的情况下，也可以要求买方在签订运输合同时不采用 CY/CY(场到场)运输条款，采用 DO/DO(门到门)或 DO/CY(门到场)的运输条款，后两个条款包括了起运地陆上运输段的费用。

主要贸易术语见表 9-5。

**表 9-5　主要贸易术语**

| 英文及缩写 | 中文全称 | 交货地点 | 风险划分 | 出口报关 | 进口报关 | 适用运输方式 | 标价注明 |
|---|---|---|---|---|---|---|---|
| Free on Board (FOB) | 船上交货 | 装运港船上 | 货物已上船 (on board) | 卖方 | 买方 | 海运，内河运输 | 装运港名称 |
| Cost Insurance and Freight (CIF) | 成本加保险加运费 | 装运港船上 | 货物已上船 (on board) | 卖方 | 买方 | 海运，内河运输 | 目的港名称 |
| Cost & Freight (CFR) | 成本加运费 | 装运港船上 | 货物已上船 (on board) | 卖方 | 买方 | 海运，内河运输 | 目的港名称 |
| Free Carrier (FCA) | 货交承运人 | 合同规定的出口国内地港口 | 承运人接管货物后 | 卖方 | 买方 | 各种运输方式 | 指定地点 |
| Carriage & Insurance Paid to (CIP) | 运费、保险费付至 | 合同规定的出口国内地港口 | 承运人接管货物后 | 卖方 | 买方 | 各种运输方式 | 目的地名称 |
| Carriage Paid to (CPT) | 运费付至 | 合同规定的出口国内地港口 | 承运人接管货物后 | 卖方 | 买方 | 各种运输方式 | 目的地名称 |
| EX Works (EXW) | 工厂交货 | 卖方处所 | 买方接管货物后 | 买方 | 买方 | 各种运输方式 | 指定地点 |
| Free Alongside Ship (FAS) | 船边交货 | 装运港船边 | 货交船边后 | 卖方 | 买方 | 海运，内河运输 | 装运港名称 |

**续表 9-5**

| 英文及缩写 | 中文全称 | 交货地点 | 风险划分 | 出口报关 | 进口报关 | 适用运输方式 | 标价注明 |
|---|---|---|---|---|---|---|---|
| Delivered at Frontier (DAF) | 边境交货 | 两国边境指定地 | 买方接管货物后 | 卖方 | 买方 | 多用于陆运方式 | 边境指定地点 |
| Delivered Ex Ship (DES) | 目的港船上交货 | 目的港船上 | 买方在船上收货后 | 卖方 | 买方 | 海运,内河运输及目的港船上交货的多式联运 | 目的港名称 |
| Delivered Ex Quay (DEQ) | 目的港码头交货 | 目的港码头 | 买方在目的港收货后 | 卖方 | 买方 | 海运,内河运输及目的港船上交货的多式联运 | 目的港名称 |
| Delivered Duty Unpaid (DDU) | 未完税交货 | 进口国指定地 | 买方在指定地收货后 | 卖方 | 买方 | 任何运输方式 | 目的地名称 |
| Delivered Duty Paid (DDP) | 完税后交货 | 进口国指定地 | 买方在指定地收货后 | 卖方 | 卖方 | 任何运输方式 | 目的地名称 |

(2)严格执行运价备案制度,加强附加费备案审查和监管

船公司应按照2013年交通运输部《关于国际集装箱班轮运价精细化报备实施办法的公告》的要求做好海运运价和海运附加费的备案,在新设、调涨附加费前,应与收费对象沟通协商,并在报备时提交说明调涨依据、幅度合理性的材料。

鉴于THC是承运人为弥补在港口接收、堆存、搬运货物向港口经营人支付的额外岸上费用而向托运人征收的费用,THC收费应与码头经营人向船公司实际收取的码头装卸包干费相匹配,对于超额收取的费用,船公司应进行调整。

(3)建立船东和货主沟通机制

根据《1974年班轮公会行动守则公约》的规定,班轮公会或运价协议组织向我国货主征收海运附加费应当与我国货主或货主协会协商,建议加快建立政府部门牵头,船公司和货主共同参与的协调机制,使附加费更加透明,让货主获得更多的知情权,保障市场公平,维护双方的合法权益。

(4)进一步优化海运附加费结构和收费行为

建议加强对班轮公司征收海运附加费的监管。对于班轮公司征收的无实质性服务内容、属于正常服务项目、长期固化的海运附加费项目,应取消或

一并纳入海运运费。对于增值服务型、违约补偿型以及针对特殊类型货物征收的海运附加费，应该按照市场规则决定。对于因特殊情况费用增加而征收的附加费，在外界环境恢复常态后，应及时取消。

(5)加强航运领域反垄断执法

建议行业主管部门配合国家市场监督管理部门，做好航运市场反垄断执法工作，重点监管航运企业滥用市场支配地位的垄断行为：一是收取不公平的高价海运附加费；二是在提供海运服务时不经协商强行收取附加费等。

# 10 无船承运人

引言：

无船承运人在海运服务贸易中扮演着重要的角色，无船承运人收费实行市场调节价，在我国外贸出口多采用 FOB 贸易条款的情况下，国外买家多指定外资无船承运人提供服务，中小货主面对大型无船承运人议价能力弱，是降费难以传导给货主的重要原因。本章对无船承运人和国际货运代理进行了比较，分析了无船承运人的属性和特点，分析了降费难以穿透无船承运环节的原因，并提出了相关意见建议。

## 10.1 无船承运人的概念

截至 2019 年年底，在交通运输部“交通运输建设综合管理信息系统”备案的无船承运业务经营者共计 7581 家。[①]

无船承运人的概念最早起源于美国，根据 1984 年美国《航运法》的定义，无船承运人是指不经营用以提供远洋运输服务的船舶的公共承运人，其与远洋公共承运人之间的关系属于托运人。

我国无船承运业务适用的法律法规是《中华人民共和国海商法》《中华人民共和国国际海运条例》《中华人民共和国国际海运条例实施细则》。根据《中华人民共和国国际海运条例》，无船承运业务是指无船承运业务经营者以承运人身份接受托运人的货载，签发自己的提单或者其他运输单证，向托运人收取运费，通过国际船舶运输经营者完成国际海上货物运输，承担承运人责任的国际海上运输经营活动。

根据《中华人民共和国国际海运条例实施细则》，无船承运业务包括为完成该项业务围绕其所承运的货物开展的下列活动：①以承运人身份与托运人订立国际货物运输合同；②以承运人身份接收货物、交付货物；③签发提单或者其他运输单证；④收取运费及其他服务报酬；⑤向国际船舶运输经营者或

① 中华人民共和国交通运输部. 2019 中国航运发展报告[M]. 北京：人民交通出版社股份有限公司，2020.

者其他运输方式经营者为所承运的货物订舱和办理托运;⑥支付运费或者其他运输费用;⑦集装箱拆箱、集拼箱业务;⑧其他相关的业务。

我国无船承运业务的主管部门是交通运输部门。2019年之前,经营无船承运业务应向国务院交通主管部门申请取得"无船承运业务经营资格登记证",无船承运业务经营者应当向国务院交通主管部门办理提单登记,并缴纳保证金或可采纳保证金保函方式、保证金责任保险方式作为财务责任证明,用于无船承运业务经营者清偿因其不履行承运人义务或者履行义务不当所产生的债务以及支付罚款。无船承运业务经营者的运价,应当按照规定格式向国务院交通主管部门备案。2019年,《国务院关于取消和下放一批行政许可事项的决定》(国发〔2019〕6号)发布,取消了无船承运业务的审批,改为备案。根据《交通运输部办公厅关于国际船舶运输及内地与港澳间海上运输业务相关审批备案事项的通知》(交办水函〔2019〕681号),"从事无船承运业务的企业应当在相关经营活动开始后15日内,向注册所在地省级交通运输主管部门备案企业基本信息(包括公司名称、注册地、法人代表、联系方式等)。终止无船承运业务的企业,应向注册所在地省级交通运输主管部门办理终止经营的备案。无船承运企业为境外注册企业的,可任选一个经营业务实际发生口岸所在地省级交通运输主管部门办理相关备案手续"。自此,经营无船承运业务由审批改为备案,同时经营无船承运业务不再要求缴纳保证金或保证金保函、保证金责任保险作为财务责任证明,无船承运业务提单无须备案,但无船承运企业运价备案要求不变。

无船承运人签发无船承运人提单,和海运提单一样均具有物权凭证的功能,只是其物权分属不同类别和主体。在《中华人民共和国国际海运条例》中,明确了无船承运人提单的法律问题,托运人在其取得无船承运人提单后,可凭该提单向银行议付货款。在我国放宽对无船承运人管理后,尤其是取消了无船承运人缴纳保证金、保证金保函、保证金责任保险的要求后,客户在选择无船承运人时,更应该注意判断企业的资历、资金实力、信誉度等因素。

## 10.2 无船承运人和国际货运代理的比较

(1)国际货运代理的概念

国际货运代理协会联合会(FIATA)对货运代理的定义是:根据客户的指示,为客户的利益而揽取货物运输的人,其本人并不是承运人。货运代理也可以根据这些条件,从事与运输合同有关的活动,如储货(也含寄存)、报关、验收、收款。

我国国际货运代理适用的法律法规是《中华人民共和国民法通则》《中华人民共和国国际货物运输代理业管理规定》《中华人民共和国国际货物运输代理业管理规定实施细则》。根据商务部出台的《中华人民共和国国际货物运输代理业管理规定实施细则》，国际货物运输代理企业可以作为进出口货物收货人、发货人的代理人，也可以作为独立经营人，从事国际货运代理业务。

国际货运代理企业作为代理人从事国际货运代理业务，是指国际货运代理企业接受进出口货物收货人、发货人或其代理人的委托，以委托人名义或者以自己的名义办理运输、口岸、单证、结算等有关业务，收取代理费或佣金的行为。

国际货运代理企业作为独立经营人从事国际货运代理业务，是指国际货运代理企业接受进出口货物收货人、发货人或其代理人的委托，签发运输单证、履行运输合同并收取运费以及服务费的行为。国际货运代理企业经营范围包括：①揽货、订舱（含租船、包机、包舱）、托运、仓储、包装；②货物的监装、监卸、集装箱装拆箱、分拨、中转及相关的短途运输服务；③报关、报检、报验、保险；④缮制签发有关单证、交付运费、结算及交付杂费；⑤国际展品、私人物品及过境货物运输代理；⑥国际多式联运、集运（含集装箱拼箱）；⑦国际快递（不含私人信函）；⑧咨询及其他国际货运代理业务。

FIATA 对货运代理的定义明确了货运代理不是承运人，《中华人民共和国国际货物运输代理业管理规定实施细则》扩大了 FIATA 对货运代理的含义，国际货运代理不仅可起到“中间人”的作用，还可以签发单证，开展多式联运业务，承担了承运人的职能。

我国国际货运代理业务的行业主管部门是商务部，根据《国际货运代理企业备案（暂行）办法》（商务部令 2005 年第 9 号），国际货物运输代理企业及其分支机构（以下简称国际货代企业）向商务部或商务部委托的机构办理备案。

（2）国际货运代理与无船承运人的历史渊源

国际货运代理人接受货主委托，代办租船、订舱、配货、装卸、缮制有关证件、报关、报验、保险、拆装集装箱乃至交单议付和结汇、收取货款等业务，但由于国际贸易和多式联运的发展，特别是集装箱在海上运输的广泛应用，从事传统杂货班轮方式运输的船舶越来越少，而许多集装箱班轮公司则因为不愿意接受中小货主多批次小批量的货物，使得市场上出现了空白。为了适应这种市场需求和获得更大的利益，传统的国际货运代理人开始不以代理人的身份，而是作为承运人接受中小货主的托运，赚取拼箱和整箱之间的运费差价。由于有稳定的货源和与远洋承运人长期合作的关系，该业务范围逐渐扩大，从原来的承运拼箱业务拓展到了承运整箱货物，甚至内陆运输和多式联运。国际上通常将此类国际货运代理人称为“无船承运人”。[①]

就货运代理业务而言，很多国家承认无船承运业务。只不过美国等个别国家对于货运代理人和无船承运人做了严格划分和界定，即在这些国家，货运代理人的含义是狭义的，仅仅指那些以代理人身份为客户办理有关海上运输业务的人。而在大多数国家，并没有货运代理人和无船承运人之分，无船承运业务包含在广义的货运代理业务中，并将从事广义货运代理业务的人，统称为货运代理人。[②]

(3)国际货运代理与无船承运人的区别

我国国际货运代理企业分为“代理人”和“独立经营人”两种类型。

“代理人”类型的国际货运代理企业和无船承运人有较大差异。“代理人”类型的国际货运代理企业与托运人签订的是货运代理合同，双方是代理与被代理关系，与船公司之间是托运人代理与实际承运人间的关系。“代理人”类型的国际货运代理企业无权签发提单，一般对货损货差及延迟不承担责任。“代理人”类型的国际货运代理企业向委托人收取代理费或佣金。无船承运人与托运人签订的是海上货运合同，双方是契约承运人与托运人的关系，与船公司之间是托运人与实际承运人关系。无船承运人签发自己的提单，并且在托运人和实际承运人之间承担背靠背责任。无船承运人以承运人身份向托运人收取运费，然后又以托运人身份向实际承运人支付运费，背靠背差价是重要利润来源。

“独立经营人”类型的国际货运代理企业和无船承运人的业务性质、法律地位相近，“独立经营人”类型的国际货运代理企业业务范围更广，不仅从事海运相关业务，还从事空运、铁路运输等相关业务。当前，很多国际货运代理企业都已向交通运输主管部门备案从事无船承运业务。

---

① 任博华，李婷婷，谢戈辉．我国国际货代企业向无船承运人转型的思考[J]．对外经贸，2012，12：18-21.

② 中国船舶代理及无船承运人协会．国际船舶代理与无船承运业务实务[M]．北京：中国海关出版社，2009.

## 10.3　无船承运人的属性和特点

(1)联结船东和货主的双重身份中介人

无船承运人具备运输中介人的特征,通过双重身份发挥中介作用。无船承运人对船公司而言是托运人,对货主而言是承运人。船公司依赖无船承运人获得中小货主的市场,减少商务推广、客户服务的成本,同时,无船承运人通过提供服务,也获得了差价等收益。无船承运人的市场价值主要体现在三方面:一是小型货主在与船公司谈判中很难获得优惠的价格和优质的服务。无船承运人有大量的货源,在和船公司的谈判中能够获得优惠的价格和优质的服务。二是小型货主很难在与船公司的谈判中锁定中长期的价格。无船承运人能够锁定中长期的价格,能够帮助客户锁定运输成本。三是船公司在开发小型货主方面不具备优势,投入与收益比不高。无船承运人在开发小型货主方面具有优势,尤其是在开发拼箱货方面优势更加明显。此外,多数无船承运人同时从事货运代理业务,熟悉进出口贸易规则,熟悉口岸检验检疫、清关等规则,熟悉港口、海运、陆运等业务,具备很强的缮制单证的能力,能够为客户提供一揽子解决方案。根据美国商会发布的数据统计分析,2017 年和 2018 年我国出口美国的集装箱货运量,无船承运人所占市场份额约为 41％和 45％。

(2)市场竞争激烈

对无船承运人取消经营资质审批改为备案,并取消财务责任证明后,降低了市场准入门槛,加剧了市场的竞争。随着航运企业、港口企业、口岸部门业务逐步标准化、流程化,无船承运人的市场价值受到挑战。无船承运人收费实行市场调节价,随着海运物流经营人网络平台的出现,"互联网＋"交易模式改变了传统面对面订立书面合同、达成合作意向的形式,也使得海运运费、附加费等费用更加透明,加剧了市场竞争。

(3)属于轻资产行业

相对于港口、航运等需要占用大量资金的资本密集型行业,无船承运人在设施、装备等领域投资较少,更多依靠企业的网络资源、客户资源、企业的经验、品牌、人力资源、企业文化等,占用资金比较少,能够获得较大的利润回报。以行业龙头企业德迅公司为例,其保持着非常高的总资产收益率和净资产收益率。德迅公司财务情况见表 10-1。

表 10-1 德迅公司财务情况

| 年份(年) | 2019 | 2018 | 2017 | 2016 | 2015 |
|---|---|---|---|---|---|
| 营业总收入(亿元) | 1519 | 1444 | 1242 | 1124 | 1071 |
| 净利润(亿元) | 57 | 54 | 49 | 49 | 43 |
| 资产总计(亿元) | 708 | 547 | 498 | 430 | 390 |
| 净资产收益率(%) | 34.44 | 33.20 | 32.89 | 41.32 | 35.83 |
| 总资产收益率(%) | 9.02 | 10.04 | 10.69 | 11.58 | 10.64 |

资料来源:wind

(4)我国无船承运人普遍规模小,海外网点不足,竞争力弱

我国无船承运业务起步较晚,大部分无船承运人是中小企业,经营规模小,业务网点少,很多企业仅从事拼箱、仓储、订舱等简单业务。与国外大型无船承运人比较,我国无船承运人在资金、经验、业务网络、规模等方面存在较大差距,在竞争中处于劣势地位。尤其是我国出口货物多采用 FOB 贸易条款,国外买家负责海运段运输,外资无船承运人的规模优势、业务网络优势更加显现。

根据 *Transport Topics* 公布的 2019 全球海运货代 50 强榜单,德迅排名第一,业务量达到 469 万标准箱,中国外运和敦豪分列第二、三位。排名前 20 的企业,均已在我国交通运输主管部门备案开展无船承运业务,其中,中国内地仅中国外运 1 家企业入围,中国香港有嘉里、利丰、东方海外物流 3 家企业入围。以我国港口为启运港和目的港的外贸海运集装箱运量位于全球第一,我国货运代理企业业务量并不与之匹配。*Transport Topics* 公布的 2019 全球海运货代 50 强排名前 20 的企业见表 10-2。

表 10-2 *Transport Topics* 公布的 2019 全球海运货代 50 强排名前 20 的企业

| 排名 | 公司 | | 总部 | 箱量(标准箱) |
|---|---|---|---|---|
| 1 | 德迅 | Kuehne + Nagel Inc. | 瑞士 | 4690000 |
| 2 | 中国外运 | Sinotrans Ltd. | 中国 | 3360300 |
| 3 | 敦豪 | DHL Supply Chain | 德国 | 3225000 |
| 4 | DB Schenker USA | DB Schenker USA | 德国 | 2219000 |
| 5 | 泛亚班拿 | Panalpina Inc. | 瑞士 | 1484100 |
| 6 | 得斯威 | DSV Air & Sea Ltd. | 丹麦 | 1442348 |

续表 10-2

| 排名 | 公司 | | 总部 | 箱量(标准箱) |
|---|---|---|---|---|
| 7 | 嘉里 | Kerry Logistics Network | 中国香港 | 1196607 |
| 8 | 劲达货运 | Expeditors International of Washington | 美国 | 1167820 |
| 9 | 罗宾逊 | C. H. Robinson Worldwide | 美国 | 1000000 |
| 10 | 汉宏物流 | Hellmann Worldwide Logistics | 德国 | 901698 |
| 11 | 硕达 | Bollore Logistics | 法国 | 864000 |
| 12 | 富迈迅 | Fr. Meyer's Sohn | 德国 | 850000 |
| 13 | 基华物流 | Ceva Logistics | 瑞士 | 786600 |
| 14 | 利丰 | LF Logistics | 中国香港 | 778796 |
| 15 | 乔达 | Geodis | 法国 | 777675 |
| 16 | 日邮物流 | Yusen Logistics | 日本 | 774822 |
| 17 | 亚致力 | Agility Logistics | 瑞士 | 710000 |
| 18 | 日通国际 | Nippon Express Co. | 日本 | 686206 |
| 19 | 近铁国际 | Kintetsu World Express | 日本 | 663915 |
| 20 | 东方海外物流 | OOCL Logistics | 中国香港 | 646000 |

## 10.4 建议

鉴于“独立经营人”类型的国际货运代理企业和无船承运人业务性质、法律地位相近，但适用的法律法规不同，行业主管部门也不同，同套业务双重监管，给市场监管增加了难度，同时国际货运代理企业和无船承运人也需要同时向商务管理部门和交通运输管理部门登记或备案，建议对无船承运人和国际货运代理两种制度并存的合理性、必要性进行论证，对相关法律法规进行调整，并进一步明确政府部门的事权，优化行业监管。

无船承运人在海运市场中占了很大的份额，是货主和船公司间的重要中介人，直接面对广大的中小货主，在港口口岸优化营商环境降费提效中扮演着重要角色，而在该领域外资企业占有优势地位，中小货主面对大型无船承运人议价能力弱，是降费难以传导给货主的重要原因。无船承运人收费由市场调节决定，供需双方的选择也由市场来决定，优化该环节的主要途径是为我国货主创造更多的可选择空间。因此建议加快培育我国具备完善的海外合作网点的大型无船承运人，具备网络化、物流化的服务能力，提升行业竞争力，为我国货主选择无船承运服务商时，提供更多的可选选项。

我国货主出口贸易条款的选择和我国物流企业的竞争力密切相关。我国货主出口选择 FOB 贸易条款也与我国物流企业竞争力弱有关，物流企业竞争力弱导致了物流费用高，进而影响了我国货主外贸谈判的竞争力，导致我国货主放弃运输权。如果我国有多家具有完备的海外网点的物流企业，能够为我国货主提供有竞争力的物流服务，我国货主将更有意愿承担运输责任。

# 11 海运辅助业

**引言：**

国际船舶代理和堆场是重要的海运辅助业，是港口口岸跨境贸易不可或缺的环节，本章分析了国际船舶代理、堆场的属性和特点，梳理了存在的主要问题，提出了建议。

## 11.1 国际船舶代理

截至2019年年底，我国已备案国际船舶代理企业共计3280家。根据中国船舶代理及无船承运人协会统计，2019年，我国国际船舶代理企业代理的国际航线进出口船舶36.1万艘次、货运量28.43亿吨、集装箱量10435万TEU。[①]

国际船舶代理是重要的海运辅助业务，是国际航运的重要环节之一。国际船舶代理业务是指国际船舶代理经营者接受船舶所有人或者船舶承租人、船舶经营人的委托，可以经营：①办理船舶进出港口手续，联系安排引航、靠泊和装卸；②代签提单、运输合同，代办接受订舱业务；③办理船舶、集装箱以及货物的报关手续；④承揽货物、组织货载，办理货物、集装箱的托运和中转；⑤代收运费，代办结算；⑥组织客源，办理有关海上旅客运输业务；⑦其他相关业务。国际船舶代理经营者应当按照国家有关规定代扣代缴其所代理的外国国际船舶运输经营者的税款。

1953年，中国外轮代理公司成立，是中华人民共和国成立后唯一一家国际船舶代理企业，实行垄断经营，挂靠中国港口的中国籍和外国籍国际航运船舶均由该公司代理。1984年，国务院发布《关于改革我国国际海洋运输管理工作的通知》，要求国际海运、国际船舶代理都要引进竞争机制，打破垄断。1985年，国务院口岸领导小组发布《关于中远、外运两公司业务交叉问题的通知》，允许原交通部所属企业从事的国际船舶代理业务与原外经贸部所属企

---

① 中华人民共和国交通运输部. 2019中国航运发展报告[M]. 北京：人民交通出版社股份有限公司，2020.

业从事的国际货运代理业务适度交叉进行。最初只是在外轮代理公司和外贸运输公司之间交叉，外轮代理公司成立国际货运公司，从事国际货运业务；外贸运输公司成立国际船舶代理公司，接管外贸租船代理业务。后来其他有关企业经主管部门批准也可以从事这个行业，垄断被打破。①

2001 年，国务院发布《中华人民共和国国际海运条例》，要求经营国际船舶代理业务应具备：①高级业务管理人员中至少 2 人具有 3 年以上从事国际海上运输经营活动的经历；②有固定的经营场所和必要的营业设施。规定经营国际船舶代理业务应当向国务院交通主管部门提出申请，取得经营资质。2013 年，《国务院关于取消和下放一批行政审批项目等事项的决定》（国发〔2013〕19 号）发布，取消了中资国际船舶代理业务审批，从事中资国际船舶代理业务改为向中国船舶代理及无船承运人协会备案，中外合资国际船舶代理业务仍需国务院交通主管部门审批。2019 年，《外商投资准入特别管理措施（负面清单）》（2019 年版）发布，外商可独资经营国际船舶代理，国际船舶代理业务全部放开。2019 年 6 月，交通运输部对《中华人民共和国国际海运条例实施细则》进行修订，外资企业从事国际船舶代理业务不再进行审批，按照“内外资一致”的原则进行备案，国际船舶代理业务全部改为向中国船舶代理及无船承运人协会备案。

### 11.1.1 属性和特点

（1）属于轻资产行业

只要有熟悉海上经营活动的业务人员以及经营场所和设施，就可以经营国际船舶代理业务。国际船舶代理主要依靠行业经验、市场资源、人力资源，属于轻资产行业。

（2）由完全垄断走向竞争

国际船舶代理行业由一家企业垄断经营，逐步向垄断竞争市场转变。目前，国际船舶代理取消了准入审批，且市场已经对外资全面开放，仅需备案就可从事经营业务。各港口口岸的集装箱船舶代理业务市场集中度比较高，一般由几家大型船舶代理企业获得较大比例的市场份额，有些口岸船舶代理企业需要为集装箱船公司垫付装卸费、拖轮费、引航费、理货费、滞箱费、船舶吨税等相关费用，资金占用量较大，形成了市场进入的门槛。非集装箱船舶代

① 中国船舶代理及无船承运人协会. 国际船舶代理与无船承运业务实务[M]. 北京：中国海关出版社，2009.

理业务市场集中度低，市场竞争激烈。

### 11.1.2 存在的问题①

(1)国际船舶代理市场无序竞争

从事国际船舶代理业务的企业数量众多，以中小企业为主，这些企业经营规模不大，人员流动性强，不规范行为时有发生，日常监管难度大。很多企业通过降低船舶代理服务费的手段参与市场竞争，代理费率不断下降，整个行业盈利能力呈现下降的趋势，经营难度不断增加。

(2)从业人员专业能力有待提升

有些国际船舶代理企业的业务人员缺乏专业知识，缺少国际代理业务培训，对我国相关法律法规和国际公约缺乏了解，对国际船舶代理业务可能发生的突发事件没有合理预案，给港口、船舶、货物、人员带来了负面影响。

### 11.1.3 建议

国际船舶代理审批及市场准入条件取消后，如何加强行业监管，以促进我国国际船舶代理行业健康发展是交通运输主管部门面临的一项重要任务。行业协会是政府和企业间的纽带和桥梁，地方交通运输主管部门更了解企业的经营情况，应更好地发挥行业协会和地方交通运输主管部门在市场监管中的作用。建议各级交通运输主管部门加强国际船舶代理市场监管，建立以信用为基础的新型监管机制，接受船舶所有人或者船舶承租人、船舶经营人对于国际船舶代理企业违法违规经营行为的举报，会同相关执法部门对违法违规行为进行查处，会同行业协会在行业媒体发布违法违规经营国际船舶代理企业名单。

建议中国船舶代理及无船承运人协会会同各级交通运输主管部门研究建立国际船舶代理企业信用评价制度，评定结果在行业媒体予以发布，鼓励船舶代理企业提高服务水平和诚信经营。

## 11.2 堆场

《中华人民共和国国际海运条例》《中华人民共和国国际海运条例实施细

---

① 张哲辉.国务院取消国际船舶代理业务审批对市场的影响及加强市场监管的建议[J].水运管理，2013，9:12-14.

则》《中华人民共和国道路运输条例》《港口经营管理规定》等相关法规对堆场经营人都有相关规定。

《中华人民共和国国际海运条例》规定国际海运集装箱站和堆场业务属于国际海上运输相关的辅助性经营活动。《中华人民共和国国际海运条例实施细则》对经营国际海运集装箱站及堆场业务的条件以及报备、审批等做出了具体要求。2017 年,《中华人民共和国国际海运条例实施细则》修订,与《港口法》及《港口经营管理规定》衔接,删除了国际海运货物仓储、国际海运集装箱站和堆场业务有关内容。

《港口经营管理规定》规定,在港口区域内为委托人提供集装箱堆放、拆拼箱以及对货物及其包装进行简单加工处理等属于港口经营活动。2018 年,《港口经营管理规定》修订,对港口经营许可内容予以精简,取消了"集装箱堆放、拆拼箱以及对货物进行简单加工处理"等经营许可相关子项要求。

《中华人民共和国道路运输条例》规定,站(场)经营属于道路运输相关业务,申请从事道路运输站(场)经营的,应当具备下列条件:①有经验收合格的运输站(场);②有相应的专业人员和管理人员;③有相应的设备、设施;④有健全的业务操作规程和安全管理制度。申请从事道路运输站(场)经营,应当在依法向工商行政管理机关办理有关登记手续后,向所在地县级道路运输管理机构提出申请。

本节内容重点研究为港口提供服务的港外集装箱堆场,经营业务主要包括集装箱管理、堆存、中转、清洗、修理、拆装箱等,也包括信息服务、查验熏蒸、保税物流等业务。

### 11.2.1　属性和特点

(1)属于重资产行业

经营堆场业务需要拥有土地资源,配套设施、设备,投资大,资金周转慢。堆场行业属于重资产行业。

(2)市场竞争激烈,议价能力弱

堆场行业准入门槛较低,市场整体呈现供大于求的态势。堆场企业在与船公司、货代、港口开展业务合作时,处于弱势地位,议价能力弱,近年来随着土地成本、人力成本的上升,堆场行业利润空间不断被挤压。

(3)市场良莠不齐

有些堆场,尤其是早期建设的堆场,设施设备简陋,场地布局简单,业务单一,仅开展集装箱管理、堆存等基础业务。有些堆场具备先进的设施设备,不断拓展业务领域，能够提供集装箱清洗、修理、拆装箱、信息服务、查验熏蒸、保税物流等服务。

### 11.2.2 存在的问题

堆场行业竞争激烈，利润空间不断被挤压。部分集装箱船公司利用自身优势地位，在对集装箱堆场企业进行招标的过程中，不断压缩“吊费”“运输费”“堆存费”等费用，甚至出现过船公司在订立合同时以“向堆场提供某些服务收取费用”等方式虚设收费名目（事实上并未提供实质性的服务），收取隐蔽的回佣。堆场为维持企业的生存，产生了乱收费的现象。有些地区出现了达成并实施价格垄断协议的行为。同时，由于低利润和亏损，堆场行业的高质量发展面临挑战。

**【专栏：对堆场企业进行反垄断调查】**

2018 年 6 月起，天津市发改委对天津市港区堆场公司涉嫌达成协议并实施价格垄断的行为进行了调查。经查实，自 2010 年以来，多家堆场公司通过签署倡议书、聚会聚餐、邮件沟通、电话联络等形式对综合附加费和卸车费价格进行固定，其中，多次达成固定综合附加费和卸车费的协议。此后，堆场公司形成了相对稳定的价格同盟，并持续共同对上述费用的具体价格进行调整。天津市港区堆场公司作为具有竞争关系的经营者，以协议形式对依法实行市场调节的综合附加费和卸车费进行固定或变更，排除、限制了天津港口岸堆场服务市场的竞争，违反《中华人民共和国反垄断法》第十三条第一款第（一）项的规定，属于具有竞争关系的经营者达成并实施“固定或者变更商品价格垄断协议”的违法行为，合计处罚超过 4500 万元。

### 11.2.3 建议

我们建议政府部门对堆场行业相关上下游产业链进行监管，重点监管：①处于堆场上游的船公司等企业滥用市场支配地位，以不公平的低价购买堆场服务，或没有正当理由，在交易时附加其他不合理的交易条件。②堆场行业对下游车队等企业滥用市场支配地位，在交易时附加不合理的交易条件。③堆场企业涉嫌达成协议并实施价格垄断。

建议发挥行业协会的作用，组建堆场协会，组织开展堆场收费论证，广泛征求船东、货代、港口、车队等意见，制定推广服务标准，加强行业自律，促进行业高质量发展。

# 12 口岸信息平台

**引言：**

2018 年，国务院印发《优化口岸营商环境促进跨境贸易便利化工作方案》，提出"加强国际贸易'单一窗口'建设""推进口岸物流信息电子化"。

"单一窗口"、港航 EDI 中心等信息平台有效提升了口岸物流效率，本章分析了口岸信息平台发展的历程、服务功能和未来的发展方向。

## 12.1 口岸信息平台发展历程

口岸监管及物流运输单据的电子传输是港口服务软环境的重要内容，也是交通运输部、海关总署等国家相关部门全力推进口岸信息化建设的主要对象。1995 年，交通运输部开始实施国际集装箱运输电子信息传输和运作系统及示范工程。1999 年，海关总署实施口岸海关业务为主体的金关工程，以信息化监管代替传统的人工监管。2000 年 8 月，国务院批准实施的电子口岸工程，是从口岸整个执法环节入手，由与口岸执法有关联的 14 个部委联合推进，整体规划和建设口岸执法环节的信息化建设。2014 年 4 月，国务院印发《落实"三互"推进大通关建设改革方案》（国发〔2014〕68 号），提出推进"单一窗口"建设工作方案。

相关工程的实施，不仅将港航运输和口岸执法提升到信息化层面，而且优化了港航运输和口岸执法业务流程，降低了单证流转时间和成本，并全面带动了水路运输和进出口企业的信息化建设。目前，我国水运口岸信息平台存在两大主体，一是以交通行业为主体、以"运输"为主线的口岸物流信息服务平台（港航 EDI 中心），二是以海关或商务为主体、以"贸易"为主线的电子口岸信息平台（国际贸易"单一窗口"），两者互为补充。

(1) 口岸物流信息服务平台（港航 EDI 中心）建设

20 世纪 90 年代，随着我国深化改革和扩大对外开放，外贸运输，特别是作为一种先进的现代运输方式——集装箱运输发展迅速。集装箱运输的特点是单据多、信息量大、涉及的单位和环节多、要求信息周转快。为了促进我国国际集装箱运输的健康发展，1995 年 8 月，由原国家计委正式批准，原交通部组织实施了“国际集装箱运输电子信息传输和运作系统及示范工程”(简称集装箱运输 EDI 示范工程),即在中国远洋运输集团、上海港、宁波港、天津港和青岛港建立具有互联性和分局管理功能的 EDI 中心,为码头、船公司、货代、船代、一关三检等单位和部门集装箱运输电子信息的互通互联,提供电子信息共享的服务。

1997 年,原交通部在建设 EDI 示范工程成功经验的基础上,又组织各地港口企业开展了港口 EDI 一期工程的建设,陆续在大连、营口、丹东、秦皇岛、日照、南通、连云港、舟山、深圳、防城港、南京和重庆等港口分别建立了港航 EDI 中心。港航 EDI 中心的建立,实现了我国集装箱运输各个环节单证信息传输、处理的数字化、自动化和网络化,使港航信息化从单个企业内部建设向运输体系效率提高方面迈出了一大步。

进入 21 世纪后,随着信息网络的发展,港航 EDI 中心逐步完善电子数据交换功能,建立了新一代港口电子数据交换中心运作模式,有力地促进了港航企业和相关物流企业的数据交换和信息共享。部分港航 EDI 中心逐步发展成为当地的口岸服务重要基础性平台,建成服务口岸各方的物流信息网和电子商务网,提供信息查询、业务受理、货物跟踪、物流配送、多式联运、船舶一站式申报、口岸监管支持、电子对账支付等大量的业务服务,口岸物流及电子商务能力显著增强。各港航 EDI 中心也逐步发展成为实体企业,如大连口岸物流网股份有限公司、天津港信息技术发展有限公司、宁波港信息通信有限公司等。

(2)电子口岸信息平台(国际贸易“单一窗口”)建设

电子口岸信息平台是经国务院批准,由海关总署会同公安部、财政部、铁道部、交通部、工业和信息化部、商务部、人民银行、税务总局、工商总局、质检总局、民航总局、国家外汇管理局、国家发改委和环境保护部等 14 个部委共同建设的跨部门、跨地区、跨行业的大通关统一信息平台。

1998 年,为应对亚洲金融危机造成的国内逃汇、骗汇、外汇储备迅速减少等问题,海关总署联合国家外汇管理局开发应用“进口报关单联网核查系统”,通过电子数据与纸质单证双核查,很快遏制住了逃汇、骗汇等活动,得到国务院领导的肯定,由此拉开了电子口岸建设的序幕。此后,电子口岸陆续开发应用了一批围绕大通关核心流程的,监管需要和企业受益的应用项目,取得了良好的社会效益和经济效益。

2006 年 5 月,国务院办公厅发布《关于加强电子口岸建设的通知》,明确了电子口岸两个层面的内容:电子口岸分为中国电子口岸和地方电子口岸两个层面。中国电子口岸建设由国家电子口岸建设指导委员会牵头，国家15个部门共同建设，主要承担国务院各有关部门间与大通关流程相关的数据共享和联网核查；地方电子口岸建设由各地方政府牵头，政府各部门和当地数据分中心共同建设，主要承担地方各有关部门、单位和企业大通关核心流程和相关物流商务服务信息平台的整合。

2014年4月，国务院印发《落实"三互"推进大通关建设改革方案》(国发〔2014〕68号)，提出推进"单一窗口"建设工作方案。2015年4月，国务院印发《关于改进口岸工作支持外贸发展的若干意见》(国发〔2015〕16号)，提出2015年底在沿海口岸、2017年在全国所有口岸建成"单一窗口"的目标。

(3)部分口岸两平台的融合发展

2001年，在上海市委、市政府推动下，市信息委、市外经贸委、口岸办，以及上海海关等监管单位和港务、交通等单位联手协作，按照"政府推动、市场运作、企业经营"的模式，整合上海市EDI中心(通关信息平台)、上海港航EDI中心(港航信息平台)和经贸网络(外经贸电子商务平台)三家独立运作的信息服务实体，成立上海亿通国际股份有限公司。根据上海市政府第99次常务会议纪要及市政府文件《关于同意设立上海亿通国际股份有限公司的批复》的意见，亿通公司为上海大口岸物流信息系统的建设和运营实体，亿通公司由上海市政府批准组建，并接受政府指导。根据市发改委关于上海口岸通关数据处理平台("大通关"平台)的批复意见，平台全权委托上海亿通国际股份有限公司建设和运营。

1996年，厦门港务局在原交通部实施国际集装箱运输电子信息传输和运作系统及示范工程后，组建了厦门港港航EDI中心。2003年，厦门市依托厦门电子商务中心有限公司平台，将港航EDI中心、空港EDI中心、电子商务EDI平台统一整合，构建了一个全市统一的物流公共信息平台，并成立厦门市物流信息平台网络中心。2006年，在福建省政府的主导下，厦门市物流信息平台改组成福建省电子口岸信息平台。2015年，在厦门市政府主导下，由厦门港务控股集团、厦门信息集团、厦门海关、厦门出入境检验检疫局共同出资组建成立地方电子口岸公司。

## 12.2　口岸信息平台服务功能

(1)口岸物流信息服务平台主要服务功能

基于与港口、航运公司、铁路、物流运输企业、集疏运场站等运输业及相关政府部门的互联互通、信息共享，各口岸物流信息服务平台汇聚、融合、沉淀了大量的物流相关数据资源与服务资源，并在此基础上，引领推进多式联运、电商物流、口岸单证无纸化等应用，实现物流业务自动感知、智慧操作、流程缩减，为客户提供精准、高效、定制、可视的全程物流服务体验。

①电子数据交换服务：面向港口、航运公司、铁路、物流运输企业、集疏运场站等运输业及相关政府部门，提供电子数据交换服务，实现电子数据的“一收多发”“第三方存证”“格式互换”和“数据汇集”。

②多式联运服务：加强与船公司合作，推进全程提单业务，打造集统一调度、统一箱管、统一配载、信息共享、视频监控于一体的多式联运综合平台。完善由海关、铁路、内陆港、海铁联运多方协同的海铁联运智能化物流服务网络，构建港口和内陆双向联动的高效便捷模式，为客户提供海铁联运全程提单和通关一体化综合服务。

③物流电子商务：整合扩展了船舶代理、内外贸航线服务等航运服务系统，开展船舶代理、航线操作业务，不断拓展物流链，创新物流业态，打造集船舶订舱、舱单传输、进口换单、出口签单、海运费结算、航线操作于一体的航运综合服务平台，为客户提供“端到端”全程物流无忧服务。

④口岸通关支持：以口岸通关业务需求为基础，运用无纸化、数字化等手段，构建海关、海事、边检等口岸监管部门与港口、船公司、船代、货主、货代等企业的数据传输通道，实现各监管区域内以及不同监管区域间的监管信息、物流信息的联动和集中管理，并向口岸客户提供公开、透明的“一站式”通关信息查询服务，包括报关单、通关单、查验放行信息等，实现通关状态全程可视化。

⑤物流金融：通过与银行、保险公司专业系统对接，把金融机构专业化的信息化服务融合到物流产业链的大信息循环中，搭建便捷、高效的第三方电子支付平台，实现针对物流相关的结算、支付、融资、保险的信息化服务，以推动实现各类金融保险业务办理的“一站式”服务。

口岸物流信息服务平台起步于港航 EDI 中心。EDI 中心建设之初，为保障平台的运营维护，根据交通部《海上国际集装箱运输电子数据交换管理办法》(交水发〔1997〕233 号)，EDI 中心可根据信息传输、处理和存储的时间、信息量要求和密级进行收费，收费内容分别有开户、初装、通信、信息处理、查询、检测和超时超员培训费用。随着口岸物流信息服务平台业务发展，各平台在数据交换的基础上，衍生出大量增值服务，如物流跟踪、电子商务、物流金融等，提升了港口服务软环境，各口岸物流信息服务平台陆续取消了数据交换费用，仅通过增值服务收取适量的费用。

(2)电子口岸信息平台主要服务功能

在国家推进国际贸易“单一窗口”后，各口岸电子口岸公司成为国际贸易“单一窗口”主要建设运营单位，其在应用国际贸易“单一窗口”标准版的基础上，增加个性化服务内容，两者数据共享共用。国际贸易“单一窗口”标准版主要涵盖货物申报、舱单申报、运输工具申报、企业资质办理、进出口许可证申领、原产地证申领、税费支付、出口退税、查询统计等九大核心应用。

①货物申报：货物申报实现一般进出口货物向海关申报，以及各类通关状态信息的查询。同时，提供报关单修撤单功能，实现企业修撤单的网上操作。

②舱单申报：舱单申报实现原始/预配舱单、理货报告、运抵报告、装载舱单、改靠港申请、落装改配申请、分拨分流申请、空箱调用、国际转运准单等单证信息一表录入(或导入)，并分别向海关申报。

③运输工具申报：船舶运输工具申报实现了船舶代理单位备案、运营单位备案、船舶信息备案、进出境(港)动态申报、进出境(港)单证申报、在港移泊申报、供退物料申报、船供申报等功能。

④企业资质办理：企业资质办理实现商务部的对外贸易经营者备案、海关总署的海关注册登记等企业备案功能，实现从事外贸进出口的企业通过单一窗口一点接入、一次提交资质申请及变更信息，各监管部门接收并审批后，将审批结果通过单一窗口统一反馈。

⑤进出口许可证申领：实现农业部监管的农药进出口许可证、环保部监管的有毒化学品进出口许可证、商务部监管的机电/非机电进出口许可证、林业部监管的濒危动植物进出口许可证等核心单证申报功能。

⑥原产地证书申领：涵盖原产地签证业务功能，实现国际贸易企业通过单一窗口一点接入，一次提交满足口岸监管部门要求的原产地签证信息，管理部门按照确定的规则进行审核，并将审核结果通过单一窗口统一反馈，便于企业查询。

⑦税费支付：税费支付实现企业、银行和海关三方协议签约、解约、税单信息查询、税费支付、关区备案信息查询等功能，为实现海关税单无纸化奠定坚实的基础。

⑧出口退税：出口退税实现退税企业资质备案、报关单结关数据采集、发票数据采集、数据申报校验、退税数据汇总等核心功能；单一窗口支持企业一键获取报关单结关数据及发票数据，实现企业退税数据“零”采集，有效降低

纳税人负担。

⑨查询统计:基于“单一窗口”各子系统已有的各类历史业务数据,对国际贸易相关的各项业务数据进行加工处理,形成各类指标和结果数据,进行统计计算、监测预警、实时分析和可视化展示。

电子口岸信息平台运营之初,平台根据服务的类别,收取货物申报、舱单申报、运输工具申报等数据申报前置服务费,以及新客户的软件费、安全设备费、安全技术服务费等开办费用。2015年,国家发改委下发《关于进一步清理和规范进出口环节收费的通知》(发改价格〔2015〕1963号),根据通知要求,电子口岸信息平台停止了口岸监管数据申报等服务费。

## 12.3 未来的发展方向

口岸信息平台未来的发展方向为:提升港口运输服务质量与客户服务水平。建立以客户服务为导向的全新港口物流业务模式,打造港口供应链新生态,推动港口向港口供应链服务模式转变。建设贯穿物流链全程、实现物流资源整合与系统集成应用的智慧物流跨界服务平台,实现面向客户多样化应用场景与精准需求匹配的信息开放共享与主动推送,增进内外部客户服务的业务与流程创新,提升港口物流链整体服务能力。创新以港口为核心的供应链全程物流服务产品,从市场分析、物流项目策划、成本控制、安全监管、服务质量等方面,为客户提供高度集中的、功能完善的和不同模式的供应链全程物流解决方案。探索“物流+”发展模式,打造区域协同物流服务枢纽,构建供应链金融、港口保险服务、大宗商品贸易、保税仓储、流通加工等港航增值服务,实现供应链全程物流协调联动发展,降低物流成本,提高运作效率。

**【专栏:国家口岸管理办公室关于国际贸易“单一窗口”建设的框架意见】**

国际贸易“单一窗口”建设目标:实现申报人通过电子口岸信息平台一点接入,一次性提交满足口岸管理和国际贸易相关部门要求的标准化单证和电子信息,相关部门通过电子口岸信息平台共享数据信息、实施职能管理,处理状态(结果)统一通过“单一窗口”反馈给申报人;通过持续优化整合使“单一窗口”功能范围覆盖到国际贸易链条各主要环节,逐步成为企业面对口岸管理相关部门的主要接入服务平台;通过“单一窗口”提高国际贸易供应链各参与方系统间的互操作性,优化通关业务流程,提高申报效率,缩短通关时间,降低企业成本,促进贸易便利化。

中央层面统筹推进“单一窗口”基本功能建设,包括:①口岸执法与基本服务功能。主要包括货物申报、运输工具申报、税费支付、贸易许可和原产地证书申领、企业资质办理、出口退税申报、查询统计等全流程服务功能，方便企业一次申报和业务办理，满足口岸管理相关部门的要求。②跨部门信息共享和联网应用。加强口岸管理相关部门数据的联网共享与综合利用，进一步提高口岸管理相关部门的联合执法和科学决策能力。③与境外进行信息交换的功能。服务国家“一带一路”倡议，支持跨境联网合作，开展与“一带一路”沿线国家和地区以及世界主要贸易伙伴国之间的信息互换与服务共享，实现与国际上“单一窗口”的互联互通。

地方层面拓展实施“单一窗口”特色服务功能，包括：①口岸政务服务功能。推广应用“单一窗口”标准版，同时结合本地口岸通关业务特色需求，进一步提升和扩展项目的应用功能，建设本地口岸政务服务项目，如物流监管、特殊区域、港澳台贸易等。②口岸物流服务功能。结合本地口岸业务特点与需求，打通港口、机场、铁路、公路等物流信息节点，促进运输、仓储、场站、代理等各类物流企业与外贸企业的信息共享和业务协同，支持水、陆、空、铁及多式联运等多种物流服务方式，积极开展与地方各类物流信息平台的互联合作，推动外贸与物流联动发展。③口岸数据服务功能。以口岸管理相关部门的通关物流状态信息为基础，整合运输工具动态信息、集装箱信息、货物进出港和装卸等作业信息，形成完整的通关物流状态综合信息库，为企业提供全程数据服务，方便企业及时掌握通关申报各环节状态。④口岸特色应用功能。发挥“单一窗口”信息资源、用户资源集聚优势，与金融、保险、电商、通信、信息技术等相关行业对接，为国际贸易供应链各参与方提供特色服务，有效支持地方口岸新型贸易业态发展。

**【专栏：国际贸易“单一窗口”建设】**

按照联合国对“单一窗口”的定义，“单一窗口”是使国际贸易和运输相关各方在单一登记点递交满足全部进口、出口和转关相关监管规定的标准资料和单证的一项措施。如果为电子报文，则只需一次性提交各项数据。党中央、国务院高度重视国际贸易“单一窗口”建设，要求立足电子口岸加快国际贸易“单一窗口”建设，将其作为促进贸易便利化、改善口岸营商环境的重要平台。国际贸易“单一窗口”建设连续三年被写入政府工作报告。

在国务院口岸工作部际联席会议统筹推进下，由国家口岸管理办公室牵头，公安部、交通运输部等25家口岸相关单位组成“单一窗口”建设工作组，统筹推进国际贸易“单一窗口”标准版建设并在全国推广应用。中国电子口岸数据中心作为技术承办单位负责中央层面的建设和运维工作。经过两年多时间的建设，“单一窗口”已经实现与25个部门的“总对总”系统对接和信息共享，建设完成16大功能模块，提供企业服务事项达598项，覆盖到水运、空运、公路、铁路等各类口岸，以及特殊监管区域、自贸试验区、跨境电商综试区等各类区域，服务于生产、贸易、仓储、物流、电商、金融等各类企业，基本满足企业“一站式”业务办理需求。截至目前，“单一窗口”累计注册用户达260多万家，日申报业务量达800余万票，成为企业面对口岸管理相关部门的主要接入服务平台。

“单一窗口”将大通关流程由“串联”改为“并联”，实现一点接入、一次提交、一次查检、一键跟踪、一站办理的“五个一”功能特色，有效促进了“减优提降”(减环节、优流程、提效率、降成本)，持续改善口岸环境，促进贸易便利，取得了明显成效。

一是减环节，通过推进“单一窗口”建设，变有纸为无纸、线下为线上、串行为并行，让贸易更加简单自如。全国推行运输工具(船舶)“一单多报”，一次性取消企业原申报所需44类、70余种、共计150页左右的纸质申报材料，船舶进出境全流程通关手续办理由原先的16小时压缩至2小时。

二是优流程，打通了企业通关贸易中的堵点，切中痛点，破除难点，让数据多跑路、企业少跑腿。重庆通达报关服务公司反映，“单一窗口”将转关单核销状态信息推送至收货人及代理人，仅这一环节优化即节约0.5天时间。

三是提效率，将口岸各部门作业系统由“物理集中”到产生“化学反应”。企业无须频繁切换各部门作业系统，通过“单一窗口”全部搞定。

四是降成本，切实增强企业获得感，“单一窗口”减少企业大量重复性录入申报工作，并且实行免费申报制度，大大减轻企业负担，实现普惠、共赢和公平。

# 13　港口建设费

**引言：**

《优化营商环境条例》第三章市场环境第二十五条："设立政府性基金、涉企行政事业性收费、涉企保证金，应当有法律、行政法规依据或者经国务院批准。对政府性基金、涉企行政事业性收费、涉企保证金以及实行政府定价的经营服务性收费，实行目录清单管理并向社会公开，目录清单之外的前述收费和保证金一律不得执行。推广以金融机构保函替代现金缴纳涉企保证金。"

港口建设费是经国务院批准征收的专项用于港口建设的政府性基金，在集装箱外贸进出口物流费用中占比并不高，但是取消港口建设费的呼声一直都存在。

本章主要介绍了港口建设费征收依据、对地方政府减免港口建设费的认识、港口建设费使用管理过程中的问题、对未来港口建设费的设想等内容。

## 13.1　港口建设费征收依据

港口建设费是经国务院批准征收的专项用于港口建设的政府性基金，征收管理工作由交通运输部门负责。改革开放以来，为了加快港口建设步伐，满足国民经济快速发展需要，解决水运建设投资严重不足的问题，1986 年，我国开始试征收港口建设费。

1985 年，国务院发布《港口建设费征收办法》，经过 8 年试运行后，1993 年 4 月 30 日，经国务院批准，原交通部、国家计委、财政部和国家物价局联合发布《关于扩大港口建设费征收范围、提高征收标准及开征水运客货运附加费的通知》(交财发〔1993〕456 号)，要求从当年 7 月 1 日起，港口建设费征收范围扩大到全部对外开放口岸的港口，所收费用全部用于水运基础设施建设。同年 5 月 25 日，交通部和财政部发布《港口建设费征收办法实施细则》及《水运客货运附加费征收办法》，对收费标准和征收办法等做出具体规定。1997 年 1 月 6 日，财政部发布了《港口建设费管理办法》(财工字〔1996〕446 号)。2005 年 1 月，交通部会同财政部发布《关于在黄骅等对外开放港口开征港口建设费的通知》，明确规定对黄骅、太仓、乍浦、漳州、东营、大亚湾、钦州等 30

个新对外开放的港口开征港口建设费。2007年年初，财政部报请国务院同意，下发了《财政部关于延续农网还贷资金等17项政府性基金政策问题的通知》(财综〔2007〕3号)，明确港口建设费等17项政府性基金继续予以保留。

2011年6月，经国务院批准，财政部、交通运输部联合颁布了《港口建设费征收使用管理办法》(财综〔2011〕29号)，自2011年10月1日起施行，到2020年12月31日止，办法施行后，其他港口建设费的相关规定同时废止。新管理办法进一步明确：港口建设费属于政府性基金，收入全额上缴国库，纳入财政预算，实行"收支两条线"管理。港口建设费的征收对象为经对外开放口岸港口辖区范围内所有码头、浮筒、锚地、水域装卸(含过驳)的货物。港口建设费的义务缴纳人(以下简称缴费人)是货物的托运人(或其代理人)或收货人(或其代理人)。交通运输部负责港口建设费的征收管理工作。港口所在地海事管理机构具体负责本港口辖区内港口建设费的征收工作。港口建设费80%部分上缴中央国库，20%部分缴入所在城市对应级次国库。中央分成的港口建设费主要用于：①沿海港口公共基础设施建设支出，包括沿海港口航道、防波堤、锚地等基础设施建设，陆岛交通码头建设。②内河水运建设支出，包括内河航道、船闸、升船机、航电枢纽、中西部内河港口建设等。③支持保障系统建设支出，包括沿海和内河水域的海事、救助打捞、安全及应急通信、航道等。④专项性支出，包括交通建设发展前期工作经费、日元还贷支出等。⑤征管经费。⑥支付船舶代理公司或货物承运人的港口建设费代征手续费。⑦国务院批准的其他支出。地方分成的港口建设费主要用于辖区内港口公共基础设施以及航运支持保障系统的建设和维护。港口建设费的具体收费标准：国内出口集装箱和内支线集装箱20英尺每箱32元，40英尺每箱48元；国外进出口集装箱20英尺每箱64元，40英尺每箱96元。与1993年费率标准比较，2011年收费标准下调了20%。

2016年初，财政部、交通运输部联合发布《关于完善港口建设费征收政策有关问题的通知》(财税〔2015〕131号)，于4月1日起执行，规定：水运全过程只征收一次港口建设费，若收货人或代理人中途变更，不需要另行缴费；国内出口货物，由内河非对外开放口岸装船、运抵沿海卸船或中转的，港口建设费减半征收，减半政策进一步扩大范围。新规定进一步规范港口建设费的征收管理，切实减轻外贸和水运企业负担。

## 13.2 地方政府减免港口建设费

2019 年，上海市商务委员会发布《上海市落实 2019 年港口建设费减负政策措施的通知》，根据该通知，自 2019 年 1 月 1 日起至 12 月 31 日止，在上海港范围内向上海海事局缴纳的港口建设费地方留成部分将退付缴款人，退付金额为《港口建设费专用收据》缴费金额的 20%。此政策一出，引起了行业内的广泛关注。上海港口范围内港口建设费退还 20%地方分成部分，是上海市财政局和上海市商务委员会制定的地方政策，是地方政府为落实国家降费部署出台的一项具体举措。港口建设费实施政府定价，按照国务院要求，2020 年年底前全国单个集装箱进出口环节常规收费压减至 400 美元以内计算，港口建设费所占比例约为 2%，减免的地方留存所占比例约为 0.4%。

港口建设费属于政府性基金，地方分成的港口建设费主要用于辖区内港口公共基础设施以及航运支持保障系统的建设和维护。应从两方面客观评价该项政策，一方面该项费用退还给缴纳人后，能够为货主等缴纳人降低费用；另一方面退还费用后，港口公共基础设施以及航运支持保障系统的建设和维护所需资金就需要从其他渠道获得，有可能会让全体纳税人买单或港口企业买单，将打破使用者付费的原则，有失公允。上海退还港口建设费地方分成部分，是上海市根据当地的实际情况做出的决策，与上海市的财政状况、港航设施现状及建设需求等因素有关，各地方在政策制定方面应该实事求是，根据地方实际情况做出决策，不应盲目跟风。由于可能涉及地方财政买单港口公共基础设施维护事项，应对社会进行充分听证及论证后谨慎决定。政策实施后也应有事中事后监管手段，确保返还部分惠及进出口商。

## 13.3 全国政府性基金

根据财政部公示的全国政府性基金目录清单，共设全国政府性基金 21 项，其中与交通运输相关的有 5 项，见表 13-1。铁路建设基金和民航发展基金与港口建设费用途相近。

为解决铁路能力不足、铁路建设资金短缺问题，经国务院批准，自 1991 年 3 月 1 日起征收铁路建设基金，由铁路运输企业在核收铁路货物运费时一并核收，在运费收款凭证中注明铁路建设基金的征收标准和征收金额，并纳入铁路运输企业运输收入中单独核算。铁路建设基金对外以运价的形式出现，对内则专款专用，专项用于铁路的建设投资。[①] 铁路建设基金增加了铁路建设投入,有效缓解了铁路运输服务供给不足的问题。

**表 13-1 全国政府性基金目录清单(与交通运输相关)**

| 序号 | 项目名称 | 资金管理方式 | 政策依据 |
| --- | --- | --- | --- |
| 1 | 铁路建设基金 | 缴入中央国库 | 国发〔1992〕37 号,财工字〔1996〕371 号,财工〔1997〕543 号,财综〔2007〕3 号 |
| 2 | 港口建设费 | 缴入中央和地方国库 | 国发〔1985〕124 号,财综〔2011〕29 号,财综〔2011〕100 号,财综〔2012〕40 号,财税〔2015〕131 号 |
| 3 | 民航发展基金 | 缴入中央国库 | 国发〔2012〕24 号,财综〔2012〕17 号,财税〔2015〕135 号,财税〔2019〕46 号 |
| 4 | 高等级公路车辆通行附加费(海南) | 缴入地方国库 | 财综〔2008〕84 号,《海南经济特区机动车辆通行附加费征收管理条例》(海南省人民代表大会常务委员会公告第 54 号) |
| 5 | 船舶油污损害赔偿基金 | 缴入中央国库 | 《海洋环境保护法》,《防治船舶污染海洋环境管理条例》,财综〔2012〕33 号,交财审发〔2014〕96 号 |

2012 年 3 月 17 日,财政部发布《民航发展基金征收使用管理暂行办法》,对旅客和航空公司征收民航发展基金,同时,废止原来对旅客征收的机场管理建设费以及对航空公司征收的民航基础设施建设基金。民航发展基金属于政府性基金,民航发展基金基本上维持了原民航机场管理建设费和民航基础设施建设基金的使用范围,并根据我国民航事业发展要求,将民航节能减排和通用航空纳入了民航发展基金使用范围。机场管理建设费从 1992 年开始征收,最早是在温州永强机场收取。1995 年,国务院办公厅转发了财政部、国家计委、民航总局《关于整顿民航机场代收各种机场建设基金的意见》,对收取机场管理建设费做出了规定。2002 年发布的《国务院关于印发民航体制改革方案的通知》规定继续实行机场管理建设费政策。2007 年,财政部网站公布了《民航机场管理建设费征收使用管理办法》,经国务院批准,民航机场管理建设费征收期限延续至 2010 年。2010 年,财政部发布《关于机场管理建

① 李文兴.铁路建设基金改革及筹资方式的探讨[J].财政研究,2003,7:33-34.

设费和旅游发展基金政策等有关问题的通知》。通知规定 2011 年 1 月 1 日至 2015 年 12 月 31 日继续征收机场管理建设费和旅游发展基金。2012 年,机场管理建设费被民航发展基金取代。

## 13.4 国外相关港口建设税费征收

美国、日本、澳大利亚等国家,也征收类似税费用于港口建设。

根据 1986 年美国国会通过的《新资源开发法》,美国从 1987 年 4 月 1 日起对美国港口装卸的大部分货物按商品价值的 0.04%计征港口维护税,所征税收全部纳入"港口维护委托基金",由财政部专门用于港口航道的维护。①②

日本政府对交通运输的基础设施建设都设有专项基金,其中有关港口基础设施建设方面设立"港口建设专项基金"。纳入这项基金的有:按货物吨数征收的关税,按进港船舶吨位征收的吨税。

澳大利亚西南部的奥尔巴尼港、班伯里港、杰腊尔顿港等港口,征收港口改造建设税(Port Improvement Dues),按照船舶装卸货物的吨数征收。③

## 13.5 港口建设费使用管理过程中存在的问题

港口建设费使用管理过程中存在的问题包括:港口建设费的设立根据政府性文件规定,港口建设费资金使用管理缺乏法律法规保障。港口建设费资金投资形成的产权归属不明,对经营性项目,地方将中央资金以股权方式投资具体项目,造成中央与地方对股权归属的模糊;对非经营性项目,没有明确中央是否对投资形成的资产权益保留追溯的权利,当交通项目由非经营性向经营性转变时,易造成中央与地方对国家资本金及权益增加部分归属的模糊。在港口建设费使用安排上,存在着资金投向与中央事权责任不匹配以及中央和地方投资责任倒挂等突出问题。交通运输主管部门对港口建设费资金的管理侧重于资金计划编制和制定投资补助标准,港口建设费资金使用监

---

① Adolf K. Y. Ng. Professionalization of the shipping industry via postgraduate education[J]. Ocean and Coastal Management,2011(5):364-373.

② Clearwater, John L. PORT CONSTRUCTION SINCE1885: EVOLVING TO MEET A CHANGING WORLD[J]. Dock and Harbour Authority,1985(5):1-3.

③ 张丽娟.水运价格理论与实践[M].北京:人民交通出版社,2003.

管和绩效评估尚缺乏相关制度。[①]

有全国人大代表建议取消港口建设费，认为：我国港口体制改革后，港口、航道、锚地、防波堤、港口道路、港口配套等公共基础设施的建设支出绝大部分由港口企业自行承担；国家层面应进一步厘清行政事业性收费改革中政府与企业、货主的关系，考虑港口企业成本支出的实际情况，以保持港口生产和竞争的积极性、保证扩大生产；同时降低行政事业性收费在港口整体费用中的比重，完善港口收费体系。[②]

## 13.6　港口建设费的未来

在过去的几十年，港口建设费对于推进沿海港口航道、防波堤、锚地等沿海港口公共基础设施建设，航道、船闸、航电枢纽等内河水运建设，以及海事、救助打捞、安全及应急通信等支持保障系统建设，都起到了重要的作用。水运公共基础设施、水上助航设施、救助打捞体系等建设仅仅依靠企业投资很难实现，港口建设费在上述领域发挥了重要作用。长江下游 12.5 米深水航道整治工程、京杭运河航道整治工程等都使用了港口建设费资金，产生了很好的经济效益和社会效益。

未来 30 年，我国要全面建成人民满意、保障有力、世界前列的交通强国，水运是交通强国建设的重要领域，要建设安全、便捷、高效、绿色、经济的水运体系，建设世界一流港口。我们也应该看到，与发达国家相比，我国水运在安全、环保、智能化、服务均等化、内河公共基础设施建设等方面仍然存在很大的差距，发展不平衡、不充分的情况仍普遍存在。水运领域公益性、保障性、前瞻性重大项目需要大量资金投入，政府性基金在上述领域仍将发挥重要作用，同时，政府性基金对于企业资金、社会资金投入水运行业也将起到引导作用，因此，水运行业将长期需要政府性基金的保障和支持，引领水运行业高质量发展。

业界也有呼声将港口建设费更名为水运发展基金，对法律保障、收费对象、标准、用途、范围、征收、监管、效果评估等方面进行完善，为实现交通强国战略，引领水运行业高质量发展，发挥更大的作用。

---

① 魏永存. 完善港建费交通专项资金使用管理机制及政策研究[J]. 中国港口，2012，12：12-14.

② 两会·声音：取消港口建设费 促进港口物流发展[J]. 中国水运报，2016，005.

# 14 船舶吨税和车船税

**引言：**

《优化营商环境条例》第三章市场环境第二十四条："政府及其有关部门应当严格落实国家各项减税降费政策，及时研究解决政策落实中的具体问题，确保减税降费政策全面、及时惠及市场主体。"

税收制度是重要的营商环境。国家税务总局数据显示，2019 年全年累计新增减税降费超过 2 万亿元，占 GDP 比重超过 2%，拉动全年 GDP 增长约 0.8个百分点；2019 年，全国税务部门组织税费收入 18.3 万亿元，其中税收收入(已扣减出口退税)14 万亿元，同比增长 1.8%。2020 年世界银行《营商环境报告》显示，我国纳税指标排名第 105 位，是 10 项指标排名中最低的一项。

从港口口岸跨境贸易成本来看，船舶吨税属于直接发生的费用，是外贸集装箱运输物流成本之一，所以本章对船舶吨税进行了分析。中资公司如使用五星旗船舶从事国际海运需要缴纳车船税，这种情况虽然很少，但本章也对车船税进行了分析。

船舶吨税属于行为税，征收对象是从事国际航运业务的船舶。根据《中华人民共和国船舶吨税法》，自我国境外港口进入境内港口的船舶应当缴纳船舶吨税。船舶吨税是国际班轮公司在我国口岸需要支付的税费。

车船税属于财产税，征收对象是车船所有者。注册在境外的班轮公司从事挂靠我国口岸的国际航运业务不需要缴纳车船税。境内单位和个人租入外国籍船舶的，不征收车船税。从事内贸运输的船舶只需要缴纳车船税，不需要缴纳船舶吨税。从事国际海运的五星旗船舶既需要缴纳车船税，又需要缴纳船舶吨税，除此之外的其他税赋也比较高，因此我国国际海运企业多使用方便旗船队开展经营。

本章介绍了我国的税收制度，分析了船舶吨税和车船税征收的历程、依据、相关标准，以及对外贸进出口货物成本的影响。我国施行的船舶吨税，属于传统型的船舶吨税，与主要替代企业所得税的现代船舶吨税有本质上的区别，本章也提出了加快实施现代船舶吨税制的建议。

## 14.1 税收制度

(1)现行税收制度

我国内地现行的税收制度共设18个税种，以课税对象为标准可以分为五类。①货物劳务税类，包括增值税、消费税、关税、烟叶税；②所得税类，包括企业所得税和个人所得税；③资源税类，包括资源税、城镇土地使用税、耕地占用税和土地增值税；④财产税类，包括房产税、契税、车船税；⑤行为目的税类，包括印花税、城市维护建设税、车辆购置税、船舶吨税、环境保护税。

交通运输企业涉及的主要税种如表14-1所示。交通运输企业涉及的税种说明见表14-2。

**表14-1 交通运输企业涉及的主要税种**

| 序号 | 税类 | 税种 |
|---|---|---|
| 1 | 货物劳务税类 | 增值税、关税 |
| 2 | 所得税类 | 企业所得税 |
| 3 | 资源税类 | 城镇土地使用税、耕地占用税 |
| 4 | 财产税类 | 房产税、契税、车船税 |
| 5 | 行为目的税类 | 印花税、城市维护建设税、车辆购置税、船舶吨税、环境保护税 |

**表14-2 交通运输企业涉及的税种说明**

| 序号 | 税种 | 说明 | 税率 |
|---|---|---|---|
| 1 | 增值税 | 提供加工修理业务 | 一般纳税人17%；小规模纳税人3% |
| | | 提供交通运输服务 | 一般纳税人11%；小规模纳税人3% |
| | | 提供物流辅助服务 | 一般纳税人6%；小规模纳税人3% |
| 2 | 关税 | 船舶等进口 | 缴纳进口关税9%和进口环节增值税17%，中资“方便旗”船回国登记享受税收优惠 |
| 3 | 企业所得税 | 居民企业 | 基本税率25% |
| | | 非居民企业 | 10%、25% |
| 4 | 城镇土地使用税 | 交通运输企业拥有土地使用权的办公场所、仓库、配送中心等 | 定额税率 |

**续表 14-2**

| 序号 | 税种 | 说明 | 税率 |
|---|---|---|---|
| 5 | 耕地占用税 | 占用耕地建设仓库、货场、配送中心及修建道路等 | 定额税率 |
| 6 | 房产税 | 交通运输企业自有用房 | 按房产计税价值的1.2%计征 |
| | | 交通运输企业出租房产 | 按租金收入的12%计征 |
| 7 | 契税 | 交通运输企业承受土地、房屋权属 | 3%~5%的幅度税率 |
| 8 | 车船税 | 交通运输企业拥有的应税车船 | 定额税率 |
| 9 | 印花税 | 交通运输企业建立账册、订立合同等 | 采用比例税率和定额税率两种 |
| 10 | 城市维护建设税 | 以实际缴纳的增值税、消费税为计税依据,用于加强城市维护建设 | 城市市区7%;县城、建制镇5%;其他地区1% |
| 11 | 车辆购置税 | 交通运输企业购置车辆等运输工具 | 10% |
| 12 | 船舶吨税 | 针对自我国境外港口进入境内港口的船舶 | 按船舶净吨位征收 |
| 13 | 环境保护税 | 针对直接向环境排放应税污染物 | 按污染物当量值及对应税额征收;机动车、铁路机车、非道路移动机械、船舶和航空器等流动污染源排放应税污染物的暂予免征 |

关于国际航运企业增值税,根据《财政部 国家税务总局关于将铁路运输和邮政业纳入营业税改征增值税试点的通知》(财税〔2013〕106号)、《财政部关于国际水路运输增值税零税率政策的补充通知》(财税〔2014〕50号),我国境内的单位和个人提供的国际运输服务,适用增值税零税率;境内的单位和个人提供的往返香港、澳门、台湾的交通运输服务以及在香港、澳门、台湾提供的交通运输服务适用增值税零税率;境内的单位或个人提供程租服务,如果租赁的交通工具用于国际运输服务和港澳台运输服务,由出租方按规定申请适用增值税零税率。

关于国际航运企业所得税，我国内地的基本税率为 25%，为吸引国际航运企业集聚，我国一些地方政府出台过所得税地方留成减免的政策，相关政策一般 2～3 年调整一次。

关于船员个人所得税，根据财政部、税务总局《关于远洋船员个人所得税政策的公告》（财政部、税务总局公告 2019 年第 97 号），一个纳税年度内在船航行时间累计满 183 天的远洋船员，其取得的工资薪金收入减按 50%计入应纳税所得额，依法缴纳个人所得税。该项政策执行期自 2019 年 1 月 1 日至 2023 年 12 月 31 日。

（2）税收制度对比

中国香港、新加坡由于“自由港”政策，除特殊商品外，免征关税。中国香港没有增值税税项，新加坡虽有增值税税项，但对于航运相关收入、物料、设备均实行零税率。在企业所得税方面，中国香港税率为实际盈利的 16.5%，但对于不涉及中国香港的国际航运所得免税，如航运收入涉及中国香港但所用船舶为香港籍同样免税。新加坡企业所得税税率一般为实际盈利的 17%，自 2010 年起，新加坡所有企业可享受前 30 万美元应税所得部分免税待遇：一般企业前 1 万美元所得免征 75%，后 29 万美元所得免征 50%；符合条件的企业前 10 万美元所得全部免税，后 20 万美元所得免征 50%；在航运领域，对新加坡籍船舶从事国际运输收入所得免税。此外，新加坡还实施了海事部门奖励 MSI 计划，对于航运及相关企业给予专项税收优惠政策。在船员所得税方面，中国香港和新加坡均采取严格的属地征收原则，对于非属地收入不征收所得税，船员在国际航行船舶上服役超过半年则不需缴纳个人所得税。

美国、日本及欧盟大多数国家采取了现代船舶吨税制改革，为航运企业提供了简单、固定、低税率的纳税选择，大幅缩减了航运企业的税赋，降低了航运企业经营成本，有利于促使航运企业制订长期发展计划，不断改善经营管理，提高赢利水平和竞争能力。在船员所得税方面，欧盟主要国家与中国香港、新加坡类似，采用严格的属地征收原则，即船员在国际航行船舶服役超过半年则免征所得税。

## 14.2　船舶吨税

我国历史上很早就对国际航行船舶征税。唐朝时期就对进入我国疆域的商船征收“舶脚”，明清两代按船只大小征收“船钞”或“水饷”，1843 年以后开始对外国商船改按吨位征收船舶吨税。①

我国的船舶吨税是针对船舶使用海上航标等助航设施的行为设置的税种，主要用于海上航标的建设、维护和管理。1952 年，经原政务院财政经济委员会批准，海关总署发布了《中华人民共和国海关船舶吨税暂行办法》。在此基础上，2011 年 12 月，国务院制定了《中华人民共和国船舶吨税暂行条例》。党的十八届三中全会提出"落实税收法定原则"，其基本内涵是指由立法者决定全部税收问题的税法基本原则，即如果没有相应法律作前提，政府则不能征税，公民也没有纳税的义务；税收主体必须依且仅依法律的规定征税，纳税主体必须依且仅依法律的规定纳税。为落实税收法定原则，2017 年 12 月 27 日，第十二届全国人大常委会通过了《中华人民共和国船舶吨税法》，把原来的《中华人民共和国船舶吨税暂行条例》平移上升为法律，并没有涉及税制改革，也没有对原来正在实行的法律制度作大的调整。

我国现行的船舶吨税是一种行为税，征税对象是自中华人民共和国境外港口进入境内港口的船舶。吨税税目按船舶净吨位划分为 4 档：不超过 2000 净吨、2000～10000 净吨、10000～50000 净吨、超过 50000 净吨。吨税税率根据船舶净吨位和吨税执照期限长短分别设置，并分为普通税率和优惠税率，中华人民共和国籍的应税船舶以及船籍国（地区）与我国签订含有相互给予船舶税费最惠国待遇条款的条约或者协定的应税船舶适用优惠税率，其他应税船舶适用普通税率。船舶吨税分 1 年期缴纳、90 日缴纳与 30 日缴纳三种，在一个计征期内，船舶可多次进出港口。船舶吨税由海关负责征收。

根据财政部《关于印发适用船舶吨税优惠税率国家（地区）清单的通知》（财关税〔2018〕21 号），有 78 个国家（地区）适用船舶吨税优惠税率，其中包括利比里亚、巴拿马等方便旗国家。

船舶吨税在我国属于小税种，在国家财政收入中的占比很小，2001 年、2006 年、2011 年和 2016 年船舶吨税收入分别约为 6 亿元、16 亿元、30 亿元和 48 亿元。一艘 10000 标准箱的集装箱船舶，从事挂靠我国港口的班轮运输，按照 1 年期缴纳享受优惠税率计算，约需缴纳船舶吨税 120 万元；按照该船舶每年承运我国进出口集装箱 72000 标准箱计算，平均每标准箱分摊的船舶吨税约为 16 元。

我国现行的船舶吨税属于传统的船舶吨税，与希腊、荷兰、英国等国家实

---

① 钟昌元. 船舶吨税制的变化及其对国际航运船舶的影响[J]. 对外经贸实务，2012，11：35-38.

施的现代船舶吨税有本质上的区别。希腊、荷兰、英国等国家实施的现代船舶吨税属于收益所得税，是企业所得税的代替税种，征税对象是拥有或经营船舶，并在征税国从事航运业务的公司。现代船舶吨税制被大多数航运大国采用，能够帮助船公司控制成本、减少税赋、提升竞争力。相比之下，我国国际航运企业适用的税种较多，包括运输服务增值税、船舶进口关税、企业所得税、车船税、船舶吨税、印花税等。行业内就实施现代船舶吨税制已经呼吁多年，但目前为止还未能实现，我国应加快实施现代船舶吨税制。鉴于实施现代船舶吨税制是对现行税收制度的重点调整，按照税收法定原则也应有法律保障才能实施，建议可先行在海南等自贸区进行试点，探索针对现代船舶吨税制进行立法，通过总结经验不断完善现代船舶吨税制，并逐步在全国范围内进行推广。

**【专栏:希腊现代船舶吨税制】**[①]

根据希腊法律，航运活动的收入应根据船舶的注册吨位进行征税。按照船舶吨位计算的应缴税款是船东唯一需要缴纳的税款，不存在其他税项。希腊旗船舶仅需缴纳固定金额的吨位税，一旦缴纳吨位税，船舶所属公司或其船东以至个人股东层面(自然人)无须就与船舶经营所得利润或船舶出售所得资本收益等缴纳任何税收(所得税)。以前，外国旗船的股东们在希腊被免征任何所得税，前提是这些船舶由按照《27/1975》法令在希腊设立的外国公司在希腊进行管理。后来，外国旗船一直享有的免税结束了，由希腊议会通过的《4110/23.1.2013》法令规定适用于希腊旗船舶的吨位税也适用于外国旗船舶。

希腊经济危机之后，有人认为对国外公司获得的航运收入征税可以解决希腊债务问题。不过希腊政府已经拒绝对此进行任何调整。首先，希腊航运业的税收制度与欧洲或诸如迪拜等地区的航运税收制度没有任何不同。其次，航运业是一个非常容易迁移的行业，许多航运公司设有国际办事处。政府担心对航运收入征税将使航运公司迁移到具备更优惠税收制度的地区。其结果是航运公司以及所有航运业周边的供应和服务公司数以万计的员工可能被解雇。更重要的原因是，航运占希腊外汇收入的50%以上，如果没有这些收入，希腊经济便会崩溃。因此航运税收制度看起来是不可能改变的。

---

① 奥勒提斯·席纳斯等.航运金融手册[M].金海，译.北京：中信出版集团股份有限公司，2017.

## 14.3 车船税

车船税的前身是车船使用牌照税和车船使用税。1951 年 9 月，原政务院发布了《中华人民共和国车船使用牌照税暂行条例》，开征车船使用牌照税。1986 年 9 月，国务院发布《中华人民共和国车船使用税暂行条例》，在车船使用牌照税的基础上，征收车船使用税，但该暂行条例不适用于外商投资企业和外国企业。因此，对外商投资企业和外国企业仍按照《中华人民共和国车船使用牌照税暂行条例》征收车船使用牌照税。2006 年 12 月，国务院将两个暂行条例合并，公布了《中华人民共和国车船税暂行条例》，将车船使用税调整为车船税。2011 年 2 月，第十一届全国人民代表大会常务委员会第十九次会议通过了《中华人民共和国车船税法》，自 2012 年 1 月 1 日起施行，正式将《中华人民共和国车船税暂行条例》上升为《中华人民共和国车船税法》。

我国车船税法规定，车船税的纳税义务人是车船的所有人或者管理人。其中，所有人是指在我国境内拥有车船的单位和个人；管理人是指对车船具有管理权或者使用权，但不具有所有权的单位。

机动船舶具体适用税额为：①净吨位不超过 200 吨的，每吨 3 元；②净吨位超过 200 吨但不超过 2000 吨的，每吨 4 元；③净吨位超过 2000 吨但不超过 10000 吨的，每吨 5 元；④净吨位超过 10000 吨的，每吨 6 元。拖船按照发动机功率每 1 千瓦折合净吨位 0.67 吨计算征收车船税。

游艇具体适用税额为：①艇身长度不超过 10 米的，每米 600 元；②艇身长度超过 10 米但不超过 18 米的，每米 900 元；③艇身长度超过 18 米但不超过 30 米的，每米 1300 元；④艇身长度超过 30 米的，每米 2000 元；⑤辅助动力帆艇，每米 600 元。

车船税按年申报，分月计算，一次性缴纳。纳税年度为公历 1 月 1 日至 12 月 31 日。

根据国家税务总局《关于车船税征管若干问题的公告》（2013 年第 42 号），境内单位和个人租入外国籍船舶的，不征收车船税。境内单位和个人将船舶出租到境外的，应依法征收车船税。

为促进节约能源，鼓励使用新能源，对节约能源、使用新能源的车船可以减征或者免征车船税。

注册在境外的班轮公司，从事挂靠我国口岸的国际航运业务，不需要缴纳车船税，我国国际海运企业使用方便旗船队开展国际集装箱班轮运输，也不需要缴纳车船税，因此我国外贸集装箱物流成本中基本不含车船税费用。

# 15 提高效率

引言：

本章内容主要回应港航营商环境第二层次的内涵：促进贸易便利化，切实为货主企业、贸易商降低物流成本。

《优化营商环境条例》第三章第二十四条规定，“政府及其有关部门应当严格落实国家各项减税降费政策”，国家推进降费工作，主要目的是惠及实体经济，增强实体经济的竞争力，但是由于物流领域的环节多，降费传导给实体经济面临挑战，而提高效率可以直接传导到实体经济，让实体经济切实获得实惠，因此，提高效率是促进贸易便利化的最主要的手段。

世界银行《营商环境报告》“跨境贸易”指标的方法论来源于《及时交易》（*Trading on Time*）这篇文章，研究发现，货物在发出前每延迟一天都会减少1%的交易，这相当于一个国家与贸易伙伴之间的距离增加约70公里，用方程模型来估算贸易时间成本对贸易的影响，得出降低交易时间成本（而不是关税壁垒）对刺激出口具有重要作用的结论。该文章还指出，贸易时间成本会影响贸易量，同时贸易量也会影响贸易时间成本，当交易量增大时，时间成本会摊薄在更多的商品上，贸易便利化投资的边际价值可能会更高，另外，许多节省时间的技术也往往应用在容量大的港口中。

本章梳理了《国务院关于印发优化口岸营商环境促进跨境贸易便利化工作方案的通知》（国发〔2018〕37号）出台后，各口岸在提高效率方面的具体实践，具体包括通关提效、物流提效、国际合作、标准引领四部分内容。

## 15.1 通关提效

通关提效主要针对海关、边检、海事等口岸部门，通过实施通关一体化、精简监管证件、推广应用“提前申报”模式、创新海关税收征管模式、优化检验检疫作业、推广第三方采信制度、公开通关流程及物流作业时限、建立口岸通关时效评估机制、加强国际贸易“单一窗口”建设等举措，优化体制机制性因素和限制条件，提高通关效率。

**通关一体化。**推动通关环节“串联”改“并联”，推进海关、边检、海事一次性联合检查,实现进出口货物在通关现场统一执法,提高现场服务效率。加强部门间数据交流、信息共享,海关直接使用市场监管、商务等部门数据办理进出口货物收发货人注册登记。加强关铁信息共享,推进铁路运输货物无纸化通关。海关与检验检疫业务全面融合,实现"五统一":统一申报单证、统一作业系统、统一风险研判、统一指令下达、统一现场执法。

**精简监管证件。**取消一批进出口环节监管证件,只保留必要的口岸验核监管证件。除安全保密需要等特殊情况外,通过多种形式实现全部联网,在通关环节比对核查。

**推广应用"提前申报"模式。**组织宣传培训,加强行业引导,建立容错机制,强化企业信用等级管理,鼓励企业提前申报,提前办理单证审核和货物运输作业,提高进口货物提前申报比例,非布控查验货物抵达口岸后即可放行提离。

**创新海关税收征管模式。**全面创新多元化税收担保方式,推进关税保证保险改革,探索实施企业集团财务公司、融资担保公司担保改革试点。落实关税保证保险改革政策,支持保险公司筛选优质企业开展投保业务,通过保险公司为企业提供关税担保,实现货物"先放行后缴税"。全面推广财关库银(财政、海关、国库、银行)横向联网,加快推进税单无纸化改革。

**优化检验检疫作业。**减少双边协议出口商品装运前的检验数量。创新检验检疫方法,应用现场快速检测技术,进一步缩短检验检疫周期。通过"单一窗口"、港口电子数据交换(EDI)中心等信息平台向进出口企业、口岸作业场站推送查验通知,及时发送货物查验指令,查验场所做好配合衔接,在规定时间内将需要查验的货物提箱到位,提高查验效率。加大集装箱空箱检测仪、高清车底探测系统、安全智能锁等设备的应用力度,配备单兵作业设备。扩大"先期机检""智能识别"作业试点,提高查验集装箱机检比例。实现大型集装箱检查设备联网集中审像。

**推广第三方采信制度。**引入市场竞争机制,发挥社会检验检测机构作用,在进出口环节推广第三方检验检测结果采信制度。支持企业实验室、社会检测机构等第三方机构参与进出口商品检验,结合预先取样检测等措施,提升检验时效。

**公开通关流程及物流作业时限。**口岸查验单位在口岸现场、口岸办事大厅、国际贸易"单一窗口"和各单位门户网站等公示通关作业流程、环节、时限、所需单证。制定并公开口岸经营服务企业场内转运、吊箱移位、掏箱和货方提箱等作业时限标准,便于企业合理安排生产、制订运输计划。公布口岸查验单位通关服务热线，畅通意见投诉反馈渠道，及时受理企业咨询、投诉并做好后续服务工作。

**建立口岸通关时效评估机制。**加强对整体通关时间的统计分析，每月通报整体通关时间。开展口岸整体通关时效第三方评估，适时向社会公布评估结果，建立常态化评价机制。

**加强国际贸易“单一窗口”建设。**将“单一窗口”功能覆盖至海关特殊监管区域和跨境电子商务综合试验区等相关区域，对接全国版跨境电商线上综合服务平台。加强“单一窗口”与银行、保险、民航、铁路、港口等相关行业机构合作对接，共同建设跨境贸易大数据平台。推广国际航行船舶“一单多报”，实现出入境通关全流程无纸化。除安全保密需要等特殊情况外，“单一窗口”功能覆盖国际贸易管理全链条，打造“一站式”贸易服务平台。

## 15.2 物流提效

物流提效主要是针对港航及相关市场主体，通过引导市场主体进行管理创新、业务创新、技术创新，从而提高物流效率，提升服务质量。

**提高港口作业效率。**推进港口业务网上办理，完善网上营业厅功能，逐步实现网上办理结费、缴费、进港和提箱预约等服务功能。提高集装箱码头提、落箱作业时效，压缩车辆通过闸口时间和服务窗口办理业务时间。探索升级集装箱装卸理货作业模式，提高作业效率和装卸理货数据的准确性，提升理货产品信息发送及时率。在确保港口生产安全的前提下，探索开展“出口直装”“进口直提”港口操作模式试点，加快通关物流速度。提升引航员登轮准点率，提升拖轮拖带作业准点率，提升港口船舶靠离泊效率。

**优化船舶进出港流程。**加强港口企业、海事、引航等单位间的协作配合，优化船舶调度管理，科学安排船舶进出港，提高航道利用率及船舶进港靠泊效率，减少运输船舶锚地待泊时间。合理安排作业流程，压缩非作业时间，提升码头作业效率。

**加快发展多式联运。**建设多式联运公共信息平台，推动外贸集装箱货物在途、舱单、运单、装卸等铁水联运物流信息交换共享，提供全程追踪、实时查询等服务。

**公开服务承诺。**公布港口作业、船公司及其代理业务受理作业流程、作业时限标准。港口和堆场企业制定并公开场内转运、吊箱移位、掏箱和货方提箱等作业时限标准。船公司提升作业信息化应用水平，加快网上直销平台建设，加快集装箱堆场提箱作业手续电子化进程，推进船公司及其代理、集装箱堆场等作业环节费用支付电子化。

**推进进出口环节物流信息电子化。** 制定货主、船方、港方、申报企业、堆场、仓储企业等各单位共同认可的数据交换平台和交换报文标准。实现口岸作业场站货物装卸、仓储理货、报关、物流运输、费用结算等环节无纸化和电子化。实现集装箱设备交接单在船公司、码头、堆场、集卡之间的全流程无纸化流转。在港口和船公司之间，加快推行提货单电子化流转，实现提货单无纸化。

## 15.3 国际合作

国际合作主要是指通过创新边境口岸通关管理模式、加强口岸通关和运输国际合作等举措，让企业享受到简化通关手续、降低查验率、快速通关等便利。

**创新边境口岸通关管理模式。** 推进与毗邻国家和地区共同监管设施的建设和共用，推动工作制度和通关模式的协调，支持陆路边境口岸创新通关管理模式。在毗邻港澳口岸实施更便利的通关措施，在有条件的口岸推广粤港澳"客货车一站式通关"模式。

**加强口岸通关和运输国际合作。** 加快制修订国际运输双边、多边协定，推动与相关国家（地区）在技术标准、单证规则、数据交换等方面开展合作。扩大海关"经认证的经营者"（AEO）国际互认范围，支持指导企业取得认证，与已建立 AEO 制度且有意愿的"一带一路"国家海关实现 AEO 互认。加快实施检验检疫证书国际联网核查，重点推进与欧盟签署电子证书合作协议，与已签署电子证书合作协议且建有信息系统的国家（地区）实现联网核查。

**【专栏：优化口岸营商环境】**

一、简化监管证件和随附单证

监管证件数量从 86 种减至 46 种，减少 46.5%。目前，除 4 种监管证件因安全保密需要不能联网外，其余 42 种监管证件全部实现联网核查自动比对；37 种监管证件实现了网上申报、网上办理，证件办理时间大幅压缩。

取消包括汽车零部件在内的 118 项商品自动进口许可证。全面推广电子报关委托，简化报关手续，申报环节不再要求企业提交纸质报关委托书、发票、装箱清单。对涉及强制性产品认证（CCC）的进口汽车零部件，直接采信认证机构出具的认证证书或相关证明，不再实施抽样检测，对免予认证的进口汽车零部件试点实施“先声明后验证”的便利化措施。实现“海关专用缴款书”企业自行打印，企业无须到海关作业窗口领取。实现出口原产地证书网上申报和自助打印。全面取消报关单收、付汇证明联和办理加工贸易核销的海关核销联，进一步减少纸质单证流转。

二、降低进出口环节费用

清理口岸收费工作领导小组统筹推进口岸降费工作，通过信息公开倒逼规范收费，鼓励竞争，限制垄断，推动降低报关、货代、船代、物流、仓储、港口服务等环节经营服务性收费。研究制定进出口环节收费公示模板，将港口经营服务性收费项目由15项压减至11项，并降低部分政府定价、政府指导价收费标准，货物港务费、港口设施保安费的费率标准分别下调15%、20%。对涉及海陆空各类型的10个口岸、159家企业进行抽查，依法查处各类违法违规收费行为，公开曝光8起港口航运环节违规收费案件。中远海运、马士基等62家船公司主动公告下调码头操作费（THC）等费用，相比之前降低5%～10%。根据世界银行《2019年营商环境报告》，我国跨境贸易出口合规成本从568.7美元降至387.6美元，进口合规成本从915.9美元降至448.3美元。

三、大力压缩货物整体通关时间

推行国际航行船舶进出境申报“一单多报”，申报数据项从1113项压缩至371项，船舶通关时间压缩80%以上。优化进出口“提前申报”。与哈萨克斯坦、蒙古等国家开通6条农副产品快速通关“绿色通道”。推进经认证的经营者（AEO）国际互认合作，已与14个经济体、41个国家和地区签署互认协定。优化检验监管流程，实施进口铁矿石等大宗资源性商品“先验放后检测”。开展关税保证保险改革，在保障税收安全的同时，提升通关效率，降低企业担保费用。

## 15.4 标准引领

以标准为引领的高质量发展是提效的重要手段。“服务标准化”就是通过对标准化原则和方法的运用，以及服务标准的制定和实施，达到服务质量目标化、服务方法规范化、服务过程程序化，从而获得优质服务的过程。港航领域服务标准化是通过对标准化原则和方法的运用，以及港航服务标准的制定和实施，以达到港航服务质量目标化、港航服务方法规范化和港航服务过程程序化，从而提升港航企业内部规范化水平，提高港航企业服务质量，打造港航企业服务品牌，提升港航企业行业和国际竞争力的过程。港航领域服务标准主要包括国家标准、行业标准、地方标准、团体标准和企业标准。

从国家标准和行业标准制定情况看，涉及产品和技术的标准较多，涉及服务维度的标准数量很少，仅有《水路客运服务质量要求》(GB/T 16890—2008)、《引航服务规范》(JT/T 948—2014)、《综合客运枢纽服务规范》(JT/T 1113—2017)、《邮轮港服务规范》(JT/T 1294—2019)、《进出口集装箱货物装拆箱理货业务规程》(JT/T 1260—2019)、《进出境集装箱船舶理箱业务规程》(JT/T 1187—2018)等少数几项标准。

因此，我们建议加快制定港航及相关企业的服务标准并上升为团体标准、协会标准、行业标准、国家标准，加快标准推广工作，提升港航企业内部规范化水平，提高港航企业服务质量。

**【专栏：口岸经营服务企业作业时限标准】**

2019 年 12 月，上海市商务委员会(上海市口岸服务办公室)发布了《上海口岸经营服务企业作业时限标准》。

1. 上港集团港口业务提供 24 小时、365 天全天候服务。

2. 集装箱卡车送箱作业或提箱作业，60 分钟内完成率不低于 90%。

3. 装卸船：2000 标准箱装卸量的外贸船舶，船靠泊后 12 小时内完成作业；4000 标准箱装卸量的外贸船舶，船靠泊后 24 小时内完成作业；6000 标准箱装卸量的外贸船舶，船靠泊后 36 小时内完成作业；1000 标准箱装卸量的内贸船舶，船靠泊后 12 小时内完成作业。

4. 进口集装箱，在获得监管部门放行信息及手续齐全时，即可在上港集团受理中心(现场、网上)办理提箱计划。提箱计划办理完成后，可以在上港集团集卡预约平台进行网上预约。

5. 进口集装箱(普货)，在收到海关查验指令后，客户即可在上港集团受理中心(现场、网上)办理查验预约手续。

6. 海关查验箱(普货)，在海关实施查验前半小时确保吊装、移位至指定场地。

7. 集装箱(普货)查验，掏箱和装箱两项作业完成时限合计不超过 3 小时/标准箱。

8. 理货产品信息发送及时率 99%以上。

9. 拖轮拖带作业准点率 99%以上。

10. 引航员登轮准点率 100%。

**【专栏：航运企业服务标准】**

中远海运集装箱运输有限公司从订舱、放箱、窗口服务、提单签发、发票提供、船舶准班率、中转服务、到货通知、争议处置等 9 个方面发布了服务标准，见表 15-1。

**表 15-1 中远海运集运服务标准**

| 序号 | 分类 | 具体标准 |
| --- | --- | --- |
| 1 | 订舱 | 工作日 2 小时内提供订舱处理信息；<br>开舱后，订舱信息提供完备情况下，普通货及冷藏货，工作日 2 小时内确认订舱；<br>危险品货及大件货，2 个工作日内确认订舱 |
| 2 | 放箱 | 用箱需求确认后 48 小时内保证用箱 |
| 3 | 窗口服务 | 自抵窗口起 15 分钟内业务办结（适用于提供窗口服务的地区） |
| 4 | 提单签发 | 订单指示信息提供完备情况下，船开后 1 个工作日内可签发正本订单 |
| 5 | 发票提供 | 发票信息提供完备的情况下，船开后 1 个工作日内可提供客户发票 |
| 6 | 船舶准班率 | 自营船舶综合准班率不低于 95%（不可抗力因素除外） |
| 7 | 中转服务 | 货物抵达中转港 3 天前，提供后程船信息；<br>离开中转港 1 天内，提供装船结果；<br>正常情况下，货物 7 天内转运，最晚不超过 14 天 |
| 8 | 到货通知 | 货物抵达卸港 1 天前发送到货通知 |
| 9 | 争议处置 | 5 个工作日内解决发票争议；<br>对于事实清楚的商务争议，7 个工作日内处理；<br>投诉受理 5 个工作日内反馈处理意见 |

# 16 政务服务

**引言：**

政府部门具有行政垄断性，缺乏竞争，容易导致提供的公共服务和产品质量低、成本高，同时政府部门也容易利用垄断地位封锁一部分公共产品和服务所涉及的相关资源和信息，增加经济社会的运行成本。我国政府通过深化改革颁布了《中华人民共和国政府信息公开条例》（国务院令第492号）、《关于规范国务院部门行政审批行为改进行政审批有关工作的通知》（国发〔2015〕6号）、《关于全面推进政务公开工作的意见》（中办发〔2016〕8号）、《〈关于全面推进政务公开工作的意见〉实施细则》（国办发〔2016〕80号）、《国务院关于加强政务诚信建设的指导意见》（国发〔2016〕76号）、《关于印发进一步深化"互联网＋政务服务"推进政务服务"一网、一门、一次"改革实施方案的通知》（国办发〔2018〕45号）、《关于深入推进审批服务便民化的指导意见》等系列文件，提升政府效率，降低体制机制性成本。

《优化营商环境条例》第四章政务服务第三十四条至第五十条规定了政务服务的内容，具体包括政府部门增强服务意识、推进政务服务标准化、提高服务效率、建设全国一体化在线政务服务平台、严格控制新设行政许可、国家实行行政许可清单管理制度、规范法定行政审批中介服务、依法削减进出口环节审批事项、建立畅通有效的政企沟通机制等内容，从法律层面对提高政务服务水平做出了规范。

提升政务服务水平是优化营商环境的一项重要内容，本章从政务公开、政务诚信、审批服务便民化三个方面分析了提升港航领域政务服务的具体举措。

## 16.1 政务公开

政务公开本身就是对公众的一种政务服务，也是提高政务服务效率的重要基础。政务公开是政府对自身权力的一种限制，是政府自身改革建设的重要内容，关系政府的公信力和执行力，关系政府施政的民意基础。全面推进政务公开，不仅是保障公民的知情权、参与权、表达权、监督权，更是推动社会主义民主政治发展，实现公共治理方式的转变，让权力在阳光下运行，提升党和国家公共管理与服务的能力[①]。《〈关于全面推进政务公开工作的意见〉实施细则》指出："政务公开是行政机关全面推进决策、执行、管理、服务、结果全过程公开，加强政策解读、回应关切、平台建设、数据开放，保障公众知情权、参与权、表达权和监督权，增强政府公信力、执行力，提升政府治理能力的制度安排。"

2019 年，中国社会科学院围绕决策公开、管理服务公开、执行和结果公开、政策解读与回应关切等方面，对 49 家国务院部门、31 家省级政府、49 家较大的市政府、125 家县(市、区)政府开展政务公开工作的情况进行了第三方评估。评估显示，2019 年政务公开制度日趋完善，决策公开稳步推进，政务服务、行政执法、管理结果公开均有明显进步，但未来还需进一步提升公开意识，找准公共需求，将公开融入政务活动全流程，提升信息化保障水平。2019 年，中国政府透明度指数评估结果(省级政府)排名前 10 的依次是北京市、上海市、广东省、贵州省、四川省、山东省、安徽省、江苏省、宁夏回族自治区、天津市。中国政府透明度指数评估结果(国务院部门)排名前 10 的部门及评分如表 16-1 所示。

**表 16-1 中国政府透明度指数评估结果(国务院部门)**

| 排名 | 评估对象 | 决策公开(35%) | 管理服务公开(20%) | 执行和结果公开(25%) | 政务公开平台建设(20%) | 总分(满分100分) |
|---|---|---|---|---|---|---|
| 1 | 交通运输部 | 76.2 | 58.75 | 88 | 93 | 79.02 |
| 2 | 海关总署 | 68 | 34.1 | 82 | 100 | 71.12 |
| 3 | 国家发展和改革委员会 | 72.6 | 38.2 | 70 | 100 | 70.55 |
| 4 | 国家市场监督管理总局 | 66.8 | 47.2 | 64 | 93 | 67.42 |
| 5 | 工业和信息化部 | 56.4 | 53.5 | 76 | 88 | 67.04 |
| 6 | 民政部 | 57.6 | 51.4 | 70 | 95 | 66.94 |
| 7 | 国家税务总局 | 55.8 | 65.6 | 58 | 93 | 65.75 |
| 8 | 司法部 | 52 | 40 | 73 | 93 | 63.05 |
| 9 | 水利部 | 50.6 | 58 | 52 | 95 | 61.31 |
| 10 | 商务部 | 50 | 43.4 | 64 | 93 | 60.78 |

① 袁忠. 论政务公开的困境及其突破战略[J]. 岭南学刊，2016，6：60-65.

(1)交通运输部政务公开

交通运输部主动公开机构职能、交通法规、发展规划、标准规范、行政权力、统计信息、重大建设项目、人事管理、财务管理、安全与应急管理、综合管理、随机抽查、公众参与、舆情回应、环境保护与节能减排、科技与信息化、对外和港澳台合作、教育培训、精神文明等内容,如表16-2所示。交通运输部制定《交通运输部权力和责任清单》,公布权责清单55项。交通运输部发布《行政审批事项清单》,公布了37大项行政审批事项。交通运输部发布《行政处罚事项清单》,公布了22大项行政处罚事项。交通运输部发布《行政检查事项清单》,公布了23大项行政检查事项。海事系统发布8大项、109小项权责清单。

**表16-2 交通运输部主动公开基本目录(主题分类目录)**

| 事项代码 | 事项名称 | 信息内容 | 责任部门 |
|---|---|---|---|
| S0100 | 机构职能 | 交通运输部机构设置、职能职责等信息 | |
| S0101 | 基本信息 | 部办公地址、网址、电话、传真、电子邮箱、通信地址、邮政编码等信息 | 办公厅 |
| S0102 | 机构领导 | 部领导班子成员基本信息及可公开的重要讲话、重要活动等信息 | 人事教育司,其他相关司局 |
| S0103 | 机构职责 | 部机构职责、内设机构等信息 | 人事教育司 |
| S0104 | 内设机构 | 部内各司局职能、领导、内设处室、联系方式等基本信息 | 人事教育司 |
| S0105 | 直属单位 | 部直属单位职能、领导、联系方式等基本信息 | 人事教育司 |
| S0200 | 交通法规 | 交通运输行业法律、行政法规、规章、规范性文件及解读 | |
| S0201 | 交通法律 | 由全国人大及其常委会制定并颁布的交通运输领域法律 | 法制司 |
| S0202 | 交通行政法规 | 由国务院制定并颁布的交通运输领域行政法规 | 法制司 |
| S0203 | 部颁规章 | 交通运输部颁布的规章 | 法制司 |
| S0204 | 规范性文件 | 除部门规章以外的交通运输有关规定、办法、通告等 | 部内各司局 |

**续表 16-2**

| 事项代码 | 事项名称 | 信息内容 | 责任部门 |
|---|---|---|---|
| S0205 | 法规解读 | 交通法规的制定背景、意义、必要性、主要内容和实施要求等解读文件 | 部内各司局 |
| S0300 | 发展规划 | 交通运输部制定或与有关部委联合制定出台的发展规划、指南、指导意见、实施方案和规划解读等 | |
| S0301 | 综合规划 | 综合交通发展规划、区域交通规划 | 综合规划司 |
| S0302 | 专项规划 | 交通运输专项发展规划 | 综合规划司，其他相关司局 |
| S0303 | 规划解读 | 交通运输发展规划的制定背景、主要内容等解读文件 | 综合规划司，其他相关司局 |
| S0400 | 标准规范 | 交通运输部批准发布在交通行业范围内统一使用的标准公告、标准文本等信息 | 科技司、公路局、水运局、运输服务司等 |
| S0500 | 行政权力 | 交通运输部行政许可事项清单、办事指南及办理情况等信息；行政处罚、行政检查事项清单等信息 | |
| S0501 | 权力清单 | 交通运输部行政许可、行政处罚、行政检查事项清单等信息 | 法制司 |
| S0502 | 办事指南 | 交通运输部行政许可事项申请条件、数量限制、申请材料目录、办理流程、时限等信息 | 法制司、综合规划司、财务审计司、公路局、水运局、部海事局等 |
| S0503 | 办理情况 | 交通运输部行政许可办理情况信息 | 综合规划司、财务审计司、公路局、水运局、部海事局等 |
| S0600 | 统计信息 | 交通运输经济运行统计数据和分析公报 | |
| S0601 | 统计数据 | 交通运输主要统计数据 | 综合规划司 |
| S0602 | 分析公报 | 交通运输经济运行情况、行业发展统计公报 | 综合规划司，其他相关司局 |

**续表 16-2**

| 事项代码 | 事项名称 | 信息内容 | 责任部门 |
|---|---|---|---|
| S0700 | 重大建设项目 | 交通运输重大建设项目的批准情况等信息 | 综合规划司、公路局、水运局、运输服务司、安全与质量监督管理司、部海事局等 |
| S0800 | 人事管理 | 交通运输部人事管理政策制度和通知公告 | |
| S0801 | 人事任免 | 交通运输部司局级以上人事任免信息 | 人事教育司 |
| S0802 | 公务员录用 | 交通运输部公务员招录、遴选、选调的通知公告等相关信息 | 人事教育司 |
| S0803 | 人才管理 | 交通运输部人员招聘、人才引进、专家管理、人才评选、职业资格管理和相关工作信息 | 人事教育司 |
| S0900 | 财务管理 | 交通运输行业财务管理制度和通知公告 | |
| S0901 | 预决算管理 | 交通运输部财政预算决算信息 | 财务审计司 |
| S0902 | 收费信息 | 交通运输领域行政事业性收费、政府性基金目录清单、经营服务性收费目录清单等信息 | 财务审计司 |
| S0903 | 政府采购 | 交通运输部集中采购项目的目录、标准及实施情况信息 | 财务审计司 |
| S0904 | 资产管理 | 交通运输部国有资产监督管理制度和通知公告信息 | 财务审计司 |
| S0905 | 审计监督 | 交通运输部内部审计监督制度和通知公告信息 | 财务审计司 |
| S0906 | 会计管理 | 交通运输行业会计管理制度和通知公告信息 | 财务审计司 |
| S1000 | 安全与应急管理 | 安全监管、质量监督、应急处置等管理制度和通知公告 | |

**续表 16-2**

| 事项代码 | 事项名称 | 信息内容 | 责任部门 |
|---|---|---|---|
| S1001 | 安全监管 | 安全生产监督管理制度和通知公告信息 | 安全与质量监督管理司、公路局、水运局、运输服务司、部海事局 |
| S1002 | 质量监督 | 交通运输工程建设、产品质量监督管理制度和通知公告信息 | 安全与质量监督管理司、科技司、公路局、水运局、运输服务司、部海事局 |
| S1003 | 应急管理 | 应急管理政策制度、应急预案等信息 | 中国海上搜救中心、公路局、水运局、运输服务司、安全与质量监督管理司、科技司、部海事局 |
| S1004 | 预警信息 | 海上气象预警提示信息 | 中国海上搜救中心 |
| S1005 | 搜寻救助 | 水上搜寻救助信息 | 中国海上搜救中心 |
| S1100 | 综合管理 | | |
| S1101 | 政府信息公开 | 政府信息公开指南、目录、年报，政务公开分管负责人，依申请公开办理程序等信息 | 办公厅 |
| S1102 | 建议提案复文公开 | 有关交通运输问题的人大、政协会议提案答复公开文件 | 部内各司局 |
| S1103 | 群众信访 | 信访机构名称、接访地址和接访时间、传真、通信地址、邮政编码等信息 | 办公厅 |
| S1200 | 随机抽查 | | |
| S1201 | 抽查清单 | 抽查事项、抽查依据、抽查内容、抽查主体、抽查对象等信息 | 法制司 |
| S1202 | 抽查结果 | 随机抽查事项结果主要内容等信息 | 综合规划司、公路局、水运局、运输服务司、安全与质量监督管理司、科技司、部海事局等相关司局 |

续表 16-2

| 事项代码 | 事项名称 | 信息内容 | 责任部门 |
|---|---|---|---|
| S1300 | 公众参与 | 涉及重大公共利益和公众权益的政策文件意见征集通知、征集结果、采纳情况等信息 | 法制司,其他相关司局 |
| S1400 | 舆情回应 | 新闻发布会等信息 | 政策研究室 |
| S1500 | 环境保护与节能减排 | 交通运输生态保护、污染防治以及节能减排管理政策制度和通知公告 | 综合规划司、公路局、水运局、运输服务司、部海事局 |
| S1600 | 科技与信息化 | 科技项目、科技成果、科技奖励、科研平台以及交通信息化等管理政策制度和通知公告 | 科技司 |
| S1700 | 对外和港澳台合作 | 交通运输国际合作及港澳台合作管理政策制度和通知公告 | 国际合作司,其他相关司局 |
| S1800 | 教育培训 | 交通运输高等教育、职业技能培训、职能资格培训、在职教育、干部培训等政策制度和通知公告 | 人事教育司 |
| S1900 | 精神文明 | 行业精神文明建设情况等信息 | 政策研究室,部内各司局 |
| S2000 | 其他 | 其他政策制度和通知公告 | 部内各司局 |

(2)港航领域政务公开的重点事项

港航领域政务公开应聚焦市场主体的关切,重点实施行政审批事项、市场监管、行政执法、政策制定解读宣贯、价格管理、信息资源公开、安全和应急管理等方面的政务公开工作。

**完善行政审批事项动态公开机制和公众参与方式。**及时做好港航领域取消、下放、保留行政审批、职业资格等事项的公开工作,公开保留的中央指定地方实施的行政许可事项清单,以及清理规范后保留为交通运输部行政审批受理条件的中介服务事项清单。推进事中事后监管公开,公开取消下放行政许可事项事中事后监管细则。完善公众参与方式,让公众及时了解放权情况、监督放权进程、评价放权效果。

**推进市场监管公开透明。**加强港航领域相关市场事中事后监管，推广“双随机、一公开”抽查制度，依法公开随机抽查事项清单，明确抽查依据、主体、内容、方式等，强化随机抽查的结果公示，实行“阳光执法”，保障市场主体的知情权。对群众举报投诉、新闻媒体反映的突出问题，要认真调查核实，及时做出处理，依法向社会公布处理结果并接受社会监督。加快交通运输行业信用体系建设，及时做好信用法规制度和国家强制性标准规范的公开工作。

**做好政策的征求意见、解读、宣贯工作。**充分利用新闻发布会、政策吹风会等方式，及时做好重大政策的解读工作，主动回应重大舆论关切，释放信号，引导预期。探索建立利益相关方、公众、专家、媒体等列席有关会议的制度。积极实行重大决策预公开，扩大公众参与。对社会关注度高的决策事项，除依法应当保密的外，在决策前应向社会公开相关信息，及时反馈意见采纳情况。公开社会广泛关注、关系国计民生的人大代表建议和政协委员提案办理结果和答复。研究制定邮轮运输发展等交通运输新产业、新业态、新模式政策措施时，要通过征求意见、听证座谈、咨询协商等方式，扩大相关市场主体的参与度。推进船舶排放控制区政策实施、靠港船舶使用岸电等交通运输节能降碳项目，通过多种方式及时公开工作措施、进展、成效等信息，主动回应社会关注的热点问题。

**推进价格和收费信息公开。**实行收费目录清单管理，及时组织公开行政事业性收费、政府性基金以及实施政府定价或指导价的经营服务性收费目录清单，明确项目名称、设立依据、标准等。督促交通运输行业具体执收单位在收费场所及时公示收费文件依据、主体、项目、范围、标准、对象等，主动接受社会监督。

**推进公共信息资源公开。**公开港航经济运行数据、发展战略、发展规划、标准规范、科研成果等资源，提高资源的经济和社会效益。我国信息数据资源80%以上掌握在各级政府手里，要以更大力度推动政府数据开放，除涉及国家安全、商业机密和个人隐私外，都应让企业和群众方便地获得和运用，充分释放政府数据能量，创造更多价值①。交通运输部连续多年发布《中国航运发展报告》白皮书，集中发布国际航运、国内航运、集装箱运输、航运服务业、港口服务、水运基础设施建设与维护、海事监管与搜救等方面的数据，是行业信息资源公开的优秀案例。

**加大安全和应急管理信息公开。**及时发布安全生产事故抢险救援、突发

① 乔尚奎.大力优化营商环境[M].北京:中国言实出版社,2019.

事件应急处置信息。加大突发事件预警和预防信息的公开力度。及时向行业发布预警预防信息，特别是可能引起事故灾难的自然灾害风险信息。进一步提高信息发布时效，为人民群众生产生活提供可靠依据。

## 16.2 政务诚信

政府机构提供公共服务，维护社会秩序，对其他社会主体起示范作用。政务诚信能够取信于民，能够产生凝聚力、向心力。政务没有公信力，社会信用体系缺乏基础和支撑，商务诚信和社会诚信便举步维艰。政务诚信是社会主义核心价值体系的重要内容。在政务诚信、商务诚信、个人诚信等组成的社会信用体系中，政务诚信发挥着基础性、导向性作用。

**加强政务诚信体系建设。**坚持依法行政、阳光行政、加强监督，强化诚信教育，提升政务人员素质和服务意识，建立政务领域失信记录和实施失信惩戒措施，将危害群众利益、损害市场公平交易等政务失信行为作为治理重点，循序渐进，不断提升公务员诚信履职意识和政府诚信行政水平。

**建立政务诚信监督体系。**发挥社会舆论监督作用，畅通民意诉求渠道，畅通对政务失信行为进行投诉举报的渠道。建立政务服务绩效由企业和群众评判的“好差评”制度，推动各级政府增强服务意识，转变工作作风，夯实服务责任。支持信用服务机构、高校及科研院所等第三方机构对各地区各部门开展政务诚信评价评级并及时公布结果，加强社会监督。

**加强行政审批、市场监管等领域政务诚信建设。**坚持依法行政，切实履行法定职责必须为、法无授权不可为的要求。按照权力和责任清单制度要求，切实做到依法决策、依法执行和依法监督。

## 16.3 审批服务便民化

行政审批直接关系到市场主体能否开展市场经营活动，政府部门应继续精简涉企经营许可事项，推进政务服务标准化，推进“互联网＋政务服务”，努力打造“不打烊”的数字政府，规范行政审批中介服务、行业协会相关收费，建立畅通有效的政企沟通机制，推进审批服务便民化。

**精简涉企经营许可事项。**深化行政审批制度改革，落实国务院和各级政府取消和下放行政许可的要求，探索先行先试制度性改革，落实减环节、减材料、减时限要求，实现让行政办公“提速”，为群众和企业办事“减负”。

**推进政务服务标准化。**编制并向社会公开政务服务事项标准化公务流程和办事指南。推动同一事项无差别受理、同标准办理。全面推行承诺审批制度，明确政务服务事项名称、设定依据、申请条件、申请材料、审查标准、办理程序和办结时限等要素，实行办事要件标准化、办事流程标准化、办事结果标准化，切实提高行政审批服务效率和质量。

天津市对于港航领域行政许可、从业人员资格认定、企业资质认定等事项，制定了地方标准，明确了许可操作的术语和定义、政务服务实施主体、业务主管部门、政务服务事项名称、依据、办理程序、主题分类、时限、收费、是否支持网上支付、预约审批、就近办（同城通办）、一次办、无人审批、承诺审批、以函代办、是否支持物流快递、是否涉及中介机构、是否联办以及联办部门、流程图和常见问题、效能投诉等具体要求，便于行政人员遵照操作，也便于行政相对人对办理相关事项的全面了解。

**推进"互联网＋政务服务"。**进一步完善行政许可网上办理平台系统，集中全面公开行政许可事项目录并动态更新，对适合网上办理的事项逐步实现申报、受理、审查、反馈、决定和查询告知等全过程、全环节网上办理，大力推进"互联网＋政务服务"，让企业和群众办事更加便捷。

**规范行政审批中介服务、行业协会相关收费。**严格落实行政审批中介服务收费目录清单，严厉查处行政机关将其应当委托的行政审批中介服务、技术性服务费用转嫁给企业承担的行为。加大对行业协会收费监管力度，重点对具有法定职责、承担行政部门委托或授权职能、与政府部门尚未脱钩的行业协会进行抽查，监督利用行政资源强制服务、收费等行为。

**建立畅通有效的政企沟通机制。**建立港航营商环境社会建言机制，通过热线电话、政府官方网站、政务新媒体等常态化建言渠道听取社会各界意见。

# 17　以信用为基础的新型监管机制

**引言：**

《优化营商环境条例》第五章监管执法第五十三条规定："政府及其有关部门应当按照国家关于加快构建以信用为基础的新型监管机制的要求，创新和完善信用监管，强化信用监管的支撑保障，加强信用监管的组织实施，不断提升信用监管效能。"

港航领域在简政放权、减少和下放多项行政审批后，市场准入门槛也随之降低，市场竞争更加激烈，行业主管部门的监管责任更为重大，建立健全以信用为基础的新型监管机制是"后行政审批"时代市场监管的重要手段。

本章以港口口岸从事生产活动的船公司、无船承运人、港口企业、船舶代理企业、车队、堆场、理货、引航等市场主体为研究对象，系统分析了国内外信用体系建设的情况、信用管理的主要模式，结合港航市场主体的特点，探讨了如何建立以信用为基础的新型监管机制。

## 17.1　重要意义

社会信用体系是经济社会发展的重要基础，党中央、国务院十分重视社会信用体系建设工作。2006 年的"两会"上，代表们提出"应加快完善社会信用体系，推进信用分类管理制度，建立信用档案，并针对企业信用状况实施奖惩措施"。2007 年，国务院办公厅下发《国务院办公厅关于社会信用体系建设的若干意见》（国办发〔2007〕17 号），提出"完善行业信用记录，推进行业信用建设。加快信贷征信体系建设，建立金融业统一征信平台；培育信用服务市场，稳妥有序对外开放；完善法律法规，加强组织领导"。2011 年 10 月，国务院召开常务会议部署制定社会信用体系建设规划，提出"十二五"期间要全面推进社会信用体系建设。党的"十八大"提出"加强政务诚信、商务诚信、社会诚信和司法公信建设"，将诚信提升到社会主义核心价值观层面。十八届三中全会提出"建立健全社会征信体系，褒扬诚信，惩戒失信"，《中共中央 国务院关于加强和创新社会管理的意见》提出"建立健全社会诚信制度"，《国民经济和社会发展第十二个五年规划纲要》提出"加快社会信用体系建设"。

2014 年 6 月 14 日，国务院印发《社会信用体系建设规划纲要（2014—2020 年）》（国发〔2014〕21 号），这是推进我国社会信用体系建设的纲领性文件，明确提出“社会信用体系是社会主义市场经济体制和社会治理体制的重要组成部分，它以法律、法规、标准和契约为依据，以守信激励和失信约束为奖惩机制，目的是提高全社会的诚信意识和信用水平”，“加快社会信用体系建设是全面落实科学发展观、构建社会主义和谐社会的重要基础，是完善社会主义市场经济体制、加强和创新社会治理的重要手段，对增强社会成员诚信意识，营造优良信用环境，提升国家整体竞争力，促进社会发展与文明进步具有重要意义”。

2015 年 5 月，《交通运输部关于加强交通运输行业信用体系建设的若干意见》（交政研发〔2015〕75 号）发布，要求加强运输服务领域的信用体系建设工作，包括完善信用制度标准体系、加快信用信息系统建设、完善信用评价监管制度、推进信用信息应用等。

2017 年 9 月 6 日，交通运输部制定印发《水路运输市场信用信息管理办法（试行）》（交办水〔2017〕128 号），明确了水路运输市场信用信息管理的目的、依据、适用范围和管理原则，规定了相关管理部门、行业协会、从业单位及从业人员相应的权利、责任和义务，对水路运输市场信用信息归集、公开、应用提出了规范要求，建立了信用信息管理过程中的异议处理和权益保护机制，提出了从业单位和从业人员违法违规失信行为主要内容。

《国务院关于建立完善守信联合激励和失信联合惩戒制度加快推进社会诚信建设的指导意见》（国发〔2016〕33 号）、《交通运输守信联合激励和失信联合惩戒对象名单管理办法（试行）》（交政研发〔2018〕181 号）、《关于加快推进社会信用体系建设构建以信用为基础的新型监管机制的指导意见》（国办发〔2019〕35 号）、《优化营商环境条例》（国务院令第 722 号）等文件陆续出台，建立以信用为基础的新型监管机制的思路日益清晰。

港航领域具有领域多、范围广的特点，从业企业规模、类型差异较大，应针对不同经营门类分别制定考核指标，逐步建立港航领域市场信用体系。目前，我国港航领域信用体系建设属于起步阶段，进一步推进港航领域信用体系建设具有十分重要的意义。

(1)建立健全港航领域以信用为基础的新型监管机制，是国家社会信用体系建设的重要组成部分

为加快推进社会信用体系建设，《社会信用体系建设规划纲要（2014—2020 年）》明确提出“到 2020 年，实现信用基础性法律法规和标准体系基本建立，以信用信息资源共享为基础的覆盖全社会的征信系统基本建成，信用监

管体制基本健全，信用服务市场体系比较完善，守信激励和失信惩戒机制全面发挥作用”。在交通运输领域，“完善信用考核标准，实施分类考核监管。针对公路、铁路、水路、民航、管道等运输市场不同经营门类分别制定考核指标，加强信用考核评价监督管理，积极引导第三方机构参与信用考核评价，逐步建立交通运输管理机构与社会信用评价机构相结合，具有监督、申诉和复核机制的综合考核评价体系”。港航领域信用体系是社会信用体系的重要组成部分，必须从国家战略的高度来认识。

(2)建立健全以信用为基础的新型监管机制，是推动交通强国建设的重要任务

建设交通强国是以习近平同志为核心的党中央立足国情、着眼全局、面向未来做出的重大战略决策，是建设现代化经济体系的先行领域，是全面建成社会主义现代化强国的重要支撑，是新时代做好交通工作的总抓手。

中共中央、国务院印发的《交通强国建设纲要》中，要求优化营商环境，健全市场治理规则，深入推进简政放权，破除区域壁垒，防止市场垄断，完善运输价格形成机制，构建统一开放、竞争有序的现代交通市场体系。全面实施市场准入负面清单制度，构建以信用为基础的新型监管机制。这是优化营商环境，完善治理体系，提升治理能力的重要手段。

(3)建立健全以信用为基础的新型监管机制，是交通运输推进“放管服”改革、加强政府事中事后监管的重要手段

党的十八大以来，各级交通运输部门认真贯彻落实党中央、国务院的决策部署，加快推进政府职能转变，大幅精简行政审批项目，取消全部非行政许可项目，将工商登记前置审批改为后置审批，有效调动和释放了市场主体活力。但在简政放权、减少、下放行政审批后，市场准入门槛也随之降低，市场竞争更加激烈，行业主管部门的监管责任更为重大。在新的市场形势下，必须建立健全以信用为核心的新型市场监管机制，加强以信用监管为手段的事中事后监管，做到简政放权、放管结合、优化服务协同推进。

(4)建立健全以信用为基础的新型监管机制，是完善交通运输现代市场体系的重要基础

社会信用问题是建设有中国特色的社会主义市场经济所必须解决的一个重要问题，现代市场经济是信用经济，市场交易绝大部分是建立在信用的基础之上，市场主体信用良好，能降低经济运行成本、激发市场活力和创造力，这是市场经济发展的客观规律。然而，随着市场经济大潮的涌起，守信用这一优良传统似乎面临严重的危机。目前，社会信用缺失现象非常普遍，其严重性和危害性严重影响了经济改革和社会发展。

构建以信用为基础的新型监管机制，建立和完善守信联合激励和失信联合惩戒制度，能较好地解决港航领域市场主体的失信问题，有利于发挥市场在资源配置中的决定性作用，真正营造“守信者荣、失信者耻、无信者忧”的良好市场竞争环境，是进一步完善交通运输现代市场体系的重要基础。

(5)建立健全以信用为基础的新型监管机制，是实现政府、市场、社会协同共治，提升港航领域现代治理能力的重要抓手

构建以信用为基础的新型监管机制是完善行业治理体系、提升行业治理能力的客观需要，也是一项十分重要的基础性工作。在市场主体多样化、利益格局多元化、社会倚重信息化的新形势下，传统的治理手段已经不能适应港航业新业态的快速发展。加快推进港航领域信用体系建设，带动政府治理、市场治理、社会治理水平的提升，实现政府、市场、社会协同共治的新格局，有利于提升港航业现代治理水平。

## 17.2 信用体系内涵

### 17.2.1 信用

国家标准《信用基本术语》(GB/T 22117—2008)对信用的解释：建立在信任基础上，不用立即付款或担保就可获得资金、物资或服务的能力。这种能力以在约定期限内偿还的承诺为条件。

《新华字典》对信用的解释：诚实，不欺骗。

《现代汉语词典》对信用的解释：能够履行跟人约定的事情而取得的信任；不需要提供物资保证，可以按时偿付；银行借贷或者赊销、赊购。

《辞海》对信用的解释：①诚实，遵守诺言而取得的信任。②货币借贷和商品买卖中延期付款或交货的总称。以偿还为条件的价值运动的特殊形式。包括：a. 银行信用，是以银行为一方的货币借贷活动；b. 商业信用，是指商品交易中任何一方延期付款或延期交货的短期信用活动；c. 国家信用，是以国家为一方的借贷活动(如发行公债)；d. 消费信用，是对个人消费者提供的信用(如分期付款)。③信任，重用。

《上海市社会信用条例》(2017 年)提出，社会信用是指具有完全民事行为能力的自然人、法人和非法人组织(统称信息主体)在社会和经济活动中，遵守法定义务或者履行约定义务的状态。

综上，信用是指行为主体对法律、法规、标准和契约的遵守和实现。

### 17.2.2 港航信用体系

港航信用体系是国家社会信用体系的重要组成部分。它以法律、法规、标准和契约为依据，以完善的市场主体信用记录和科学的信用管理制度为基础，以港航市场信用信息系统建设为支撑，以守信激励和失信约束为奖惩机制，以树立诚信文化理念、弘扬诚信传统美德为内在要求，目的是提高港航领域的诚信意识和信用水平。

港航信用体系涵盖了法律法规体系、信用考核标准体系、信用信息归集体系、信用奖惩机制四部分主要内容。

## 17.3 国内外信用体系建设情况分析

### 17.3.1 主要发达国家信用体系发展概况

发达市场经济国家的社会信用体系建设因各国国情和立法传统等方面的差异形成了三种不同的模式：以美国为代表的完全市场化运作模式；以欧洲为代表的以政府和中央银行为主导的模式；以日本为代表的会员制模式。

美国模式是通过政府和金融以外的第三方信用公司，在不断适应市场需求中逐渐形成和发展起来的，征信环节采取的是以私营企业为主体的市场化模式，在征信环节中充分发挥市场竞争的作用，促进征信机构采用各种方式提高自己的服务水平，最大限度地满足消费者的需求，该模式具有良好的法人治理结构，避免了低效率和信用范围过窄的问题。

欧洲模式采取的是以中央银行或其下设机构为主体的公共征信模式，这种征信模式是建立在某种公权力基础之上的，强制要求企业和个人向这些机构提供信用数据，并立法保证这些数据的真实性。这种做法的效率较高，容易建立起全国的信用体系，且由于有中央银行和政府的深度介入，能够充分联合国家各有关部门。其弊端在于信用机构多以银行同业工会协会或政府部门的背景出现，属于非营利性的组织，市场化程度相对较低，大多局限在同业信用范围内，难以真正满足市场对信用的各种需求。

日本模式通过银行协会建立的会员制信用机构与商业性信用机构共同组成社会信用制度的基本支撑。该模式在信息的采集和提供方面均能较好地满足需求，但只有会员单位才能获得信用机构提供的信息，其最大的缺陷是提供的信用信息范围过窄，不能达到联合信用的目的。

### 17.3.2 国外发展经验启示

总结国外社会信用体系建设的经验启示我们:其一要以健全的法律体系作为信用体系建设的保障;其二要有完善的信用管理体系作为支撑;其三重视对信用评级结果的运用,为信用服务业的发展创造良好的市场环境;其四要重视信息公开的合法地位,为建立信用体系提供丰厚的政务信息资源;其五要注重信用市场规则的确立。

(1)健全的法律体系作为信用体系建设的保障

将信用产品加工、生产、销售、使用的全过程纳入法律范畴。美国对信用管理的立法主要集中在20世纪60—80年代,目前已经形成信用管理的法律框架。这些法律主要有:《公平信用报告法》《公平信用机会法》《公平债务催收作业法》《公平信用结账法》《诚实租借法》《信用卡发行法》《公平信用和贷记卡揭露法》《电子资金转账法》《储蓄机构违规和现金控制法》《甘圣哲曼储蓄机构法》《银行平等竞争法》《房屋抵押揭露法》《房屋贷款人保护法》《金融机构改革、恢复、强制执行法》《社区再投资法》和《信用修复机构法》。

同时,欧洲也非常注重信用管理相关的立法。比如德国1970年制定的《个人数据保护法》、1997年制定的《通用商业总则》,英国1970年制定的《消息信贷法》,国际经合组织1980年制定的《个人人格保护及个人数据国际交流准则》,欧盟1995年制定的《欧盟数据保护纲领》都较为著名。

(2)完善的信用管理体系作为支撑

美国政府进行信用管理的主要监督和执法机构分两类:一类是银行系统的机构,包括财政部货币监理办公室、联邦储备系统和联邦储蓄保险公司;一类是非银行系统的机构,包括联邦贸易委员会、国家信用联盟办公室和储蓄监督局。

这些政府管理部门的信用管理主要有六项功能:①根据法律对不讲信用的责任人进行适量惩处;②教育全民在对失信责任人的惩罚期内,不要对其进行任何形式的授信;③在法定期限内,政府工商注册部门不允许有严重违约记录的企业法人和主要责任人注册新企业;④允许信用服务公司在法定的期限内,长期保存并传播失信人的原始不良信用记录;⑤对有违规行为的信用服务公司进行监督和处罚;⑥制定执行法案的具体规则。

(3)重视对信用评级结果的运用,为信用服务业的发展创造良好的市场环境

美国政府注意为信用产品的应用创造市场需求。特别是金融监管机构和

州政府，越来越多地利用评级结果，作为确保银行、保险公司及养老基金所持固定收入或证券组合维持在足够信用水平上的一种保障。美国政府利用多种手段，引导更多的交易者参加信用评级或利用评级结果。①对已评级的证券，可以通过提供简略形式并注明参考出处，使得信息披露的负担最小化；②注册时，可以在不必得到 NRSRO(全国承认的评级组织)书面许可的情况下，将 NRSRO 的评级放入注册材料中；③经纪商、交易商的净资本应根据自己的信用等级确定；④已评定信用等级的证券交易可免去一些报告要求；⑤允许交易已评定信用等级的非美国主权债券的期货合约；⑥在承销中要求购买具有投资信用等级的市场债券；⑦应付税的货币市场基金，其投资应满足的条件主要包括风险限额、单个风险限额、评级机构对债券信用等级投资下限的限制；⑧具备投资级信用等级的某些抵押证券或资产支撑，可免予注册和监管；⑨根据州蓝天法，得到两种最高信用等级的抵押证券与政府债券同等待遇。

在德国情况也类似，当人们与政府、银行等某些部门发生业务来往时，按照制度的规定经常会被要求提供信用报告，这些信用报告一般由德国的 Schufa、Creditreform、Buergel 等几大商业性信用公司提供。

(4)重视信息公开的合法地位，为建立信用体系提供充分的政务信息资源

信息公开，又称行政公开，其主要含义是，政府有义务公开政府在行使行政管理权过程中形成的各种信息，或者说公民个人或团体有权知悉并取得行政机关的文件、档案资料和其他信息。美国建立了信息公开的法律制度，其中重要的法律是 1966 年的《信息自由法》、1972 年的《联邦咨询委员会法》和 1976 年的《阳光下的联邦政府法》。

上述三个法律改变了过去行政机关对政府文件的态度，是美国政治、法律领域的一次革命性变革。其核心思想是，原则上所有政府信息都要公开，不公开(即保密)是例外；政府信息具有公共产品的性质，一切人获得信息的权利是平等的；政府对拒绝提供的信息负有举证责任，必须提供拒绝的理由；政府机关拒绝提供信息时，申请人可以向法院请求司法救济。

在信息公开的同时，美国从维护国家经济安全的需要出发，对信息保密也相当重视。为了保证信息公开，美国实行了定密官制度和定密制度。在所有的政府秘密中，中央情报局占 52%，国防部占 44%，国务院占 2%，司法部占 1%，其他政府部门占 1%。大量公开的政务信息，为信用服务公司收集与信用有关的政务信息提供了重要来源。

(5)注重信用市场规则的确立

在美国，信用服务公司都是独立的私人企业，既不受政府的控制，也独立

于证券交易所和证券公司，更不能与被评级企业有任何私下交易，评级机构也不对自己提供的信用产品承担法律责任，承担法律责任的是提供虚假信息的会计师事务所、审计师事务所和其他提供虚假信息的责任者。对信用评级机构的选择，取决于对信用产品的需求。独立性、中立性和公正性是这些公司的立身之本，也是创造客户价值的源泉。据了解，美国的信用服务行业没有行业协会，同行之间从不进行交流，每个企业都有自己的评级、评分标准和数学模型，对所评级的各方面确定了不同的权重，但往往评出的结果却惊人地一致。这些结果经市场验证，大多数是正确的，这使信用产品的价值不断被认可。

### 17.3.3　我国信用体系建设情况

目前，我国信用体系建设在国家层面主要以《社会信用体系建设规划纲要（2014—2020年）》为纲领和依据，要求我国社会信用体系以行业信用建设、地方信用建设和信用服务市场发展为支撑；重点推进诚信文化建设，建立守信激励和失信惩戒；充分发挥政府的组织、引导、推动和示范作用，政府负责制定实施发展规划，健全法规和标准，培育和监管信用服务市场；注重发挥市场机制作用，协调并优化资源配置，鼓励和调动社会力量，广泛参与，共同推进。国务院建立"社会信用系统建设部际联席会议"制度统筹推进信用体系建设，对各地区、各部门社会信用体系建设工作进行指导、督促和检查。

国家层面，2007年，国家设立"社会信用体系建设部际联席会议"制度，最初的牵头机构为国务院办公厅，2008年改为中国人民银行，2012年又调整为国家发展改革委、中国人民银行双牵头，延续至今。主要工作成果包括三方面：一是推动出台了《社会信用体系建设规划纲要（2014—2020年）》；二是发布了《国务院关于建立完善守信联合激励和失信联合惩戒制度加快推进社会诚信建设的指导意见》（国发〔2016〕33号）、《关于加快推进社会信用体系建设构建以信用为基础的新型监管机制的指导意见》（国办发〔2019〕35号），初步推动建立起联合惩戒制度、新型监管机制；三是初步建立起公共信用信息共享机制，包括公共部门之间的互联共享以及"信用中国"网站建设。

省级层面，各省积极探索推进社会信用体系建设，取得了积极进展。以浙江、江苏为例，两省分别设立了信用建设领导小组，由副省长任组长；设立信用办，由发改委领导任主任；设立信用中心，为省发改委下设公益一类事业单位；开设省内信用平台对外服务，例如"信用浙江""诚信江苏"等对接"信用中国"。

行业层面，我国在金融、司法、工商、税务、海关、物流、交通等各领域都相继开展了行业内的信用体系探索，取得了一些经验和成果，概要情况总结如表 17-1 所示。

**表 17-1 我国各领域开展信用体系建设现状汇总**

| 行业领域 | 信息采集类别 | 信息来源 | 是否收费 | 管理模式 |
|---|---|---|---|---|
| 信用中国 | 各行业主管部门公开信息 | 各行业主管部门 | 否 | 信息公开 |
| 金融领域 | 以银行信贷信息为核心，还包括社保、公积金、环保、欠税、民事裁决与执行等公共信息 | 各提供信贷业务的机构 | 每年超过 3 次收费 | 可通过互联网个人信用信息服务平台查询个人信用报告 |
| 司法领域 | 失信被执行人失信信息 | 各执行法院 | 否 | 通过中国执行信息公开网发布失信被执行人名单 |
| 工商领域 | 登记注册、日常监管、执法办案、年报和即时信息、投诉举报、商品抽检、部门交流、社会监督等 | 各执行工商部门 | 否 | 通过国家企业信用信息公示系统发布经营异常名录、严重违法失信企业名单 |
| 税务领域 | 纳税记录等 | 各执行税务机关 | 否 | 评级制，公布重大税收违法案件信息 |
| 海关领域 | 内部控制、财务状况、守法状况、贸易安全 | 直属海关或隶属海关 | 否 | 认证企业制（评级制） |
| 物流领域 | 企业综合素质、财务指标、管理指标、竞争力指标、信用记录指标 | 企业申报 | 是 | 评级制 |
| 道路运输领域 | 运输安全、经营行为、服务质量等 | 行政执法、举报投诉等 | 否 | 评级制 |
| 公路建设领域 | 投标行为、履约行为等 | 各级地方交通运输主管部门和公路建设有关单位 | 否 | 评级制 |
| 海事管理领域 | 船舶安全方面相关信息，船长履职的相关信息 | 公司或个人申报材料，各级海事部门审核 | 否 | 公布“安全诚信船舶”“安全诚信船长”名单及证书有效期 |
| 水运建设领域 | 投标行为、履约行为和其他信用行为 | 各级地方交通运输主管部门、招标人、建设单位等 | 否 | 评级制 |
| 水路运输领域 | 基本信息、良好行为信息、失信行为信息 | 各级交通运输主管部门 | 否 | 信用信息公示 |

### 17.3.4　国内发展经验总结

总结国内各行业、各地区信用体系建设，有不少做法值得借鉴。

(1)法规先行是信用建设的制度保障

各部门都注重并加强信用法规制度建设，推行阳光政务，出台信用信息披露征集和评级等一系列政策措施，统一信用标准，使征信活动有法可依、有章可循，信用体系建设在一个规范有序的轨道上运行。《中华人民共和国港口法》第四十五条规定："港口经营人、港口理货业务经营人有本法规定的违法行为的，依照有关法律、行政法规的规定纳入信用记录，并予以公示。"从法律层面为港口、理货行业信用体系建设提供了保障。《中华人民共和国国际海运条例》第三条规定："从事国际海上运输经营活动以及与国际海上运输相关的辅助性经营活动，应当遵循诚实信用的原则，依法经营，公平竞争。"强调了"诚实信用"。

(2)信用体系建设与履行国际公约结合更有生命力

2005年6月，我国海关在世界海关组织(WCO)第105/106次会议上签署了《全球贸易安全与便利标准框架》意向书。该标准框架旨在提高各国海关应对安全与便利两大挑战的能力，其中提出了经认证的经营者(AEO)概念："以任何一种方式参与货物国际流通，并被海关当局认定符合世界海关组织或相应供应链安全标准的一方，包括生产商、进口商、出口商、报关行、承运商、理货人、中间商、口岸和机场、货站经营者、综合经营者、仓储业经营者和分销商。"获得AEO认证的企业可获得各方信任并获得贸易便利化措施带来的竞争优势。2014年，海关总署发布《中华人民共和国海关企业信用管理暂行办法》，规定根据企业信用状况将企业认定为认证企业、一般信用企业和失信企业，该办法借鉴国际海关AEO制度的先进做法，建立了企业认证制度，制定了包括内部控制、财务状况、守法状况、贸易安全等方面的《海关认证企业标准》，明确规定"认证企业"就是经中国海关认证的经营者(AEO)，适用我国与其他互认国家或地区海关所赋予的优惠待遇和通关便利措施。

(3)政府推动和支持是信用建设的重要条件

信用建设必须要有政府的大力推动，尤其在信用建设初期，政府的组织协调、引导和支持作用至关重要。

(4)信用信息系统是信用体系建设的核心工程

设立企业和从业人员信用档案，完善信用信息的记录、保存和应用，是信用体系建设的基础和前提。各地各部门的信用体系建设都依托于信用信息系统的开发。

(5)分步实施是社会信用体系建设的基本方法

各部门的信用建设很明显都遵循了由简入繁、由易到难的步骤,采取了先行试点,逐步推广的路径,不断完善信用体系建设,推动信用综合建设水平提升。

## 17.4 信用管理模式研究

总结归纳可供我国港航领域相关企业应用的八种信用管理模式如下:

(1)信用信息公示制度

将搜集而来的企业基本信息、良好行为信息、失信行为信息在政府网站上进行公示,如信用中国、全国企业信用信息公示系统。

(2)灰名单制度

灰名单是列入黑名单前的预警名单,通常也明确名单的列入和移出标准,将有经营异常情形的企业列入名单,向社会公众公示或者不公示,重点是提醒企业有被列入黑名单的风险,警示其规范经营行为。如全国企业信用信息公示系统中的经营异常名录公示、重点关注名单等。

(3)重点领域企业联系制度

根据政府重点监管领域,选择该领域内的代表性企业作为重点跟踪对象,主要内容包括定期报送数据、建立信息反馈制度、定期公布发展信息、组织召开重点联系企业研讨会等。通过联系制度,政府可以实时把握市场供求关系和运行态势,了解和深入分析市场发展中存在的问题,为市场宏观调控和科学决策提供依据,增强行业管理针对性、预见性和灵活性。重点领域企业联系制度适用于安全生产关键领域以及特殊经营领域的企业管理,如海峡两岸重点航运企业联系制度、物流重点企业联系制度。

(4)黑名单制度

黑名单制度是指国家通过法律设定的,将一些特定的违法行为主体通过一定的法律程序登记入册,在一定的期限内有关部门依法约束其行为和权利的法律制度。黑名单制度的惩戒对象大多为失信后果影响恶劣的企业,将企业列入黑名单后的社会影响较大。在建立和实施黑名单制度中,必须遵循以下几点:一是建立和实施“黑名单制度”必须有法律依据,坚持法律保留原则;二是建立和实施“黑名单”必须符合正当程序;三是并非所有“黑名单”必须一律向社会公布。如全国法院失信被执行人名单、国家税务总局重大税收违法案件信息等。

(5)资质预警制度

资质预警制度是指已取得水路运输经营资质的企业，在经营中仍符合最低经营资质条件的情况下，管理部门对其经营资质水平下降或发生过违反经营资质管理规定行为的预先警告制度。各级交通运输管理部门按照预警检查分工，指派两名以上管理人员，每年至少一次对企业的经营资质和相关行为进行检查。预警检查采用扣分制，针对扣分情况，设立绿色警告、黄色警告、橙色警告、红色警告共四个等级。管理部门根据企业预警等级不同对企业进行不同频次的检查，并对列入红色警告的企业限制其扩大经营范围。由于资质预警制度依靠管理人员的年度检查获取资质状况信息，因此其工作量较大，适用于涉及敏感、安全生产等经营资质关键领域的企业管理。

(6)信用承诺制度

行为主体以签订信用承诺书的形式，答应履行信用承诺的所有规定内容，信用承诺制度需要明确信用承诺的对象范围、内容、工作程序以及应用途径等，信用承诺的内容通常包括承诺遵守国家法律法规、提供材料真实合法、经营活动主动接受行业监管、主动公示信用信息等。

(7)行业信用评价制度

信用评价是由独立的评价机构或部门，根据“公正、客观、科学”的原则以及相关法律、法规、制度和有关标准，运用科学的指标体系与评级方法，按照规范化的程序，对评价对象在特定期间或特定条件下的履行责任的能力与意愿进行调查与综合评价，并用特定的简单、直观的登记符号来表示其信用等级。信用评价一般重点关注评价主体、评价对象、评价内容、评价程序、评价时效性、评价结果应用等内容。

行业信用评价制度将信用信息搜集范围界定为行业内部，较少涉及其他部门的信息推送，如道路运输企业质量信誉考核。

(8)综合信用评价制度

综合信用评价制度对企业的评价范围不仅包含行业内信息，还包括与企业经营相关的其他部门信息，其信息征集范围较大，信息获取难度大，操作复杂，适用于“信用信息互联互通，第三方信用评价机构培育良好”的前提之下，是一种理想状况下的企业信用管理模式。如海关总署的企业认证。

综上所述，港航领域可供选择的信用管理模式及适用范围如表 17-2 所示。

**表 17-2　港航业信用管理模式一览表**

| 序号 | 模式名称 | 适用领域 | 适用时间 | 特点 | 信息采集 | | 操作复杂性 |
|---|---|---|---|---|---|---|---|
| | | | | | 方式 | 数量 | |
| 1 | 信用信息公示制度 | 适用领域广 | 近期 | 最基础、最重要的一种信用管理模式。信息公示内容涵盖基本信息、良好行为信息、失信行为信息 | 行政执法、投诉举报、其他部门推送等 | 少 | 简单 |
| 2 | 灰名单制度 | 适用领域广 | 近期 | 黑名单前的预警 | 行政执法、投诉举报等 | 较少 | 较复杂 |
| 3 | 重点领域企业联系制度 | 适用于安全生产、特殊经营等关键领域 | 近期 | 便于实时把握市场供求关系和运行态势，了解和深入分析市场发展中存在的问题，为市场宏观调控和科学决策提供依据，增强行业管理针对性、预见性和灵活性 | 企业上报 | 较少 | 较复杂 |
| 4 | 黑名单制度 | 适用领域广 | 近期 | 惩戒对象大多为失信后果影响恶劣的企业；列入黑名单后社会影响较大；黑名单制度的实施必须有法律依据 | 行政执法、投诉举报等 | 较少 | 较复杂 |
| 5 | 资质预警制度 | 适用于涉及敏感、安全生产等经营资质的关键领域 | 近期 | 一种对经营资质水平下降或发生过违反经营资质管理规定行为的预先警告制度（符合最低经营资质条件） | 管理人员年度检查 | 较多 | 较复杂 |
| 6 | 信用承诺制度 | 适用领域广 | 近期 | 主动履行信用承诺书签订的所有内容 | 行政执法、市场检查等 | 较多 | 较复杂 |
| 7 | 行业信用评价制度 | 适用企业数量少的领域 | 远期 | 信息搜集范围界定为行业内部 | 行政执法、投诉举报等 | 多 | 复杂 |
| 8 | 综合信用评价制度 | 暂不具备条件 | 远期 | 跨行业汇总全部信用信息进行综合评价，是最理想的一种模式 | 行政执法、投诉举报、其他部门推送等 | 最多 | 复杂 |

根据之前章节的分析，港航市场主体的特点如表 17-3 所示。对于港航市场信用管理模式的建议如表 17-4 所示。

**表 17-3　港航市场主体的特点**

| 序号 | 市场主体 | 特点 | 行业管理 |
|---|---|---|---|
| 1 | 集装箱码头公司 | 自然垄断性、竞争性、公益性、区域复合性、服务复合性 | 经营资质由地方港口行政管理部门审批 |
| 2 | 引航机构 | 主权性、垄断性、公共安全性、公益服务性、专业技术性、有偿服务性 | 引航机构的设置由交通运输部负责审批 |
| 3 | 拖轮企业 | 资本和技术密集型、寡头垄断 | 经营资质由地方港口行政管理部门审批 |
| 4 | 理货企业 | 服务性和公正性、垄断竞争 | 向地方港口行政管理部门办理备案 |
| 5 | 公路集疏运企业 | 数量众多、完全竞争、“散、小、弱” | 经营资质由县级道路运输管理机构审批 |
| 6 | 铁路运输企业 | 垄断经营 | 交通运输部 |
| 7 | 集装箱班轮公司 | 国际性、规模性、资本和技术密集型、寡头垄断 | 经营资质由交通运输部审批 |
| 8 | 无船承运人 | 企业数量多、垄断竞争、轻资产 | 向注册所在地省级交通运输主管部门备案 |
| 9 | 国际船舶代理企业 | 企业数量多、垄断竞争、轻资产 | 向中国船舶代理及无船承运人协会备案 |
| 10 | 堆场企业 | 重资产、垄断竞争 | 经营资质由地方港口行政管理部门审批，或由县级道路运输管理机构审批 |

**表 17-4　对港航市场信用管理模式的建议**

| 序号 | 模式名称 | 适用企业类型 | 实施机构 |
|---|---|---|---|
| 1 | 信用信息公示制度 | 集装箱码头公司、引航机构、拖轮企业、理货企业、公路集疏运企业、铁路运输企业、集装箱班轮公司、无船承运人、国际船舶代理企业、堆场企业 | 各级政府管理部门 |

**续表 17-4**

| 序号 | 模式名称 | 适用企业类型 | 实施机构 |
| --- | --- | --- | --- |
| 2 | 灰名单制度 | 集装箱码头公司、引航机构、拖轮企业、理货企业、公路集疏运企业、铁路运输企业、集装箱班轮公司、无船承运人、国际船舶代理企业、堆场企业 | 各级政府管理部门 |
| 3 | 重点领域企业联系制度 | 拖轮企业 | 各级政府管理部门 |
| 4 | 黑名单制度 | 集装箱码头公司、引航机构、拖轮企业、理货企业、公路集疏运企业、铁路运输企业、集装箱班轮公司、无船承运人、国际船舶代理企业、堆场企业 | 各级政府管理部门 |
| 5 | 资质预警制度 | 集装箱码头公司、拖轮企业、公路集疏运企业、集装箱班轮公司、堆场企业 | 各级政府管理部门 |
| 6 | 信用承诺制度 | 集装箱码头公司、引航机构、拖轮企业、理货企业、公路集疏运企业、铁路运输企业、集装箱班轮公司、无船承运人、国际船舶代理企业、堆场企业 | 各级政府管理部门、行业协会 |
| 7 | 行业信用评价制度 | 集装箱码头公司、拖轮企业、集装箱班轮公司、堆场企业 | 各级政府管理部门或第三方机构、行业协会 |
| 8 | 综合信用评价制度 | 暂不具备条件 | 以第三方机构为主 |

对八种信用管理模式进行分析总结，将其归纳为三种类型：披露制、预警制和评价制，如表 17-5 所示。

**表 17-5　信用管理模式归类**

| 模式类型 | 模式细分 |
| --- | --- |
| 披露制 | 信用信息公示制度、黑名单制度、信用承诺制度 |
| 预警制 | 灰名单制度、重点领域企业联系制度、资质预警制度 |
| 评价制 | 行业信用评价制度、综合信用评价制度 |

## 17.5 总体思路和实施路径

### 17.5.1 总体思路

按照依法依规、改革创新、协同共治的基本原则，以加强信用监管为着力点，以《中华人民共和国港口法》《国内水路运输管理条例》和《中华人民共和国国际海运条例》等法律法规为依据，借鉴国内外相关行业信用体系建设的成功经验，创新监管理念、监管制度和监管方式，建立健全贯穿港航市场主体全生命周期，衔接事前、事中、事后全监管环节的新型监管机制，不断提升监管能力和水平，进一步规范市场秩序，优化营商环境，推动高质量发展。

### 17.5.2 实施路径

(1)创新事前环节信用监管

①建立健全信用承诺制度。在办理集装箱码头公司、拖轮企业、公路集疏运企业、集装箱班轮公司、堆场企业等行政许可事项时，申请人承诺符合审批条件并提交有关材料的，应予即时办理。申请人信用状况较好，部分申报材料不齐备但书面承诺在规定期限内提供的，应先行受理，加快办理进度。书面承诺履约情况记入信用记录，作为事中、事后监管的重要依据，对不履约的申请人，视情节实施惩戒。制定格式规范的信用承诺书，并依托信用交通及各级信用门户网站向社会公开。鼓励市场主体主动向社会做出信用承诺。支持船东协会、港口协会、船代及无船承运人协会等行业协会建立健全行业内信用承诺制度，加强行业自律。

②探索开展经营者准入前诚信教育。充分利用信用交通及各级各类政务服务窗口，广泛开展市场主体守法诚信教育。为市场主体办理注册、审批、备案等相关业务时，适时开展标准化、规范化、便捷化的法律知识和信用知识教育，提高经营者依法诚信经营意识。开展诚信教育不得收费，也不得作为市场准入的必要条件。

(2)加强事中环节信用监管

①全面建立港航市场主体信用记录。根据权责清单建立信用信息采集目录，在办理注册登记、资质审核、日常监管、公共服务等过程中，及时、准确、全面记录市场主体信用行为，特别是将失信记录建档留痕，做到可查、可核、可溯。

②建立健全港航市场信用管理制度。建立集装箱码头公司、引航机构、

拖轮企业、理货企业、公路集疏运企业、铁路运输企业、集装箱班轮公司、无船承运人、国际船舶代理企业、堆场企业信用信息公示制度，各级政府管理机构依法将履职、提供服务过程中产生或者获取的市场主体相关信用信息在政府网站上进行公开。建立和完善拖轮企业重点领域企业联系制度。建立集装箱码头公司、拖轮企业、公路集疏运企业、集装箱班轮公司、堆场企业资质预警制度。建立集装箱码头公司、拖轮企业、集装箱班轮公司、堆场企业行业信用评价制度。

③大力推进信用分级分类监管。在充分掌握信用信息、综合研判信用状况的基础上，对监管对象进行分级分类管理。“双随机、一公开”监管要与信用等级相结合，对信用较好、风险较低的市场主体，可合理降低抽查比例和频次，减少对正常生产经营的影响；对信用风险一般的市场主体，按常规比例和频次抽查；对违法失信、风险较高的市场主体，适当提高抽查比例和频次，依法依规实行严管和惩戒。

(3)完善事后环节信用监管

①督促失信市场主体限期整改。失信市场主体应当在规定期限内认真整改，整改不到位的，按照“谁认定、谁约谈”的原则，由认定部门依法依规启动提示约谈或警示约谈程序，督促失信市场主体履行相关义务、消除不良影响。约谈记录记入失信市场主体信用记录，统一归集后纳入信用交通及全国信用信息共享平台。大力推进重点领域失信问题专项治理，采取有力有效措施加快推进整改。

②深入开展失信联合惩戒。交通运输部门配合国家发改委等相关部门，加快构建跨地区、跨行业、跨领域的失信联合惩戒机制，从根本上解决失信行为反复出现、易地出现的问题。

③探索建立信用修复机制。失信市场主体在规定期限内纠正失信行为、消除不良影响的，可通过做出信用承诺、完成信用整改、通过信用核查、接受专题培训、提交信用报告等方式开展信用修复。修复完成后，按程序及时停止公示其失信记录，终止实施联合惩戒措施。鼓励符合条件的第三方信用服务机构向失信市场主体提供信用报告、信用管理咨询等服务。

## 17.6 保障措施及建议

(1)加强信用法规标准建设

研究开展港航市场信用信息公示制度、重点领域企业联系制度、资质预警制度、行业信用评价制度等规范性文件的制定工作。在《国内水路运输管理条例》《中华人民共和国国际海运条例》等的修订过程中体现政府信用监管的相关内容和条款。推动港航市场信用信息数据标准制定工作。

(2)推进信用信息平台建设

不断完善部、省两级水路运输市场信用信息平台的建设和信息互联互通,实现全国水路运输市场主体的信用信息采集、存储、统计、查询、评价、发布等功能。充分运用大数据、人工智能等新一代信息技术,实现信用监管数据可比对、过程可追溯、问题可监测。依法依规与大数据机构合作开发信用信息,及时动态掌握市场主体经营情况及其规律特征。

优化全国信用信息平台的互联互通。水路运输市场信用信息平台是交通信用信息平台的组成部分。交通信用信息平台与海关、工商、金融、司法等部门的信用信息平台共同构成了代表各行业的纵向信用信息平台。信用江苏、信用浙江、信用广东等省级信用平台构成了地方覆盖各行业的横向信用信息平台。促进横向平台和纵向平台互联互通,尽快形成"信用中国"网状覆盖的综合信用信息平台,为推进信用体系建设提供基础保障。

(3)推进试点示范工作

围绕信用承诺、信用修复、失信联合惩戒、信用大数据开发利用等重点工作,组织开展港航市场信用建设和信用监管试点示范,并根据试点工作推进情况,总结经验教训,适时调整下一步工作计划。

(4)积极引导行业组织和信用服务机构协同监管

授权行业协会商会协助开展行业信用建设和信用监管,鼓励行业协会商会建立会员信用记录,开展信用承诺、信用培训、诚信宣传、诚信倡议等,将诚信作为行规行约重要内容,引导本行业增强依法诚信经营意识。推动征信、信用评级、信用保险、信用担保、履约担保、信用管理咨询及培训等信用服务发展,切实发挥第三方信用服务机构在信用信息采集、加工、应用等方面的专业作用。加强政府部门与第三方信用服务机构在信用记录归集、信用信息共享、信用大数据分析、信用风险预警、失信案例核查、失信行为跟踪监测等方面开展合作。

(5)支持发展第三方信用服务机构

建立以信用为基础的新型监管机制,是信用体系建设的一个重要内容,信用也是降低交易成本、体制制度性成本的有效途径。港航领域融资、保险等业务的核心在于信用,以商业银行给船舶、航运企业贷款为例,银行需要对企业进行详尽的尽职调查,并设定多层审批程序,产生了大量的交易成本并伴生着不可避免的风险。当前我国港航领域第三方信用服务市场还处于起步阶段,应重点支持培育有影响力的第三方信用服务机构,为金融机构等提供基础性的信用服务,助力降低市场的交易成本和体制制度性成本,逐步培育信用的市场生命力。

# 18　应对突发公共事件

**引言：**

突发公共事件发生，更能彰显营商环境的作用，并检验改善营商环境的成效。

“突发”是指突然发生。“公共”反映的是事件的影响范围和程度，指突发事件影响到国家或者社会一定范围内的共同利益。2007年颁布实施的《中华人民共和国突发事件应对法》对突发事件的定义：“突然发生，造成或者可能造成严重社会危害，需要采取应急处置措施予以应对的自然灾害、事故灾难、公共卫生事件和社会安全事件。”按照社会危害程度、影响范围等因素，自然灾害、事故灾难、公共卫生事件分为特别重大、重大、较大和一般四级。

2001年的“9·11”恐怖袭击、2008年汶川地震、2003年非典、2015年“东方之星”客船翻沉事件、2015年“8·12”天津滨海新区爆炸事故、2020年新型冠状病毒肺炎疫情都属于突发公共事件。突发公共事件突然爆发，难以预料，对经济社会发展影响巨大，后果严重，需紧急处理。

本章分析了突发公共事件中政府的职责，提出了交通运输应对突发公共事件治理体系构建的概念性思路。

## 18.1　突发公共事件的政府职责

(1)政府部门职责分工

根据2018年3月中共中央颁布的《深化党和国家机构改革方案》，国务院机构进行了改革，将国家安全生产监督管理总局的职责，国务院办公厅的应急管理职责，公安部的消防管理职责，民政部的救灾职责，资源部的地质灾害防治、水利部的水旱灾害防治、农业部的草原防火、国家林业局的森林防火相关职责，中国地震局的震灾应急救援职责以及国家防汛抗旱总指挥部、国家减灾委员会、国务院抗震救灾指挥部、国家森林防火指挥部的职责进行整合，组建应急管理部，体现了大应急、大安全、大统筹的综合应急管理理念。应急管理部的主要职责是：组织编制国家应急总体预案和规划，指导各地区各部门应对突发事件，推动应急预案体系建设和预案演练；建立灾情报告系统并统一发布灾情,统筹应急力量建设和物资储备并在救灾时统一调度,组织灾害救助体系建设,指导安全生产类、自然灾害类应急救援,承担国家应对特别重大灾害指挥部工作;指导火灾、水旱灾害、地质灾害等防治;负责安全生产综合监督管理和工矿商贸行业安全生产监督管理等。

公安消防部队、武警森林部队转制后,与安全生产等应急救援队伍一并作为综合性常备应急骨干力量,由应急管理部管理,实行专门管理和政策保障,采取符合其自身特点的职务职级序列和管理办法,保持有生力量和战斗力。应急管理部要处理好防灾和救灾的关系,明确与相关部门和地方各自职责分工,建立协调配合机制。

针对交通运输领域发生的突发公共事件,以及对交通运输领域产生影响的突发公共事件,交通运输管理部门应配合应急管理部等开展工作。

(2)政府的主要任务

突发公共事件发生时,市场会出现失灵的情况,要更好地发挥政府的作用,政府需要参与市场,解决协调市场解决不了的问题。因此,突发的"黑天鹅"出现时,政府的作用更加突出。突发公共事件发生时,发挥政府的作用,是"触发式的政府参与",突发公共事件是政府更多地参与的直接诱因。

在突发公共事件发生后,产生了负外部性,政府的参与能够更好地协助市场发挥作用。政府应对突发公共事件主要有三个目的:一是在事前避免事件发生,二是在事中尽可能地减少损失,三是在事后尽快消除事件的影响。突发事件应对分为预防与应急准备、监测与预警、应急处置与救援、事后恢复与重建四个应对阶段。

预防与应急准备阶段的主要任务是建立健全突发事件应急预案体系,制定突发事件总体应急预案,统筹安排基础设施建设,对危险源和危险区域采取防控措施,建立健全安全管理制度,建立健全突发事件应急管理培训制度,建立或者确定综合性应急救援队伍,组织开展应急知识的宣传和应急演练,建立健全应急通信保障体系,建立国家财政支持的巨灾风险保险体系,鼓励应对突发事件的科研工作,等等。

我国突发事件应急预案框架体系包括六个层次,每个层次的预案体系根据预案的性质和内容对应相应层次的政府协调主体。一是总体应急预案,适用于跨省级行政区域,其核心主体是国务院;二是专项应急预案,是为应对某一类或某几类突发公共事件而制定的,其核心主体是对应的主管部门;三是部门应急预案,是根据部门职责制定的,其核心主体是相应的制定部门;四是地方应急预案,是根据各市(地)、县(市)人民政府及其基层政权组织的具体情况制定的，其核心主体是相应的各地政府；五是企事业单位应急预案；六是举办大型会展和文化体育等重大活动的主办单位制定的应急预案。[①] 针对第二项内容，交通运输管理部门应该为交通运输领域的突发公共事件制定专项应急预案；针对第三项内容，交通运输部门应根据部门职责，制定交通运输部门应急预案；针对第五项内容，交通运输企事业单位应制定相应的应急预案。

监测与预警阶段的主要任务是建立全国统一的突发事件信息系统，多种途径收集突发事件信息，按规定报送突发事件信息，对发生突发事件的可能性及其可能造成的影响进行评估，建立健全突发事件监测制度，建立健全突发事件预警制度等。

应急处置与救援阶段的主要任务是实施组织营救和救治受害人员，控制危险源，抢修被损坏的基础设施，启用财政预备费和储备的应急救援物资，保障基本生活必需品供应，维护市场秩序，维护社会治安，防止发生次生和衍生事件，发布有关突发事件事态发展和应急处置工作的信息等。

事后恢复与重建阶段的主要任务是恢复社会秩序，制订恢复重建计划，修复基础设施，善后工作处理，行业发展支持，等等。

## 18.2 交通运输应对突发公共事件治理体系构建

交通运输是国民经济中基础性、先导性、战略性产业，是重要的服务性行业。交通运输是国民经济的基础性产业，工农业生产、人民生活、国防建设和社会活动对交通运输具有普遍需求性，交通运输业是其他生产部门正常运转的前提，是社会再生产得以延续的基本环节。交通运输是先导性产业，先行发展交通运输业才能为生产要素和商品的流通创造条件。交通运输是战略性产业，交通运输行业为对外贸易、能源运输、国防物资调配等提供了重要的战略保障。交通运输属于第三产业，即服务业，与第一、第二产业不同，表现出服务性的特点。交通运输具有显著的国际性特征，促进了经济全球化，使国际经济往来更加密切。

港航业是交通运输行业的重要组成部分，是基础性、支撑性、战略性产业，是经济社会发展重要的基础产业，在维护国家海洋权益和经济安全、推动对外贸易发展、促进产业转型升级等方面具有重要作用。在突发事件发生后，港航业市场主体受到重大影响，同时也会对服务供给产生影响。

---

① 丁文喜.突发事件应对公共危机管理[M].北京：光明日报出版社，2009.

当突发公共事件发生时，一方面，交通运输行业要发挥好对经济社会的保障作用，打通“大动脉”，畅通“微循环”，服务大局，当好“先行官”；另一方面，交通运输行业也要减少交通运输企业、行业职工在事件中受到的影响，尽量减少损失，保障交通运输行业健康发展。

### 18.2.1　构建多方参与、多维度共治的治理体系

优化营商环境是交通强国建设的重要任务，突发公共事件使营商环境的外部条件发生变化，负外部性突出显现，市场在资源配置中的决定性作用出现失灵，政府要积极参与，政府的作用将更加凸显。突发公共事件是突发的检验交通是否“强”的试金石和试验场，交通运输领域需要不断完善治理体系，提升治理能力，保障交通运输行业自身健康发展，保障好经济社会的运输需求。

应对突发公共事件，交通运输领域要坚持以人民为中心的思想，坚持实践决定认识、认识反作用于实践的辩证唯物思想，不断推进实践基础上的理论创新，实现理论创新和实践创新良性互动。

在交通运输领域应对突发公共事件的实践基础上，建议针对突发公共事件，构建政府主导的多方参与、多维共治的治理体系，由交通运输管理部门及相关政府部门主导，交通运输相关企业、社会组织、智库机构、民众以及国际社会共同参与，采用行政手段、法律手段、经济手段、社会手段、外交手段，通过制度创新、技术创新、管理创新，最大限度减少突发公共事件的影响。

政府主导的多方参与、多维共治的治理体系见图 18-1。

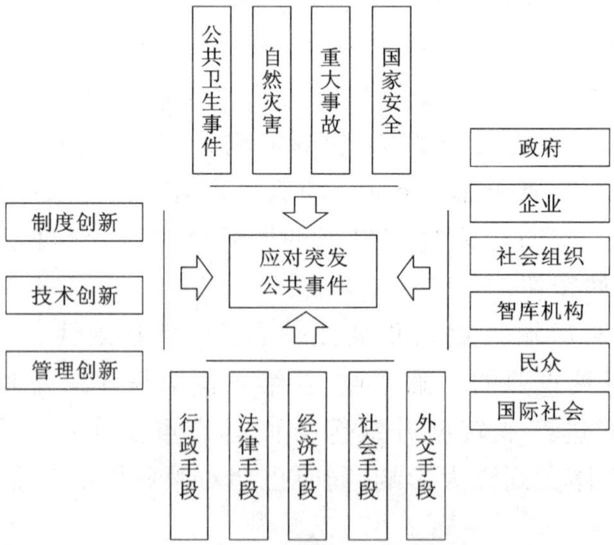


**图 18-1　政府主导的多方参与、多维共治的治理体系**

交通运输领域应对突发公共事件的治理体系，不仅是政府内部的协同和整合，更多的是在重大突发公共事件的情景中，众多参与方的整体协作。纵向需要国际社会、主权国家、地区、社区、家庭、个体之间的协作，横向需要政府、企业、社会组织、智库机构、民众等主体参与，参与方都是利益相关方和风险分担者，政策制定者、执行者、牺牲者和受益者应在公开透明、无障碍沟通的平台上充分互动博弈，形成保障经济社会、行业发展、个体利益的最大公约数。

突发公共事件周期包括前兆、爆发、蔓延、缓解和终止五个阶段。[①] 突发公共事件中政府协调程度与突发公共事件周期呈正相关。[②] 前兆阶段，政府协调程度处于较低层次或者还没有进入协调阶段，这取决于灾难类型，比如爆炸、沉船等灾难事件在前兆阶段无法预测，只能等到进入爆发阶段后才能进入政府协调阶段。突发公共事件进入爆发阶段后，政府协调程度在突发公共事件爆发点或稍后一段时间内呈几何级数递增，如果政府反应迟钝或不予理睬，会直接影响政府的公信力。突发事件进入蔓延阶段也意味着政府进入全面协调阶段，包括政府与民众、政府与企业、政府与社会组织、政府与国际组织等之间进行全面协调。突发公共事件的爆发与蔓延没有一个绝对的分界点，因此政府内部协调与政府外部协调也不是截然分离的，而是相互配合、相互促进的。从缓解阶段开始，政府协调程度逐渐减弱，直至终止阶段，突发事件中政府协调或者随之结束，比如沉船救援，或者仍保留部分职责进入一种新的政府协调阶段，比如地震灾后重建。

突发公共事件周期政府协调程度示意见图 18-2。

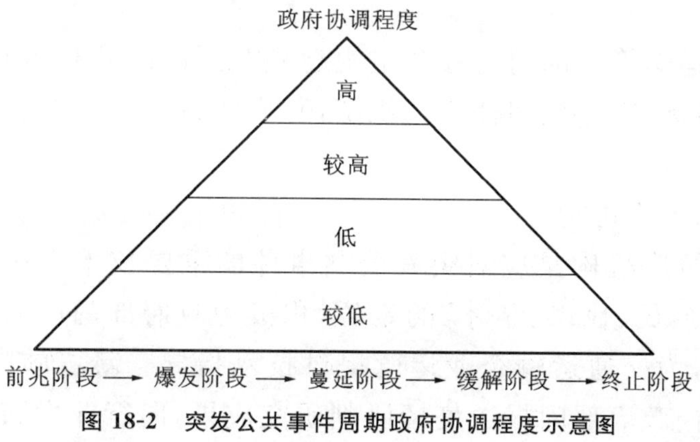


**图 18-2　突发公共事件周期政府协调程度示意图**

① 李志宏，王海燕. 知识视角下的突发性公共危机管理模式研究[J]. 科技管理研究，2009，10：51-53.

② 金太军，赵军峰. 风险社会的治理之道[M]. 北京：北京大学出版社，2018.

### 18.2.2 政府与多方参与主体的关系与建议

(1)政府与企业

交通运输企业是市场的主体,具备较强的配置资源的能力,是应对突发公共事件的主要力量。以抗击新冠肺炎疫情为例,交通运输企业积极作为,国内港口企业纷纷推出降低货主损失和风险的措施,同时积极提高对疫情物资的运输保障,很好地体现了企业的社会责任;再如,有些港口企业通过自动化码头、智能理货、单证无纸化等技术和管理创新,降低疫情扩散的风险。但是,企业以实现利益最大化为使命,在突发公共事件中并不必然导向公共利益,在短期利益的驱使下,有些企业可能会有不道德、违背公共精神的行为。

因此,建议交通运输管理部门,一是针对突发公共事件产生的特殊需求,指导企业运营,引导企业提供特定的供给服务;二是要积极引导企业完善社会责任体系,引导企业积极自主履行社会责任;三是支持企业进行制度完善、技术创新、管理创新,提升应对突发公共事件的能力。

(2)政府与社会组织

交通运输行业社会组织是应对突发公共事件的重要辅助力量。新冠脑炎疫情发生后,行业协会等社会组织加强行业生产运行监测与分析,及时发布行业信息,调研行业需求,向政府部门报送意见、建议,很好地发挥了政府和企业间的纽带作用。但是,社会组织也存在缺乏独立性、代表利益偏差等问题,针对同一突发公共事件,不同社会组织会出现观点相左、意见和建议完全相反的情况。

建议交通运输管理部门与社会组织建立“互补性”合作伙伴关系,求同存异,建立共同目标,充分利用社会组织资源,发挥好社会组织辅助性配置资源的作用。

(3)政府与智库机构

交通运输智库机构是应对突发公共事件的重要技术支撑力量。智库机构遵循“资政、启民、伐谋、孕才”的定位,积极为政府部门应对突发公共事件提供政策建议,为交通运输企业运营提供技术指导。新冠肺炎疫情发生后,智库机构积极向政府部门报送疫情研判研究成果,向行业发布应对疫情的工作指南,在期刊、公众号发表文章,为行业发展和企业经营提出意见、建议。例如,交通运输部水运科学研究院编制《港口货运企业防控“新冠肺炎”疫情工作指南》《港口客运企业防控“新冠肺炎”疫情工作指南》。

建议交通运输管理部门依托已建立的交通运输新型智库联盟,造就一支坚持正确政治方向、德才兼备、富于创新精神的公共政策研究和决策咨询队伍，建立一套治理完善、充满活力、监管有力的智库管理体制和运行机制，充分发挥智库机构咨政建言、理论创新、舆论引导、社会服务、公共外交等重要功能，将智库的意见、建议科学转化为行业政策。

(4)政府与国际社会

国际社会是交通运输领域应对突发公共事件的重要外部约束条件。

新型冠状病毒肺炎疫情发生以来，国际组织高度重视并密切关注疫情防控进展，围绕全球海事业可持续健康发展，国际海事组织(IMO)向所有成员国、联系会员、政府间组织和非政府间组织推荐由中国政府提交的《船舶船员新冠肺炎疫情防控操作指南》《港口及其一线人员新冠肺炎疫情防控工作指南》，世界卫生组织发布了《船上新冠肺炎病例和爆发管理的操作注意事项》(*Operational considerations for managing COVID-19 cases and outbreaks on board ships*)，全球航运公会发布了《全球航运业应对新冠肺炎疫情指南》(*Guidance for Ship Operators for the Protection of the Health of Seafarers*)，指导全球航运业、港口加强新冠肺炎疫情防控。

建议交通运输管理部门，一是利用交通运输领域双边、多边的对话机制，在突发公共事件发生后重点加强交通运输限制措施方面的沟通，为国际运输创造便利条件；二是加强与国际组织建立互信关系，建立信息共享机制，为突发公共事件发生时的沟通协调创造条件。

(5)政府与民众

坚持以人民为中心的思想，民众参与是应对突发公共事件的核心。积极的民众参与意愿、较好的民众参与能力和有效的民众参与渠道是有效应对突发公共事件的三个条件，缺失民众参与可能会导致突发公共事件的发生以及事态的升级。马斯洛的需求层次理论把人们的需求分为生理需求、安全需求、归属和爱的需求、自尊需求和自我实现需求五类，依次由较低层次到较高层次排列；某一层次的需求相对满足了，就会向高一层次发展，追求更高层次的需求就成为驱动行为的动力。① 生理需求也称级别最低、最具优势的需求，如：食物、水、空气、健康。安全需求同样属于低级别的需求，其中包括人身安全、生活稳定以及免遭痛苦、威胁或疾病等。归属和爱的需求属于较高层次的需求，如：对友谊、爱情以及隶属关系的需求。自尊需求属于较高层次的需求，如：成就、名声、地位和晋升机会等，既包括对成就或自我价值的个人感

① 马斯洛. 动机与人格[M]. 许金声等，译. 北京：华夏出版社，1987.

觉，也包括他人对自己的认可与尊重。自我实现需求是最高层次的需求，包括对于真善美乃至更高人生境界获得的需求，前面四项需求得到满足，最高层次的需求方能相继产生，是一种衍生性需求，如：自我实现、发挥潜能等。

在我国即将全面建成小康社会的历史时期，人民群众的生理需求、安全需求基本能够得到满足，人民群众的需求主要是对美好生活的向往，个人需求主要集中在归属和爱的需求、自尊需求和自我实现需求方面。当突发公共事件发生时，整体上个人需求从高层次向低层次转移，尤其是在突发公共事件的爆发阶段、蔓延阶段，生理需求、安全需求更加显现；一部分具有特殊技能又有意愿为社会服务的个人追求自尊需求和自我实现需求，比如当疫情发生时的医生、护士、志愿者等。随着突发公共事件进展到缓解阶段和终止阶段，民众的整体需求层次逐步从低层次向高层次转移，逐步回归正常。

交通运输领域涉及政府、企业、行业智库、行业协会学会、相关国际组织的众多个体，也包括接受交通运输服务的广大民众，当突发公共事件发生时，整体上个人需求从马斯洛需求层次的高层次向低层次转移，但部分具备应对突发公共事件能力、有为社会服务的意愿的个体，追求高层次的自尊需求和自我实现需求，有强烈的意愿为行业、社会做贡献。

突发公共事件情景下马斯洛需求层次变化见图 18-3。

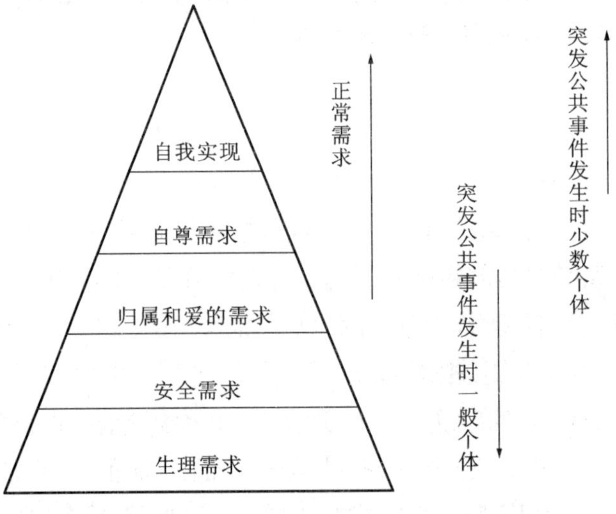


**图 18-3　突发公共事件情景下马斯洛需求层次变化**

建议交通运输管理部门，一是积极培育民众参与的意识和能力，鼓励志愿者行为；二是创造条件，畅通民众参与交通运输行业应对突发公共事件的渠道；三是建立健全保障机制、宣传机制，弘扬个人奉献精神，树立交通运输行业典型人物。上述举措将促使个人自尊需求、自我实现需求与社会的需要达成一致，依靠人民打赢人民战争。

(6)政府自身

政府在应对突发公共事件的治理体系中起主导作用，同时也承担协同多方参与主体的重要职责。

以应对新冠肺炎疫情为例，政府部门出台了多项政策。

最高人民法院：《关于依法妥善审理涉新冠肺炎疫情民事案件若干问题的指导意见》；

应急管理部：《关于切实加强复工复产安全防范和安全服务的通知》；

交通运输部：《关于统筹做好疫情防控与水路运输保障有关工作的紧急通知》《关于新冠肺炎疫情防控期间国内水路运输证件办理工作的公告》《关于分区分级做好水路运输服务保障工作的通知》《港口及一线人员新冠肺炎疫情防控工作指南》《内外贸兼营散装液体危险货物运输船舶国际转国内航线疫情防控工作指南》；

交通运输部、人力资源和社会保障部：《关于妥善做好新冠肺炎疫情期间中国籍国际航行船舶在船船员换班安排的公告》；

交通运输部、外交部、国家卫生健康委、海关总署、国家移民管理局：《关于疫情防控期间对伤病船员紧急救助处置的指导意见》；

交通运输部、外交部、国家卫生健康委、海关总署、国家移民管理局、民用航空局：《关于精准做好国际航行船舶船员疫情防控工作的通知》；

海事局：《关于疫情防控期间船舶管理有关事宜的公告》《船舶船员新冠肺炎疫情防控操作指南》《关于新冠肺炎疫情常态化防控形势下船员管理有关事宜的公告》；

海关总署：《国际航行船舶出入境检验检疫管理办法》《口岸新型冠状病毒感染的肺炎卫生检疫操作指南》；

财政部：《关于支持金融强化服务 做好新型冠状病毒感染肺炎疫情防控工作的通知》《关于支持新型冠状病毒感染的肺炎疫情防控有关税收政策的公告》；

财政部、交通运输部：《关于减免港口建设费和船舶油污损害赔偿基金的公告》《关于延长港口建设费和船舶油污损害赔偿基金减免政策执行期限的公告》；

中国人民银行、财政部、银保监会、证监会、国家外汇管理局：《关于进一步强化金融支持防控新型冠状病毒感染肺炎疫情的通知》；

财政部、发展改革委、工业和信息化部、人民银行、审计署:《关于打赢疫情防控阻击战强化疫情防控重点保障企业资金支持的紧急通知》。

建议政府部门,一是在事件前兆阶段做好交通运输领域应急预案;二是在事件爆发和蔓延阶段做好建立信息采集报送机制,对突发公共事件影响进行评估,尽快恢复交通运输市场,维护市场秩序,制定出台支持行业发展的政策,做好宣传和引导工作;三是在缓解和终止阶段做好支持行业发展的善后工作,完善法规标准。建议在应对突发公共事件的实践中逐步建立和完善交通运输领域政府主导的多方参与、多维共治的治理体系,统筹协调多方资源,充分发挥多方优势,依靠人民,服务人民,为打赢人民战争贡献交通力量。

# 19 法治保障

**引言：**

法治是最好的营商环境。法治在优化营商环境方面具有固根本、稳预期、利长远的作用。法治强调法在调整各种社会关系中的正当性、权威性，是迄今为止最先进、最有效的治理体系和治理方式。

《优化营商环境条例》第五章监管执法第五十一条至第六十条对监管执法做出了规定，主要针对执法主体和执法层级多，行政执法检查过多、过频等问题，明确创新和规范监管执法，促进公平公正监管，更好实现公平竞争。

《优化营商环境条例》第六章法治保障第六十一条至第七十一条规定了强化营商环境的法治保障，主要针对法规政策制定透明度不足，新出台法规政策缺少缓冲期，企业对政策环境缺乏稳定性预期等问题做出了规定。

本章概述了港航领域的法律体系现状，分析了港航领域法律体系、监管执法存在的问题，提出了强化营商环境法治保障的建议。鉴于港航业的国际化特征，本章也分析了与港航领域密切相关的国际公约和国际规则的相关情况。

## 19.1 法律体系

### 19.1.1 中国特色社会主义法律体系

中国特色社会主义法律体系，是以宪法为统帅，以法律为主干，以行政法规、地方性法规为重要组成部分，由宪法相关法、民法商法、行政法、经济法、社会法、刑法、诉讼与非诉讼程序法等组成的有机统一整体。

中国宪法在中国特色社会主义法律体系中具有最高的法律效力，一切法律、行政法规、地方性法规的制定都必须以宪法为依据，遵循宪法的基本原则，不得与宪法相抵触。

中国宪法规定，全国人大及其常委会行使国家立法权。全国人大及其常委会制定的法律，是中国特色社会主义法律体系的主干，解决的是国家发展中带有根本性、全局性、稳定性和长期性的问题，是国家法制的基础，行政法规和地方性法规不得与法律相抵触。

国务院根据宪法和法律制定行政法规。行政法规包括行政管理的各个领域,涉及国家经济、政治、文化、社会事务等各个方面。

根据宪法和法律,省、自治区、直辖市和较大的市的人大及其常委会可以制定地方性法规。

### 19.1.2 港航领域的法律体系

综合交通运输法规体系是中国特色社会主义法律体系的重要组成部分。综合交通运输法规体系框架由六个系统构成,包括跨运输方式法规系统、铁路法规系统、公路法规系统、水路法规系统、民航法规系统和邮政法规系统。水路法规系统由三个子系统构成,包括水运基础设施法规子系统、水路运输法规子系统、水上交通安全和防污染法规子系统。

(1)法律

我国港航领域法律主要归类于水路法规系统,现行的法律主要有:《中华人民共和国海商法》《中华人民共和国港口法》《中华人民共和国航道法》《中华人民共和国海上交通安全法》。

与港航相关的法律主要有:《中华人民共和国船舶吨税法》《中华人民共和国车船税法》《中华人民共和国国防交通法》《中华人民共和国反垄断法》《中华人民共和国价格法》《中华人民共和国反不正当竞争法》《中华人民共和国外商投资法》《中华人民共和国突发事件应对法》《中华人民共和国行政许可法》《中华人民共和国行政诉讼法》《中华人民共和国海事诉讼特别程序法》《中华人民共和国安全生产法》《中华人民共和国环境保护法》《中华人民共和国海洋环境保护法》《中华人民共和国反恐怖主义法》《中华人民共和国民法典》(自2021年1月1日起施行)等。

**【专栏:《中华人民共和国反垄断法》】**

《中华人民共和国反垄断法》(以下简称《反垄断法》)被誉为"经济宪法",在市场经济法律制度中居于核心地位。我国在一段相当长的时期实行计划经济,导致我国反垄断法起步较晚。由于我国处于经济转型时期,《反垄断法》的制定又涉及多种利益博弈,因此《反垄断法》从1994年被列入第八届全国人大常委会立法规划到出台,经历了13年。

《反垄断法》第一条就明确了立法目的:"为了预防和制止垄断行为,保护市场公平竞争,提高经济运行效率,维护消费者利益和社会公共利益,促进社会主义市场经济健康发展,制定本法。""预防和制止垄断行为,保护市场公平竞争,提高经济运行效率”都是为了实现“维护消费者利益和社会公共利益,促进社会主义市场经济健康发展”这些终极目标而设立的“阶段性”目标,两者之间是实现途径和终极目标的关系。

关于《反垄断法》豁免和适用除外,《反垄断法》第十五条通常被认为是反垄断豁免条款。“第十五条 经营者能够证明所达成的协议属于下列情形之一的,不适用本法第十三条、第十四条的规定:(一)为改进技术、研究开发新产品的;(二)为提高产品质量、降低成本、增进效率,统一产品规格、标准或者实行专业化分工的;(三)为提高中小经营者经营效率,增强中小经营者竞争力的;(四)为实现节约能源、保护环境、救灾救助等社会公共利益的;(五)因经济不景气,为缓解销售量严重下降或者生产明显过剩的;(六)为保障对外贸易和对外经济合作中的正当利益的;(七)法律和国务院规定的其他情形。属于前款第一项至第五项情形,不适用本法第十三条、第十四条规定的,经营者还应当证明所达成的协议不会严重限制相关市场的竞争,并且能够使消费者分享由此产生的利益。”《反垄断法》第五十五条和第五十六条则被认为是适用除外。“第五十五条 经营者依照有关知识产权的法律、行政法规规定行使知识产权的行为,不适用本法;但是,经营者滥用知识产权,排除、限制竞争的行为,适用本法。第五十六条 农业生产者及农村经济组织在农产品生产、加工、销售、运输、储存等经营活动中实施的联合或者协同行为,不适用本法。”豁免制度和适用除外虽然都可以导致不受反垄断法制裁的后果,但两者却是完全不同的。反垄断法适用除外制度的核心是反垄断法的管辖范围,即界定反垄断法的“边界”;反垄断法豁免制度则是指对于在形式上被反垄断法禁止的行为,由于符合特定的条件而免于反垄断法规制的制度①。

《反垄断法》主要约束三种垄断行为:①经营者达成垄断协议;②经营者滥用市场支配地位;③具有或者可能具有排除、限制竞争效果的经营者集中。

(1)垄断协议

横向垄断协议行为被公认为是对竞争损害最为严重的反竞争行为,是各国反垄断法规制的最重要和最主要的内容之一。在港航领域,深圳四家拖轮公司垄断案、八家滚装货物国际海运企业垄断案、深圳两家理货公司垄断案、天津堆场公司垄断案都属于横向垄断协议行为。

横向垄断协议的实施主体是多个具有竞争关系的经营者,这是横向垄断协议的主体要件。深圳两家理货公司垄断案中,深圳中联和深圳中理援用单

---

① 李志强.中国反垄断立法与执法评述[M].北京:社会科学文献出版社,2019.

一经济体理论提出抗辩，招商物流均为两家公司股东，且均持股50%，另外两家公司部分间接持股股东相同，因此认为两家公司不具有竞争关系。国家市场监管总局回应认为，原交通部《关于组建第二家外轮理货公司有关问题的通知》(交水发〔2002〕285号)中，明确将“为了建立适度的理货市场竞争机制，各港的两家理货公司不能由完全相同的投资主体控股经营”，作为组建第二家外轮理货公司的基本原则。2016年8月之前，只有深圳中理和深圳中联两家理货公司在深圳港西部港区开展生产经营，两公司应当按照上述要求，开展公平竞争。此外，从实际运营情况来看，深圳中理和深圳中联在2016年8月新的理货公司进入深圳港西部港区后，停止了划分市场和协调价格的行为，已经开展了正常的市场竞争。执法机关认定单一经济体理论不能被援用作为抗辩理由。

《反垄断法》对于“具有竞争关系的经营者”没有明确的界定，但是根据深圳两家理货公司垄断案，对于母子公司、同一公司控制的兄弟公司之间，不能当然地适用单一经济体理论予以豁免，还应考虑母公司对子公司的控制程度、子公司与兄弟公司之间是否独立决策、关联公司之间事实上是否存在竞争等因素，并根据具体事实情况做出判断。

(2)滥用市场支配地位

拥有市场支配地位本身并不违法。《反垄断法》第十七条第二款规定：“本法所称市场支配地位，是指经营者在相关市场内具有能够控制商品价格、数量或者其他交易条件，或者能够阻碍、影响其他经营者进入相关市场能力的市场地位。”执法机构从控制交易条件和影响市场进入两个方面认定市场支配地位。

2017年，国家发改委会同交通运输部对港口进行反垄断调查，发现港口普遍存在以下三个方面的问题：第一，要求船公司使用本港下属企业提供的拖轮、理货、船代等服务。第二，对不可竞争的本地外贸集装箱业务，收取远高于竞争性国际中转集装箱的装卸作业费。第三，向交易对象附加强制服务、不竞争条款、忠诚条款等不合理交易条件，如强制拆箱理货、船公司选择中转港运价限制等。上述行为涉嫌违反了以不公平的高价销售商品、限定交易相对人只能与其指定的经营者进行交易、在交易时附加其他不合理的交易条件等滥用市场支配地位的行为。

(3)经营者集中

对经营者集中的审查是一种事先的、预防性质的法律程序，而对垄断协议和滥用市场支配地位的规制则是对涉嫌违法行为的事后调查与救济。《反垄断法》第二十八条规定："经营者集中具有或者可能具有排除、限制竞争效果的，国务院反垄断执法机构应当作出禁止经营者集中的决定。但是，经营者能够证明该集中对竞争产生的有利影响明显大于不利影响，或者符合社会公共利益的，国务院反垄断执法机构可以作出对经营者集中不予禁止的决定。""具有或者可能具有排除、限制竞争效果"是我国目前审查的实质标准。

商务部对于P3联盟的审查，对市场份额、市场控制力、市场集中度、市场进入，对消费者和其他经营者的影响等进行了评估，最终禁止了此项经营者集中。

《反垄断法》第二十一条规定："经营者集中达到国务院规定的申报标准的，经营者应当事先向国务院反垄断执法机构申报，未申报的不得实施集中。"《国务院关于经营者集中申报标准的规定》(国务院令第529号)第三条规定："经营者集中达到下列标准之一的，经营者应当事先向国务院商务主管部门申报，未申报的不得实施集中：(一)参与集中的所有经营者上一会计年度在全球范围内的营业额合计超过100亿元人民币，并且其中至少两个经营者上一会计年度在中国境内的营业额均超过4亿元人民币；(二)参与集中的所有经营者上一会计年度在中国境内的营业额合计超过20亿元人民币，并且其中至少两个经营者上一会计年度在中国境内的营业额均超过4亿元人民币。营业额的计算，应当考虑银行、保险、证券、期货等特殊行业、领域的实际情况，具体办法由国务院商务主管部门会同国务院有关部门制定。"第四条规定："经营者集中未达到本规定第三条规定的申报标准，但按照规定程序收集的事实和证据表明该经营者集中具有或者可能具有排除、限制竞争效果的，国务院商务主管部门应当依法进行调查。"

广州港股份有限公司收购中山港航集团股份有限公司股权、辽宁港口集团有限公司取得大连港集团有限公司和营口港务集团有限公司100%股权、青岛港招商局国际集装箱码头有限公司和青岛港(集团)有限公司设立合营企业、青岛港招商局国际集装箱码头有限公司和青岛新前湾集装箱码头有限责任公司设立合营企业等行为构成未依法申报违法实施的经营者集中。

2018年机构改革之前，国家发改委负责"依法查处价格违法行为和价格垄断行为"；商务部负责"经营者集中的反垄断审查等工作，并承担国务院反垄断委员会的具体工作"；国家工商行政管理总局负责"垄断协议、滥用市场支配地位、滥用行政权力排除限制竞争方面的反垄断执法工作(价格垄断行为除外)"。2018年，中共中央印发《深化党和国家机构改革方案》，组建国家市场监督管理总局，将国家工商行政管理总局的职责、国家发展和改革委员会的价格监督检查与反垄断执法职责、商务部的经营者集中反垄断执法以及国务院反垄断委员会办公室等职责整合，由国家市场监督管理总局承担。

**【专栏：《中华人民共和国反不正当竞争法》】**

《中华人民共和国反不正当竞争法》（以下简称《反不正当竞争法》）于1993年第八届全国人民代表大会常务委员会通过，2017年和2019年进行了修订。

《反不正当竞争法》第一条明确了立法目的："为了促进社会主义市场经济健康发展，鼓励和保护公平竞争，制止不正当竞争行为，保护经营者和消费者的合法权益，制定本法。"竞争机制是市场经济最基本的运行机制，在竞争的作用下可以产生积极的企业行为和社会效果，受利益驱使，也会产生消极的企业行为和社会效果，《反不正当竞争法》对市场竞争行为进行法律规范，对公平竞争进行鼓励和保护，对不正当竞争进行制止和惩罚，为维护和促进竞争提供了法律保障。

《反不正当竞争法》第二章第六条至第十二条规定了7种不正当竞争行为：①采用假冒或混淆等不正当手段从事市场交易的行为；②采用财物或者其他手段贿赂，以谋取交易机会或者竞争优势的行为；③采取虚假或者引人误解的商业宣传，欺骗、误导消费者的行为；④侵犯商业秘密的行为：⑤违反本法规定的有奖销售行为；⑥编造、传播虚假信息或者误导性信息，损害竞争对手的商业信誉、商品声誉的行为；⑦利用技术手段，通过影响用户选择或者其他方式，实施妨碍、破坏其他经营者合法提供的网络产品或者服务正常运行的行为。

与《反垄断法》旨在维护竞争机制，保护竞争不被排除和限制，防止竞争不足等不同，《反不正当竞争法》旨在防止过度竞争，消除恶性竞争；《反垄断法》主要是维护宏观的竞争秩序，侧重追求整体和宏观的效率，《反不正当竞争法》主要是保障具体交易场合特定当事人之间的利益平衡，侧重维护微观的竞争秩序，追求局部和个案的公正。《反不正当竞争法》主要是事后调整，以民事救济（主要靠私人提起民事诉讼）手段为主，辅以行政和刑事制裁的手段。[①]

**【专栏：《中华人民共和国价格法》】**

价格在国民经济运行中是最重要的经济杠杆之一，在经济改革中处于中心的位置，在社会主义市场经济的完善与发展中起关键的作用。《中华人民

---

① 王先林.《反垄断法》的出台与我国竞争法体系的协调完善[J].华东政法大学学报，2008，2：117-121.

共和国价格法》(以下简称《价格法》)自 1998 年 5 月 1 日起施行,确立了价格活动的统一的行为规则,建立了价格活动的法律秩序。

《价格法》第一条明确了立法目的:“为了规范价格行为,发挥价格合理配置资源的作用,稳定市场价格总水平,保护消费者和经营者的合法权益,促进社会主义市场经济健康发展,制定本法。”

《价格法》第三条对价格机制、价格形式做出规定:“国家实行并逐步完善宏观经济调控下主要由市场形成价格的机制。价格的制定应当符合价值规律,大多数商品和服务价格实行市场调节价,极少数商品和服务价格实行政府指导价或者政府定价。”

《价格法》第十一条规定了经营者享有的权利:“经营者进行价格活动,享有下列权利:(一)自主制定属于市场调节的价格;(二)在政府指导价规定的幅度内制定价格;(三)制定属于政府指导价、政府定价产品范围内的新产品的试销价格,特定产品除外;(四)检举、控告侵犯其依法自主定价权利的行为。”

《价格法》第十八条对政府指导价、政府定价的范围做出规定:“下列商品和服务价格,政府在必要时可以实行政府指导价或者政府定价:(一)与国民经济发展和人民生活关系重大的极少数商品价格;(二)资源稀缺的少数商品价格;(三)自然垄断经营的商品价格;(四)重要的公用事业价格;(五)重要的公益性服务价格。”政府的定价权直接关系到市场价格形成机制的正常运行,从而会影响市场在资源配置中的主导作用的发挥,明确政府行使定价权的法律界限,促使政府在法律规定的范围内制定价格,既可以为政府对价格进行适当干预提供法律保障,又可以规范政府的定价行为,减少政府定价的随意性。

(2)行政法规

我国现行的港航领域的行政法规主要有:《中华人民共和国国际海运条例》《国内水路运输管理条例》《中华人民共和国航道管理条例》《中华人民共和国航标条例》《中华人民共和国船员条例》《中华人民共和国船舶登记条例》《中华人民共和国海上交通事故调查处理条例》《中华人民共和国内河交通安全管理条例》《中华人民共和国船舶和海上设施检验条例》等。

与港航相关的行政法规主要有:《中华人民共和国外商投资法实施条例》《优化营商环境条例》《中华人民共和国防治船舶污染海洋环境管理条例》《中华人民共和国建设工程质量管理条例》《中华人民共和国危险化学品安全管理条例》等。

(3)地方性法规

我国现行的港航领域地方性法规主要有:地方港口管理条例、地方水路运输管理条例、地方水上交通安全管理条例等。

### 19.1.3 港航领域的行政规章

行政规章不是法律,规章的名称一般称“规定”“办法”,但不得称“条例”。《中华人民共和国宪法》规定:“各部、各委员会根据法律和国务院的行政法规、决定、命令,在本部门的权限内,发布命令、指示和规章。”根据《规章制定程序条例》,行政规章分为部门规章和地方政府规章两类。部门规章由国务院部门负责立项、起草、审查、决定、公布、解释。地方政府规章由省、自治区、直辖市和设区的市、自治州的人民政府负责立项、起草、审查、决定、公布、解释。行政规章依据法律、法规制定,调整对象限定在行政管理领域中某些特殊的、局部的、具体的问题。

港航领域的行政规章主要有《港口经营管理规定》《中华人民共和国国际海运条例实施细则》《国内水路运输管理规定》《中华人民共和国海事行政许可条件规定》《中华人民共和国船舶登记办法》《船舶引航管理规定》等,这些规章依据法律、法规制定,在特定的领域具有约束力。

### 19.1.4 国际公约和国际规则

(1)国际公约

在港航领域促进缔结国际公约的组织主要有:

国际海事组织(International Maritime Organization,简称 IMO),是联合国的一个专门机构,负责海上航行安全和防止船舶造成海洋污染。IMO 制定的最重要的三大公约,即《国际海上人命安全公约》(SOLAS1974、SOLAS PROT1978、SOLAS PROT1988)、《国际防止船舶造成污染公约》(MARPOL1973/1978、MARPOL PROT1997)、《海员培训、发证和值班标准国际公约》(STCW1978),上述三大公约均对我国生效。此外,2004 年生效的《国际船舶和港口设施保安规则》(ISPS)在反恐、安全等领域产生了重大影响。

国际海事委员会(Comite Maritime International,简称 CMI),是旨在促进国际海商法、海事惯例和实践做法的统一的非政府性的国际组织,制定了多项公约并被国际社会接纳、生效,主要有《约克·安特卫普规则》《海牙规则》《维斯比规则》《1910 年统一船舶碰撞若干法律规则的国际公约》《1977 年统一船舶碰撞中有关民事管辖权、法律选择、判决的承认和执行方面若干规定的公约》等。

国际劳工组织(International Labour Organization,简称 ILO),是联合国的一个专门机构,宗旨是促进充分就业和提高生活水平,促进劳资双方合作,扩大社会保障措施,保护工人生活与健康。《2006 年海事劳工公约》由 ILO 制定,对海员的劳动保护和社会保障做出了明确规定,被誉为海上劳动者的“权利法案”,于 2016 年 11 月 12 日对我国正式生效。

联合国(United Nations,简称 UN)及下设的其他机构,制定了多项国际公约,如《联合国海洋法公约》于 1982 年在第三次联合国海洋法会议上通过,1994 年生效,我国于 1996 年批准该公约。

与港航领域降费提效促进跨境贸易便利化密切相关的国际公约和国际规则主要集中在海上和多式联运货物运输合同领域,该领域属于“私法性”国际公约,主要涉及责任和赔偿等内容,规定的是私人的权利和义务,而非“公法性”国际公约,涉及的是关于海上航行安全、环境污染等内容,规定的是国家的权利和义务。

目前,有 4 个已生效的关于海上货物运输合同的国际公约:①《1924 年统一提单的若干法律规则的国际公约》(简称《海牙规则》),是第一部关于海上货物运输合同的国际公约,于 1924 年在布鲁塞尔召开的国际外交大会上通过,于 1931 年生效。②《修订 1924 年统一提单的若干法律规则的国际公约的 1968 年议定书》(简称《维斯比规则》),于 1968 年在布鲁塞尔召开的海洋法外交会议上通过,于 1977 年生效。③《1978 年联合国海上货物运输公约》(简称《汉堡规则》),由联合国国际贸易法委员会制定,于 1978 年在联合国海上运输外交大会上通过,于 1992 年生效。④《修订(经 1968 年议定书修订的)1924 年统一提单的若干法律规则的国际公约的 1979 年议定书》(简称《维斯比规则议定书》),于 1979 年在布鲁塞尔召开的外交会议上通过,于 1984 年生效,严格讲,该议定书不是独立存在的公约。我国未参加上述 4 项国际公约,但上述国际公约对我国立法和司法实践产生了很大影响。

目前,有 3 个重要的未生效的关于多式联运货物运输合同的国际公约:①1980 年《联合国国际货物多式联运公约》,由联合国贸易和发展会议通过。②1991 年《联合国国际贸易运输港站经营人赔偿责任公约》,由联合国国际贸易法委员会制定。③2008 年《联合国全程或者部分海上国际货物运输合同公约》(简称《鹿特丹规则》),由联合国国际贸易法委员会制定。

围绕着已经生效的 4 个海上货物运输合同领域的国际公约,至少存在以

下 6 种主要的海上货物运输法律制度的形态：[①]

①有些国家没有采用任何国际规则而置身于公约体系之外，如巴西、哥伦比亚等南美国家。

②有些国家采用《海牙规则》，如美国。

③有些国家采用《维斯比规则》，如英国等世界上一些主要的航运国家。

④有些国家采用《海牙规则》和《维斯比规则》，如法国对来自采用《海牙规则》的国家的货物实行《海牙规则》，而对所有出口货物则适用《维斯比规则》。

⑤有些国家采用《汉堡规则》，目前已批准《汉堡规则》的多为本国航运业尚不发达的发展中国家，尤其是一些非洲国家。

⑥有些国家采用混合制度，即同时并用 3 个公约中的某些基本规则，如斯堪的纳维亚地区的国家（丹麦、芬兰、挪威和瑞典等北欧四国）以及中国。

（2）国际规则

除国际公约外，还有一些与海上和多式联运货物运输合同相关的国际规则，这些规则没有采用和履行缔结正式国际公约的程序和形式，而是采用推荐的方式鼓励当事人自愿采纳，如：①1973 年《多式联运单证统一规则》，由非政府间组织国际商会（International Chamber of Commerce，简称 ICC））制定。②1990 年《国际海事委员会海运单统一规则》，由国际海事委员会制定。③1990 年《国际海事委员会电子提单规则》，由国际海事委员会制定。④1991 年《联合国贸易和发展会议/国际商会多式联运单证规则》，由联合国贸易和发展会议和国际商会共同制定。这些国际规则已被广泛采纳和适用，效率低于强制性法律和国际公约，但高于合同中经双方约定的其他条款，发挥着类似国际公约和法律的示范作用。

（3）国际公约和国内法的关系

我国宪法对国内法与国际条约的关系没有做原则性规定，规范国内立法的《中华人民共和国立法法》和缔结条约的《中华人民共和国缔结条约程序法》也均未对两者关系做出规定。我国虽然未参加 4 个已生效的关于海上货物运输的国际公约，但却是许多海事公约的缔约国，这些海事公约也分别涉及海商法中的相关法律制度，因此如何处理国内法与国际条约的关系是法律和司法实践需要解决的问题。

从国内法和国际公约的功能来分析，在许多方面可以将国际公约与国内法有效地整合，同时另外一些方面必须保持各自的独立性。国内法与对应的

---

① 张永坚. 国际海运公约[M]. 北京：法律出版社，2018.

未批准或加入的国际公约之间的关系：国内法应当具有绝对高于国际公约的效力。国内法与对应的已经批准或加入的国际公约之间的关系：在通过批准或加入时的“声明”“保留”和“谅解”后，尽管具体规范不一致，但是两者之间的功能应该是一致的，只是规范的来源和形式不同。

### 19.1.5 港航领域法律法规的特点

(1)部门立法

我国交通运输领域的法律大多由对应的交通运输主管部门负责研究起草、制定，虽然最终审议的决定权由全国人大及其常委会行使，但这些法律突出反映了部门管理的特点，满足了不同运输方式对法律的需求。

(2)国际化特征

我国港航领域法律法规借鉴了国际公约、国际规则和国外的立法经验，同时也适应了国际通行规则，例如《中华人民共和国海商法》第四章海上货物运输合同借鉴了《维斯比规则》《汉堡规则》《联合国国际货物多式联运公约》，其他章节借鉴了1967年《船舶优先和抵押权公约》、1974年《雅典公约》、1910年《统一船舶碰撞若干法律规定公约》、1989年《国际救助公约》、1976年《海事索赔责任公约》、1974年《约克—安特卫普规则》等。交通运输部颁布的行政规章《中华人民共和国港口设施保安规则》，主要根据经修订的《1974年国际海上人命安全公约》《国际船舶和港口设施保安规则》和《国际海运危险货物规则》制定。港航业的国际化特征决定了我国与其他国家比较，港航领域立法的基础相似，法律规范本身在技术经济中的应用也近乎相同，因此具备国际借鉴的条件。

(3)广泛关联性

港航业涉及国民经济各个领域，产生出一些基本的社会关系和经济关系，除港航领域的法律法规外，其他相关法律也从不同角度不同层面对港航关系进行调整。《中华人民共和国反垄断法》《中华人民共和国反不正当竞争法》《中华人民共和国价格法》《中华人民共和国民法典》等是涉及不同领域的基本法律规范，也是港航领域法律关系的法律依据。

### 19.1.6 港航领域法律法规存在的问题

(1)法律体系不完整

一方面，从整个交通运输行业法律体系来看，各种运输方式的法律已经出台，如《中华人民共和国铁路法》《中华人民共和国公路法》《中华人民共和国民用航空法》《中华人民共和国邮政法》《中华人民共和国海商法》《中华人民共和国港口法》《中华人民共和国航道法》《中华人民共和国海上交通安全法》《中华人民共和国道路交通安全法》《中华人民共和国国防交通法》，但是综合交通运输领域立法滞后，综合交通运输上位法缺失，协调跨运输方式的法规缺失。一是《综合交通运输促进法》尚未出台，综合交通运输规划的编制和实施，建立相关管理部门的统筹和协调机制，促进不同运输方式的规划、网络、标准的统筹和衔接等方面有待规范；二是《多式联运法》尚未出台，多种运输方式衔接和组合过程中的法律行为及法律关系有待规范。

另一方面，从涉及港航领域的法律体系来看，基础设施领域已经出台《港口法》《航道法》，运输领域已出台《海商法》，主要规范海上运输关系和船舶关系涉及的问题，但是《航运法》尚未出台，航运管理体制、政策导向、市场准入制度和相关主体规范、竞争秩序及调控、各方当事人合法权益保护等方面有待规范。在税收立法方面，呼吁多年的现代船舶吨税制未能实施，按照税收法定原则，实施现代船舶吨税制应有法律保障，但《现代船舶吨税法》还未列入立法计划。

(2)法规内容滞后于发展实际

港航领域在发展实践中出现了需要法规规范的新问题，如国际航运市场中的垄断与反垄断豁免，邮轮公共安全管理，电子提单法律地位，航运交易平台等新业态，港口规划法制化，岸线精细化管理，港口、航道等基础设施建设资金保障，港航领域诚信体系建设，智能船舶发展等方面存在法律空白，亟须制定相关法律法规。

在应对突发公共事件方面，《突发事件应对法》等法律法规较长时间未及时修正或修订，有关法律法规的综合性、协调性、连贯性不强，“一事一法”“条条分割”“条块脱节”的现象明显，在应对突发公共事件的实践中，反映出了应急运输领域的法律法规亟须制定和完善。

(3)重规制轻政府责任

目前港航领域法律条文主要体现规则设定和强制，对政府在公共产品供给、市场监管制度设计等责任规定普遍较弱。

(4)国际公约与国内法规的管理、协调、监督机制不健全

国际公约在我国转化与使用缺乏完整有效的法律支持。国际公约的国内立法程序尚未建立，缺乏系统化管理。国际公约国内化流程尚未建立。新修正案和相关决议的转化缺乏一定的时效性。①

---

① 曲亚囡.IMO审核机制下国际海事公约在中国立法转化研究[M].南京：东南大学出版社，2018.

(5)法律融合问题

由于历史形成原因以及航运业务的国际化特征，目前国际航运业务主要基于英美法系的理念和实践，我国涉及国际航运的相关法律在融资、保险、合同、税收等诸多领域与英美法系的逻辑和理念融通不够，造成了我国大量进出口贸易运输合同都约定使用英美法进行裁决，也造成了我国航运服务业的发展实际与预期一直有较大差距。

## 19.2 行政执法

根据《交通运输行政执法程序规定》(交通运输部令 2019 年第 9 号)，交通运输行政执法包括执法部门及其执法人员依法实施的行政检查、行政强制、行政处罚等执法行为，同时也要求“执法部门应当全面推行行政执法公示制度、执法全过程记录制度、重大执法决定法制审核制度，加强执法信息化建设，推进执法信息共享，提高执法效率和规范化水平”。

港航领域的行政检查事项主要包括：国内水路运输市场检查、国际海运市场检查、水运工程建设市场检查、港口经营行为检查、船舶监督行政检查、海事规费行政检查、船员管理行政检查、通航管理行政检查、防污染行政检查、船检行政检查、引航机构行政检查、航道通航安全检查等。行政检查实施主体是各级交通运输主管部门和海事机构。

港航领域行政处罚的事项主要包括：对国内水路运输业经营者和国内水路运输辅助业务经营者违法行为的处罚，对国际海运业务经营者及海运辅助业务经营者违法行为的处罚，对水运建设市场违规行为的处罚，对港口经营人违法行为的处罚，对违反安全营运管理秩序的处罚，对违反船舶、海上设施、浮动设施检验和登记管理秩序的处罚，对违反船员管理秩序的处罚，对违反航行停泊和作业管理秩序的处罚，对违反危险货物载运安全监督管理秩序的处罚，对违反海上船舶污染沿海水域环境管理秩序的处罚，对违反交通事故调查处理秩序、海上污染事故调查处理秩序的处罚，对违反内河通航安全保障管理秩序的处罚，对违反内河水域中船舶、浮动设施遇险救助管理秩序的处罚，对违反防治船舶污染内河水域监督管理秩序的处罚，对危害航道通航条件和通航安全违法行为的处罚，等等。实施主体是各级交通运输主管部门和海事机构。行政处罚的种类包括：警告、罚款、取消投标资格、责令停业整顿、降低资质等级、吊销资质证书、吊销许可证件、没收违法所得、暂扣或者吊销船员适任证书等。

近年来，交通运输领域不断推进行政执法改革。2017 年，交通运输部印发《交通运输部关于全面推行“双随机、一公开”监管工作的实施意见》（交法发〔2017〕120 号），对全面推进“双随机、一公开”（随机抽取检查对象，随机选派执法检查人员，抽查情况及查处结果及时向社会公开）监管工作进行部署。为解决公路路政、道路运政、地方海事行政、水路运政、港口行政、航道行政、交通工程质量监督执法机构重叠、职责交叉、多头多层重复执法等问题，2018 年 11 月，中共中央办公厅、国务院办公厅印发《关于深化交通运输综合行政执法改革的指导意见》（中办发〔2018〕63 号），对整合执法队伍、理顺执法职能、减少执法层级、加强执法保障等做了全面部署。综合行政执法改革后，立足新的形势要求和基层执法实际，2019 年，交通运输部颁布《交通运输行政执法程序规定》（交通运输部令 2019 年第 9 号），进一步完善了执法程序，规范了执法行为，推进了透明、规范、合法、公正执法。交通运输监管执法水平显著提升，但仍存在以下问题：①基层执法水平有待提升。检查任性、检查扰民、乱罚款、执法行为不规范等问题仍需进一步解决。②执法队伍建设有待进一步加强。执法队伍建设的基础薄弱，执法队伍专业人才不足，还不能适应法治建设的要求。

## 19.3　海事司法

为适应海上运输和对外贸易事业发展的需要，1984 年 11 月 14 日，第六届全国人大常委会第八次会议通过了《关于在沿海港口城市设立海事法院的决定》，专门审理因船舶及海上航运、海洋开发引起的海事海商纠纷案件。1992 年《中华人民共和国海商法》颁布，这是我国第一部专门的海事审判实体法。《中华人民共和国海事诉讼特别程序法》于 1999 年提交全国人大常委会审议通过，我国有了海商实体法与程序法结合的海商法律制度，这标志着我国海事法律制度体系基本形成。自 1984 年设立海事法院以来，我国海事司法工作在制度建设、机构体系、司法能力、国际影响等各方面均取得长足进展，国际海事司法中心建设的历史条件初步形成。目前，我国共有上海、天津、青岛、大连、广州、武汉、海口、厦门、宁波、北海、南京 11 家海事法院。

2016 年 3 月 13 日，最高人民法院院长周强在第十二届全国人大四次会议做工作报告时郑重提出“加强海事审判工作，建设国际海事司法中心”。建设国际海事司法中心要以海事审判为抓手，高站位、大格局，着眼于中国特色社会主义事业发展全局，统筹国内国际两个大局，发挥海事审判职能在规范国际航运秩序、保护海洋生态环境、维护国家海洋权益等方面的积极作用。

海事法院从1984年至2013年12月底共受理各类海事案件225283件，审结执结215826件，结案标的额人民币1460多亿元，涉及亚洲、欧洲、非洲和南北美洲70多个国家和地区。

2015—2017年，全国三级法院（海事法院—海事法院所在地高级人民法院—最高人民法院）受理各类海事海商、海事行政、海事特别程序以及海事执行案件95043件、审执结92598件。2015—2017年，海事海商案件收案68445件，结案63901件，其中海商案件占比71.68%，海事诉讼特别程序案件占比11.86%，海事案件占比8.36%，其他海事海商案件占比8.10%。2015—2017年，全国海事案件按案由分类，船员劳务合同纠纷占24%，海上、通海水域货运代理合同纠纷占18%，海上、通海水域货运运输合同纠纷占11%，申请海事债券登记与受偿占10%，海事债券纠纷占4%，船舶物料和备品供应合同纠纷占4%，海上、通海水域人身损害责任纠纷占3%，船舶抵押合同纠纷占2%，海上、通海水域保险合同纠纷占2%，海上、通海水域污染损害责任纠纷占2%，其他案由占20%。

根据最高人民法院统计，2019年，全国海事法院受理海事案件29929件（含海事执行案件8777件），审执结海事案件31413件（含海事执行案件12448件）。审执结案件标的额567.03亿元人民币。

近年来，至少有2000余件纠纷的外籍当事人有意选择到我国海事法院申请扣船、起诉。海事审判案例陆续被英国《劳氏法律报告》《劳氏海运与商业法律季刊》等有国际影响的刊物刊载、援用。海事司法以公正、高效为中国法院赢得国际公信力。[①]

## 19.4 强化法治保障的建议

(1)完善法规体系

落实《交通运输部关于完善综合交通运输法规体系的实施意见》(交法发〔2016〕195号)，在建设交通强国的大背景下加快港航领域法律、行政法规制修订。制定《航运法》，规范航运业法律地位、发展方向、市场规则、经营规范和市场调控涉及的问题。修订《海商法》，适应国际贸易的发展变化以及国内

① 海事审判：中国法治史上最壮丽的远航[N/OL]. 人民法院报，2018-12-12. http://www.court.gov.cn/zixun－xiangqing－135071.html.

外立法环境的变化。制定《港口管理条例》，规范港口规划、建设和经营行为，保护当事人合法权益等涉及的问题，具体包括港口建设规划、经营秩序、港口收费、港口安全生产、基础设施维护、港口岸线管理等内容。制定和完善应急运输相关领域法律法规，以应对突发公共事件。

(2)增强法规制定的透明度和科学性

制定与市场主体生产经营活动密切相关的法规政策，应当充分听取港航企业等市场主体，相关行业协会、商会的意见。法律条款关系到市场主体的生死存亡，要科学评估法律条款对行业和企业的影响。除依法需要保密外，应当向社会公开征求意见并反馈意见采纳情况。

(3)增强法规政策实施的科学性

新出台的法规应当结合实际为市场主体留出必要的适应调整期，加强统筹协调、合理把握出台节奏、全面评估实施效果，避免对市场主体正常经营活动造成不利影响。

(4)借鉴国外发达国家的立法经验

鉴于港航业的国际化特征，在立法过程中应立足我国国情，借鉴国际公约和国外发达国家的立法理念、价值取向，在鉴别、认同、整合的基础上，坚持与国际接轨的原则，引进、吸收、采纳发达国家的法律。

(5)推动重要政策法制化

发达国家重视法制先行，通过法案形式保障政策实施，我国也应探索重要政策法制化的路径，克服规范性文件泛化虚化的不足，保障政策实施效果。如应将行业战略规划、空间规划制度化法制化，通过立法明确行业规划的法律地位，同时应将财政支持政策法制化，保障规划的实施。

(6)加强国际公约与国内法的协调

建议在宪法层面对国际公约的使用做原则性规定，在《缔结条约程序法》《立法法》层面完善国际公约适用的基本规定。明确国际公约的转化范围、立法转化程序，细化国际公约在我国立法转化的形式。建立国际公约文件化的履约体系、制度化的履约机制。

(7)提升国际公约制定话语权

作为一个后发的崛起中的大国，我国是在已有国际规则，且是在发言权相对较少的新规则制定环境下生存和发展的。而近年来，随着各国航运力量、贸易力量对比发生变化，国际上与航运、海洋相关的利益格局进行了重新划分，在国际公约制定的趋势上也体现出了新一轮的博弈，如《鹿特丹规则》对以往《海牙规则》《维斯比规则》和《汉堡规则》等国际公约进行了很大的变革，在上述变革中我国应充分评估国际公约对我国港航市场主体及对经济贸易的影响，发出中国声音，提升话语权和影响力。在智能航运、区块链等新兴领域，应主导、推动新规则的建立。

(8)加强自贸区法制创新

从国际上的经验来看，自贸区(港)的建设通常是沿着“先立法，再建区”的路径。2020 年 4 月，第十三届全国人民代表大会常务委员会第十七次会议决定授权国务院在中国(海南)自由贸易试验区暂时调整适用《中华人民共和国海商法》的有关规定，这是海南自由贸易区立法工作的重要探索实践。应坚持法治引领，推动和保障港航领域的改革，确保重大改革有法可依。建议在海南自贸区对已形成共识性的法律法规进行实践，如在海南自贸区制定实施旨在为国际航运企业减税的《现代船舶吨税法》，旨在为保护船员权益为船员减税的相关法律调整，旨在优化船舶登记的相关法律调整等，以海南为试验田总结经验，实践证明行之有效的要及时向全国推广，对不适应改革发展要求的要及时修改或废止。

(9)严格规范公正文明执法①

推进以“基层执法队伍职业化建设、基层执法站所标准化建设、基础管理制度规范化建设、基层执法工作信息化建设”为内容的交通运输行政执法“四基四化”建设，加强基层执法队伍，提升基层行政执法能力。执法部门全面推行行政执法公示、执法全过程记录、重大执法决定法制审核等三项制度，加强执法信息化建设，推进执法信息共享，提高执法效率和规范化水平。健全跨部门跨区域执法联合协作机制，形成行政执法合力。完善行政执法评议考核机制，建立行政执法督查制度，落实行政执法责任制，完善违法执法举报投诉制度，建立行政执法社会监督员制度。

(10)完善海事司法体系

进一步提升海事法院海事司法服务能力，进一步提升海事司法公信力和国际影响力。推进海事司法体制机制改革，完善海事审判体系和工作机制。落实和加强司法公开措施，以公开促公正、公信。

① 交通运输部推进交通强国建设领导小组.交通强国建设专项研究成果汇编[M].北京：人民交通出版社股份有限公司，2020.

# 20 港航营商环境评价指标体系

**引言：**

《优化营商环境条例》第八条规定："国家建立和完善以市场主体和社会公众满意度为导向的营商环境评价体系，发挥营商环境评价对优化营商环境的引领和督促作用。"

港航业作为交通运输行业的重要组成部分，也应建立以市场主体和社会公众满意度为导向的营商环境评价体系，引领和督促持续优化港航营商环境。

本章在充分借鉴建设世界一流强港指标体系、港口高质量发展评价指标体系等一系列相关指标体系的基础上，研究提出港航营商环境评价指标体系和测评方法。

## 20.1 相关指标体系借鉴

(1)建设世界一流强港指标体系

交通运输部、国家发改委发布的《关于建设世界一流港口的指导意见》(交水发〔2019〕141号)，以高质量发展为导向，建立实施港口发展指标体系，共包括5个方面、16项具体指标，见表20-1。

**表 20-1 港口发展指标体系**

| 类别 | 序号 | 指标名称 | 指标内涵 | 评价说明 |
|---|---|---|---|---|
| 安全便捷 | 1 | 风险分级管控与隐患排查治理双重预防体系建设水平 | 反映港口安全生产管理水平 | 对港口风险分级管控和隐患排查治理的相关管理制度、人员配置等情况进行综合评价 |
| | 2 | 百万吨吞吐量死亡率及经济损失 | 反映港口安全生产的最终结果 | 由港口安全事故死亡人数(经济损失)与港口货物吞吐量的比值确定 |
| | 3 | 运输便利化程度 | 反映港口运输服务水平、口岸监管环节简化程度和流程优化程度 | 对作业单证电子化率、服务项目在线化率，以及单证合规和边境合规时间等情况进行综合评价 |

**续表 20-1**

| 类别 | 序号 | 指标名称 | 指标内涵 | 评价说明 |
|---|---|---|---|---|
| 智慧绿色 | 4 | 码头新技术应用及自主可控水平 | 反映码头自动化程度和5G、北斗、区块链等新技术在港口设计、建设、运营中的应用水平及相关核心技术自主可控程度 | 对码头设计、建设、运营领域新技术应用程度、自动化设备设施数量和比例、设施设备在线实时监控数量和比例,以及相关技术自主可控程度等情况进行综合评价 |
| | 5 | 港口物流智能化程度 | 反映港口仓储、集疏运系统自动化、数字化、智能化水平 | 对港口仓储控制、管理系统的智能化程度,以及智能闸口、无人驾驶集疏运车辆应用、智能化集疏运调度等情况进行综合评价 |
| | 6 | 港口铁路、水路、管道集疏运比重 | 反映港口集疏运体系通过结构化减排实现绿色发展的水平 | 由铁路、水路、管道集疏运量占港口集疏运总量的比重确定 |
| | 7 | 港口污染防治水平 | 反映港口大气、水等污染防治水平和能源消费结构优化成效 | 由港口单位货物吞吐量所产生的主要污染物排放量和新能源、清洁能源消耗量占港口综合能源消耗总量的比重确定 |
| 经济高效 | 8 | 口岸综合成本 | 反映单证合规成本、边境合规成本、其他口岸收费等口岸综合成本 | 对口岸收费项目透明化程度、收费标准、单证合规和边境合规成本等情况进行综合评价 |
| | 9 | 港口作业效率 | 反映码头装卸效率和船舶在港平均停留时间 | 对码头单机效率、单船效率、旅客上下船效率,以及船舶进出港平均停时等情况进行综合评价 |
| | 10 | 泊位专业化率 | 反映煤、油、矿、集装箱四大货类专业化泊位比重 | 按照煤、油、矿、集装箱四大货类分别计算,由各货类专业化泊位数与用于各货类装卸的泊位总数的比值确定 |

**续表 20-1**

| 类别 | 序号 | 指标名称 | 指标内涵 | 评价说明 |
|---|---|---|---|---|
| 支撑有力 | 11 | 港口能力与功能适应性 | 反映码头、航道、锚地等设施能力对腹地货物运输需求的保障程度，以及港口服务和作业功能完备性 | 对客货运码头能力、航道等级、锚泊时间，以及各类港口服务、危险货物作业功能完备性等情况进行综合评价 |
| | 12 | 对城市支撑和内陆腹地覆盖度 | 反映港口集疏运体系的完备性，对所在城市、内陆腹地辐射和服务国家重大战略的保障能力 | 对港口集疏运通道辐射半径、连接主要城市个数以及港口间协同发展和服务城市群发展能力等情况进行综合评价 |
| | 13 | 从业人员素质 | 反映一线从业人员、持证人员、专业技术人员素质和专业化水平 | 对各类从业人员资质、从业年限、服务能力等情况进行综合评价 |
| 世界先进 | 14 | 竞争力 | 反映港口技术创新能力与引领性、港口运营主体经营水平和市场地位 | 对港口技术创新及应用、标准和规范对行业的影响、港口运营企业盈利水平和国际化程度等情况进行综合评价 |
| | 15 | 经济贡献 | 反映港产城融合程度、要素集聚程度、现代港航服务业发展水平 | 对港口增加值、就业的规模、结构及比重、单位岸线经济产出以及现代航运服务业和临港产业增加值等情况进行综合评价 |
| | 16 | 国际影响力 | 反映港口规模、地位和国际影响力水平 | 对港口吞吐量、航线覆盖率、港航物流资源聚集度、港口国际合作等情况进行综合评价 |

(2)《中国港口高质量发展报告》指标体系

新华社中国经济信息社、交通运输部水运科学研究院联合发布的《中国港口高质量发展报告》中，对港口高质量发展的评价指标体系由 4 项一级指标和10项二级指标构成，见表20-2。

**表20-2 港口高质量发展评价指标体系**

| 一级指标 | 序号 | 二级指标 | 指标内涵 | 价值导向 |
|---|---|---|---|---|
| 规模影响 | 1 | 港口货物加权吞吐量 | 反映港口规模和国际地位 | 开放 |
| | 2 | 航线覆盖度 | 反映港口海向辐射能力和国际影响 | 开放 |
| 枢纽功能 | 3 | 腹地辐射能力 | 反映港口对区域辐射带动和枢纽作用 | 协调 |
| | 4 | 经济贡献 | 反映港口产业集聚作用、服务功能和港城融合程度 | 共享 |
| | 5 | 港口岸线利用效率 | 反映港口生产对岸线资源集约利用水平 | 绿色 |
| 服务品质 | 6 | 船舶在港平均停时 | 反映港口服务靠泊船舶的效率 | 协调 |
| | 7 | 口岸便利化 | 反映口岸监管环节简化程度和流程优化程度 | 创新 |
| | 8 | 服务在线化 | 反映港口服务便捷程度 | 创新 |
| 绿色安全 | 9 | 绿色发展 | 反映港口污染物排放、能耗等水平 | 绿色 |
| | 10 | 安全生产 | 反映港口安全生产相关的管理制度、人员配置情况和事故损失程度 | 共享 |

(3)海运集装箱口岸营商环境

海运集装箱口岸营商环境指标体系由5项一级指标和17项二级指标构成，见表20-3。

**表20-3 海运集装箱口岸营商环境指标体系**

| 一级指标及权重 | 二级指标 | 二级指标权重 |
|---|---|---|
| 跨境贸易口岸成本指数(25%) | 跨境贸易口岸成本满意度 | 50% |
| | 实际进口常规成本 | 25% |
| | 实际出口常规成本 | 25% |

**续表 20-3**

| 一级指标及权重 | 二级指标 | 二级指标权重 |
| --- | --- | --- |
| 跨境贸易口岸时效指数（25%） | 跨境贸易口岸时效满意度 | 50% |
| | 进口整体通关时效 | 10% |
| | 进口码头提箱时效 | 10% |
| | 出口码头集港时效 | 10% |
| | 查验与处理时效 | 20% |
| 监管环境指数（20%） | 行政执法公正与透明 | 25% |
| | 工作效率与在岗时间 | 25% |
| | 企业需求响应与态度 | 25% |
| | 信息公开与透明 | 25% |
| 商事服务指数（20%） | 收费项目合理与价格透明 | 50% |
| | 作业效率与服务态度 | 50% |
| 其他配套（10%） | 信息化与无纸化 | 50% |
| | 口岸周边交通 | 25% |
| | 经营与生活配套 | 25% |

(4)我国城市营商环境评价指标体系

我国城市营商环境评价指标体系由 6 项一级指标和 17 项二级指标构成，见表 20-4。

**表 20-4　我国城市营商环境评价指标体系**

| 一级指标及权重 | 二级指标 | 二级指标权重 | 基础数据来源 |
| --- | --- | --- | --- |
| 政府效率（15%） | 一般预算内支出(万元) | 50% | 中国城市数据库 |
| | 政府服务效率 | 50% | 《中国地方政府效率研究报告》 |
| 人力资源（20%） | 平均工资水平(元) | 40% | 中国城市数据库 |
| | 高校在校人数(人) | 30% | |
| | 年末单位从业人员数(万人) | 30% | |
| 金融服务（15%） | 民间融资效率(万元) | 50% | 中国城市数据库 |
| | 总体融资效率(万元) | 50% | |

续表 20-4

| 一级指标及权重 | 二级指标 | 二级指标权重 | 基础数据来源 |
|---|---|---|---|
| 公共服务（20%） | 人均道路面积数（平方米/人） | 15% | 中国城乡建设数据库 |
| | 供水能力（万吨） | 25% | |
| | 供气能力（万立方米） | 25% | |
| | 供电能力（万千瓦时） | 25% | 中国城市数据库 |
| | 医疗卫生服务（张/万人） | 10% | |
| 市场环境（20%） | 人均 GDP（元） | 40% | 中国城市数据库 |
| | 固定资产投资总额（万元） | 30% | |
| | 当年实际使用外资金额（万元） | 30% | |
| 创新环境（10%） | 科学支出（万元） | 50% | 中国城市数据库 |
| | 创新能力指数 | 50% | 《中国城市和产业创新力报告》 |

（5）辽宁营商环境评价指标体系

辽宁营商环境评价指标体系由 3 项一级指标和 14 项二级指标构成，见表 20-5。

**表 20-5 辽宁营商环境评估部分指标**

| 环境要素 | 指标 | 题 项 |
|---|---|---|
| 政府服务环境 | 服务意识 | 政府工作人员能主动提供服务 |
| | 服务效率 | 政府工作人员办事效率较高 |
| | 业务能力 | 政府工作人员能够清晰准确地解读政策 |
| | 责任担当 | 政府工作人员在工作中不推诿，敢于担责 |
| | 网上审批 | 可在网上办理审批事项 |
| | 政府诚信 | 政府承诺的事项能够得到落实办理 |
| 市场监管环境 | 公平性 | 政府部门能够公平对待不同所有制企业 |
| | | 政府部门能够公平对待本地和外地企业 |
| | 公开性 | 政府监管“双随机，一公开”落实情况 |
| | 合法合规性 | 市场监管部门能够依法监管 |
| | | 市场监管部门自由裁量权能够明确、细化、量化 |

**续表 20-5**

| 环境要素 | 指标 | 题　　项 |
|---|---|---|
| 社会基础环境 | 融资环境 | 银行等金融机构服务能够满足企业需求 |
| | 人才环境 | 对所在地区人力资源状况的满意度 |
| | 教育环境 | 对所在地区教育服务的满意度 |
| | 医疗环境 | 对所在地区医疗服务的满意度 |
| | 信用环境 | 对所在地区社会整体信用的满意度 |

(6)税务营商环境评价指标体系

税务营商环境评价指标体系由4项一级指标和31项二级指标构成,见表20-6。

**表 20-6　税务营商环境评价指标体系**

| 综合指标 | 一级指标 | 指标类型 | 二级指标 |
|---|---|---|---|
| 税务营商环境 | 税收法治指数 | 客观指标 | 行政复议维持率 |
| | | | 执法过错责任追究率 |
| | | | 行政诉讼胜诉率 |
| | | | 重大税务案件审理率 |
| | | | 稽查收入占税收收入比重 |
| | | | 违法违纪人次比率 |
| | | 主观指标 | 社会各界对税收执法干扰度 |
| | | | 规范性文件透明度 |
| | | | 税法宣传普及率 |
| | 税收效率指数 | 客观指标 | 电子申报率 |
| | | | 涉税信息共享度 |
| | | | 税务登记率 |
| | | | 智能评税比重(纳税评估情况) |
| | | | 网络发票占税收发票比率 |
| | | | 网络申报税款比重 |
| | | 主观指标 | 纳税服务及时回应率 |
| | | | 涉税事项办理便捷性 |
| | | | 涉税事项办理准确率 |

续表 20-6

| 综合指标 | 一级指标 | 指标类型 | 二级指标 |
|---|---|---|---|
| 税务营商环境 | 纳税成本指数 | 客观指标 | 年度平均纳税时间缩短情况 |
| | | | 税务代理费用支出涨幅情况 |
| | | | 办税费用支出涨幅情况 |
| | | | 企业税收滞纳金和罚款情况 |
| | | | 企业因违反税法声誉损失情况 |
| | | | 税法变动学习费用支出涨幅情况 |
| | 社会满意度指数 | 客观指标 | 税收占地方公共预算收入比重 |
| | | | 行风评议排名情况 |
| | | | 网络涉税内容负面评价率 |
| | | 主观指标 | 税制合理情况 |
| | | | 宏观税负合理负担情况 |
| | | | 税收优惠政策落实情况 |
| | | | 社会各界对税收执法满意度 |

## 20.2　指标选取原则

(1)导向性

为体现优化港航营商环境的理念,选取指标体系应该体现出优化港航营商环境两个维度的任务和目标。第一维度针对港航业本身,通过优化港航相关市场主体涉及的体制机制性因素,促进港航领域的市场主体健康发展。第二维度针对港航业的服务对象,通过优化营商环境促进跨境贸易便利化,切实为货主企业、贸易商降低物流成本,实现物流降费提效。

(2)敏感性

选择的主要指标是市场主体关心的、社会关注的、国际公认的敏感性指标。

(3)代表性

选择的指标能综合反映港航营商环境涉及的各领域、各方式、各环节的综合水平。

(4)科学性

所选指标应该科学地反映该指标所代表的发展水平、港航属性以及用户、政府和国际社会的期许和要求。

## 20.3 指标体系设计

港航营商环境评价指标体系由政务服务、商事服务、市场环境 3 个一级指标组成，由 11 项二级指标组成，具体指标如表 20-7 所示。

表 20-7 港航营商环境评价指标体系

| 一级指标 | 序号 | 二级指标 | 指标内涵 | 评估方法 |
|---|---|---|---|---|
| 政务服务 | 1 | 信息公开与透明(10 分) | 反映政府部门政务信息的公开透明程度 | 第三方评估 |
| | 2 | 政务服务标准化(10 分) | 反映政府部门行政审批办事要件、办事流程、办事结果等服务是否标准化 | 第三方评估 |
| | 3 | 行政执法公正与透明(10 分) | 反映政府部门行政执法公开透明程度 | 第三方评估 |
| | 4 | 突发公共事件应急反应(10 分) | 反映政府部门应对突发公共事件的反应能力和水平 | 问卷调查 |
| 商事服务 | 5 | 航线覆盖度(5 分) | 反映港口海向辐射能力和国际影响 | 数据分析 |
| | 6 | 船舶在港平均停时(5 分) | 反映港口服务靠泊船舶的效率 | 数据分析 |
| | 7 | 服务在线化(10 分) | 反映口岸信息化水平、服务便捷程度 | 第三方评估 |
| | 8 | 收费项目费率合理和公开透明(10 分) | 反映口岸收费合理性和公开透明程度 | 问卷调查 |
| | 9 | 进出口提箱时效(10 分) | 反映港口、堆场的作业效率 | 问卷调查 |
| 市场环境 | 10 | 统一开放水平(10 分) | 反映市场准入、监管对不同性质、不同地区主体均等化水平 | 问卷调查 |
| | 11 | 竞争有序水平(10 分) | 反映市场有无垄断、不正当竞争等行为，市场公平竞争的水平 | 问卷调查 |

## 20.4 测评方法

港航营商环境评价采用百分制，满分 100 分，90 分及以上为优秀，80～89 分为良好，60～79 分为合格，60 分以下为不合格。

信息公开与透明、政务服务标准化、行政执法公正与透明、服务在线化 4 项指标由第三方制定具体评分规则，由第三方按照评分规则测评。

突发公共事件应急反应、收费项目费率合理和公开透明、进出口提箱时效、统一开放水平、竞争有序水平 5 项问卷调查项目的调查对象需涵盖货主、货代、船公司、船代、无船承运人、港口企业、堆场企业、车队等企业，每个类型企业答卷人不少于 30 人，总答卷人不少于 300 人。

航线覆盖度指标采用 AIS 大数据对班轮航线数量、密度、联通国家和地区数量等进行分析测算。船舶在港平均停时指标采用 AIS 大数据分析，对船舶靠港艘次、吨位及在港时间进行统计计算。

港航营商环境可以一年、半年、一季度评估一次，可纵向自我对比，也可以对不同口岸进行横向比较，判断港航营商环境的水平。

委托第三方对港航营商环境进行评价，受委托的第三方需与港航领域具体经营业务无利益相关。

# 附　　录

## 中华人民共和国国务院令

第 722 号

《优化营商环境条例》已经 2019 年 10 月 8 日国务院第 66 次常务会议通过，现予公布，自 2020 年 1 月 1 日起施行。

总理　李克强

2019 年 10 月 22 日

## 优化营商环境条例

### 第一章　总　　则

**第一条**　为了持续优化营商环境，不断解放和发展社会生产力，加快建设现代化经济体系，推动高质量发展，制定本条例。

**第二条**　本条例所称营商环境，是指企业等市场主体在市场经济活动中所涉及的体制机制性因素和条件。

**第三条**　国家持续深化简政放权、放管结合、优化服务改革，最大限度减少政府对市场资源的直接配置，最大限度减少政府对市场活动的直接干预，加强和规范事中事后监管，着力提升政务服务能力和水平，切实降低制度性交易成本，更大激发市场活力和社会创造力，增强发展动力。

各级人民政府及其部门应当坚持政务公开透明，以公开为常态、不公开为例外，全面推进决策、执行、管理、服务、结果公开。

**第四条**　优化营商环境应当坚持市场化、法治化、国际化原则，以市场主体需求为导向，以深刻转变政府职能为核心，创新体制机制、强化协同联动、完善法治保障，对标国际先进水平，为各类市场主体投资兴业营造稳定、公平、透明、可预期的良好环境。

**第五条**　国家加快建立统一开放、竞争有序的现代市场体系，依法促进各类生产要素自由流动，保障各类市场主体公平参与市场竞争。

**第六条**　国家鼓励、支持、引导非公有制经济发展，激发非公有制经济活力和创造力。

国家进一步扩大对外开放，积极促进外商投资，平等对待内资企业、外商投资企业等各类市场主体。

**第七条**　各级人民政府应当加强对优化营商环境工作的组织领导，完善优化营商环境的政策措施，建立健全统筹推进、督促落实优化营商环境工作的相关机制，及时协调、解决优化营商环境工作中的重大问题。

县级以上人民政府有关部门应当按照职责分工，做好优化营商环境的相关工作。县级以上地方人民政府根据实际情况，可以明确优化营商环境工作的主管部门。

国家鼓励和支持各地区、各部门结合实际情况，在法治框架内积极探索原创性、差异化的优化营商环境具体措施；对探索中出现失误或者偏差，符合规定条件的，可以予以免责或者减轻责任。

**第八条**　国家建立和完善以市场主体和社会公众满意度为导向的营商环境评价体系，发挥营商环境评价对优化营商环境的引领和督促作用。

开展营商环境评价，不得影响各地区、各部门正常工作，不得影响市场主体正常生产经营活动或者增加市场主体负担。

任何单位不得利用营商环境评价谋取利益。

**第九条**　市场主体应当遵守法律法规，恪守社会公德和商业道德，诚实守信、公平竞争，履行安全、质量、劳动者权益保护、消费者权益保护等方面的法定义务，在国际经贸活动中遵循国际通行规则。

## 第二章　市场主体保护

**第十条**　国家坚持权利平等、机会平等、规则平等，保障各种所有制经济平等受到法律保护。

**第十一条**　市场主体依法享有经营自主权。对依法应当由市场主体自主决策的各类事项，任何单位和个人不得干预。

**第十二条**　国家保障各类市场主体依法平等使用资金、技术、人力资源、土地使用权及其他自然资源等各类生产要素和公共服务资源。

各类市场主体依法平等适用国家支持发展的政策。政府及其有关部门在政府资金安排、土地供应、税费减免、资质许可、标准制定、项目申报、职称评定、人力资源政策等方面，应当依法平等对待各类市场主体，不得制定或者实施歧视性政策措施。

**第十三条** 招标投标和政府采购应当公开透明、公平公正，依法平等对待各类所有制和不同地区的市场主体，不得以不合理条件或者产品产地来源等进行限制或者排斥。

政府有关部门应当加强招标投标和政府采购监管，依法纠正和查处违法违规行为。

**第十四条** 国家依法保护市场主体的财产权和其他合法权益，保护企业经营者人身和财产安全。

严禁违反法定权限、条件、程序对市场主体的财产和企业经营者个人财产实施查封、冻结和扣押等行政强制措施；依法确需实施前述行政强制措施的，应当限定在所必需的范围内。

禁止在法律、法规规定之外要求市场主体提供财力、物力或者人力的摊派行为。市场主体有权拒绝任何形式的摊派。

**第十五条** 国家建立知识产权侵权惩罚性赔偿制度，推动建立知识产权快速协同保护机制，健全知识产权纠纷多元化解决机制和知识产权维权援助机制，加大对知识产权的保护力度。

国家持续深化商标注册、专利申请便利化改革，提高商标注册、专利申请审查效率。

**第十六条** 国家加大中小投资者权益保护力度，完善中小投资者权益保护机制，保障中小投资者的知情权、参与权，提升中小投资者维护合法权益的便利度。

**第十七条** 除法律、法规另有规定外，市场主体有权自主决定加入或者退出行业协会商会等社会组织，任何单位和个人不得干预。

除法律、法规另有规定外，任何单位和个人不得强制或者变相强制市场主体参加评比、达标、表彰、培训、考核、考试以及类似活动，不得借前述活动向市场主体收费或者变相收费。

**第十八条** 国家推动建立全国统一的市场主体维权服务平台，为市场主体提供高效、便捷的维权服务。

## 第三章 市场环境

**第十九条** 国家持续深化商事制度改革，统一企业登记业务规范，统一数据标准和平台服务接口，采用统一社会信用代码进行登记管理。

国家推进“证照分离”改革，持续精简涉企经营许可事项，依法采取直接取消审批、审批改为备案、实行告知承诺、优化审批服务等方式，对所有涉企经营许可事项进行分类管理，为企业取得营业执照后开展相关经营活动提供便利。除法律、行政法规规定的特定领域外，涉企经营许可事项不得作为企业登记的前置条件。

政府有关部门应当按照国家有关规定，简化企业从申请设立到具备一般性经营条件所需办理的手续。在国家规定的企业开办时限内，各地区应当确定并公开具体办理时间。

企业申请办理住所等相关变更登记的，有关部门应当依法及时办理，不得限制。除法律、法规、规章另有规定外，企业迁移后其持有的有效许可证件不再重复办理。

**第二十条** 国家持续放宽市场准入，并实行全国统一的市场准入负面清单制度。市场准入负面清单以外的领域，各类市场主体均可以依法平等进入。

各地区、各部门不得另行制定市场准入性质的负面清单。

**第二十一条** 政府有关部门应当加大反垄断和反不正当竞争执法力度，有效预防和制止市场经济活动中的垄断行为、不正当竞争行为以及滥用行政权力排除、限制竞争的行为，营造公平竞争的市场环境。

**第二十二条** 国家建立健全统一开放、竞争有序的人力资源市场体系，打破城乡、地区、行业分割和身份、性别等歧视，促进人力资源有序社会性流动和合理配置。

**第二十三条** 政府及其有关部门应当完善政策措施、强化创新服务，鼓励和支持市场主体拓展创新空间，持续推进产品、技术、商业模式、管理等创新，充分发挥市场主体在推动科技成果转化中的作用。

**第二十四条** 政府及其有关部门应当严格落实国家各项减税降费政策，及时研究解决政策落实中的具体问题，确保减税降费政策全面、及时惠及市场主体。

**第二十五条** 设立政府性基金、涉企行政事业性收费、涉企保证金，应当有法律、行政法规依据或者经国务院批准。对政府性基金、涉企行政事业性收费、涉企保证金以及实行政府定价的经营服务性收费，实行目录清单管理并向社会公开，目录清单之外的前述收费和保证金一律不得执行。推广以金融机构保函替代现金缴纳涉企保证金。

**第二十六条**　国家鼓励和支持金融机构加大对民营企业、中小企业的支持力度，降低民营企业、中小企业综合融资成本。

金融监督管理部门应当完善对商业银行等金融机构的监管考核和激励机制，鼓励、引导其增加对民营企业、中小企业的信贷投放，并合理增加中长期贷款和信用贷款支持，提高贷款审批效率。

商业银行等金融机构在授信中不得设置不合理条件，不得对民营企业、中小企业设置歧视性要求。商业银行等金融机构应当按照国家有关规定规范收费行为，不得违规向服务对象收取不合理费用。商业银行应当向社会公开开设企业账户的服务标准、资费标准和办理时限。

**第二十七条**　国家促进多层次资本市场规范健康发展，拓宽市场主体融资渠道，支持符合条件的民营企业、中小企业依法发行股票、债券以及其他融资工具，扩大直接融资规模。

**第二十八条**　供水、供电、供气、供热等公用企事业单位应当向社会公开服务标准、资费标准等信息，为市场主体提供安全、便捷、稳定和价格合理的服务，不得强迫市场主体接受不合理的服务条件，不得以任何名义收取不合理费用。各地区应当优化报装流程，在国家规定的报装办理时限内确定并公开具体办理时间。

政府有关部门应当加强对公用企事业单位运营的监督管理。

**第二十九条**　行业协会商会应当依照法律、法规和章程，加强行业自律，及时反映行业诉求，为市场主体提供信息咨询、宣传培训、市场拓展、权益保护、纠纷处理等方面的服务。

国家依法严格规范行业协会商会的收费、评比、认证等行为。

**第三十条**　国家加强社会信用体系建设，持续推进政务诚信、商务诚信、社会诚信和司法公信建设，提高全社会诚信意识和信用水平，维护信用信息安全，严格保护商业秘密和个人隐私。

**第三十一条**　地方各级人民政府及其有关部门应当履行向市场主体依法作出的政策承诺以及依法订立的各类合同，不得以行政区划调整、政府换届、机构或者职能调整以及相关责任人更替等为由违约毁约。因国家利益、社会公共利益需要改变政策承诺、合同约定的，应当依照法定权限和程序进行，并依法对市场主体因此受到的损失予以补偿。

**第三十二条**　国家机关、事业单位不得违约拖欠市场主体的货物、工程、服务等账款，大型企业不得利用优势地位拖欠中小企业账款。

县级以上人民政府及其有关部门应当加大对国家机关、事业单位拖欠市场主体账款的清理力度，并通过加强预算管理、严格责任追究等措施，建立防范和治理国家机关、事业单位拖欠市场主体账款的长效机制。

**第三十三条**　政府有关部门应当优化市场主体注销办理流程，精简申请材料、压缩办理时间、降低注销成本。对设立后未开展生产经营活动或者无债权债务的市场主体，可以按照简易程序办理注销。对有债权债务的市场主体，在债权债务依法解决后及时办理注销。

县级以上地方人民政府应当根据需要建立企业破产工作协调机制，协调解决企业破产过程中涉及的有关问题。

## 第四章　政务服务

**第三十四条**　政府及其有关部门应当进一步增强服务意识，切实转变工作作风，为市场主体提供规范、便利、高效的政务服务。

**第三十五条**　政府及其有关部门应当推进政务服务标准化，按照减环节、减材料、减时限的要求，编制并向社会公开政务服务事项（包括行政权力事项和公共服务事项，下同）标准化工作流程和办事指南，细化量化政务服务标准，压缩自由裁量权，推进同一事项实行无差别受理、同标准办理。没有法律、法规、规章依据，不得增设政务服务事项的办理条件和环节。

**第三十六条**　政府及其有关部门办理政务服务事项，应当根据实际情况，推行当场办结、一次办结、限时办结等制度，实现集中办理、就近办理、网上办理、异地可办。需要市场主体补正有关材料、手续的，应当一次性告知需要补正的内容；需要进行现场踏勘、现场核查、技术审查、听证论证的，应当及时安排、限时办结。

法律、法规、规章以及国家有关规定对政务服务事项办理时限有规定的，应当在规定的时限内尽快办结；没有规定的，应当按照合理、高效的原则确定办理时限并按时办结。各地区可以在国家规定的政务服务事项办理时限内进一步压减时间，并应当向社会公开；超过办理时间的，办理单位应当公开说明理由。

地方各级人民政府已设立政务服务大厅的，本行政区域内各类政务服务事项一般应当进驻政务服务大厅统一办理。对政务服务大厅中部门分设的服务窗口，应当创造条件整合为综合窗口，提供一站式服务。

**第三十七条** 国家加快建设全国一体化在线政务服务平台(以下称一体化在线平台),推动政务服务事项在全国范围内实现"一网通办"。除法律、法规另有规定或者涉及国家秘密等情形外,政务服务事项应当按照国务院确定的步骤,纳入一体化在线平台办理。

国家依托一体化在线平台,推动政务信息系统整合,优化政务流程,促进政务服务跨地区、跨部门、跨层级数据共享和业务协同。政府及其有关部门应当按照国家有关规定,提供数据共享服务,及时将有关政务服务数据上传至一体化在线平台,加强共享数据使用全过程管理,确保共享数据安全。

国家建立电子证照共享服务系统,实现电子证照跨地区、跨部门共享和全国范围内互信互认。各地区、各部门应当加强电子证照的推广应用。

各地区、各部门应当推动政务服务大厅与政务服务平台全面对接融合。市场主体有权自主选择政务服务办理渠道,行政机关不得限定办理渠道。

**第三十八条** 政府及其有关部门应当通过政府网站、一体化在线平台,集中公布涉及市场主体的法律、法规、规章、行政规范性文件和各类政策措施,并通过多种途径和方式加强宣传解读。

**第三十九条** 国家严格控制新设行政许可。新设行政许可应当按照行政许可法和国务院的规定严格设定标准,并进行合法性、必要性和合理性审查论证。对通过事中事后监管或者市场机制能够解决以及行政许可法和国务院规定不得设立行政许可的事项,一律不得设立行政许可,严禁以备案、登记、注册、目录、规划、年检、年报、监制、认定、认证、审定以及其他任何形式变相设定或者实施行政许可。

法律、行政法规和国务院决定对相关管理事项已作出规定,但未采取行政许可管理方式的,地方不得就该事项设定行政许可。对相关管理事项尚未制定法律、行政法规的,地方可以依法就该事项设定行政许可。

**第四十条** 国家实行行政许可清单管理制度,适时调整行政许可清单并向社会公布,清单之外不得违法实施行政许可。

国家大力精简已有行政许可。对已取消的行政许可,行政机关不得继续实施或者变相实施,不得转由行业协会商会或者其他组织实施。

对实行行政许可管理的事项,行政机关应当通过整合实施、下放审批层级等多种方式,优化审批服务,提高审批效率,减轻市场主体负担。符合相关条件和要求的,可以按照有关规定采取告知承诺的方式办理。

**第四十一条** 县级以上地方人民政府应当深化投资审批制度改革,根据项目性质、投资规模等分类规范投资审批程序,精简审批要件,简化技术审查事项，强化项目决策与用地、规划等建设条件落实的协同，实行与相关审批在线并联办理。

**第四十二条**　设区的市级以上地方人民政府应当按照国家有关规定，优化工程建设项目（不包括特殊工程和交通、水利、能源等领域的重大工程）审批流程，推行并联审批、多图联审、联合竣工验收等方式，简化审批手续，提高审批效能。

在依法设立的开发区、新区和其他有条件的区域，按照国家有关规定推行区域评估，由设区的市级以上地方人民政府组织对一定区域内压覆重要矿产资源、地质灾害危险性等事项进行统一评估，不再对区域内的市场主体单独提出评估要求。区域评估的费用不得由市场主体承担。

**第四十三条**　作为办理行政审批条件的中介服务事项（以下称法定行政审批中介服务）应当有法律、法规或者国务院决定依据；没有依据的，不得作为办理行政审批的条件。中介服务机构应当明确办理法定行政审批中介服务的条件、流程、时限、收费标准，并向社会公开。

国家加快推进中介服务机构与行政机关脱钩。行政机关不得为市场主体指定或者变相指定中介服务机构；除法定行政审批中介服务外，不得强制或者变相强制市场主体接受中介服务。行政机关所属事业单位、主管的社会组织及其举办的企业不得开展与本机关所负责行政审批相关的中介服务，法律、行政法规另有规定的除外。

行政机关在行政审批过程中需要委托中介服务机构开展技术性服务的，应当通过竞争性方式选择中介服务机构，并自行承担服务费用，不得转嫁给市场主体承担。

**第四十四条**　证明事项应当有法律、法规或者国务院决定依据。

设定证明事项，应当坚持确有必要、从严控制的原则。对通过法定证照、法定文书、书面告知承诺、政府部门内部核查和部门间核查、网络核验、合同凭证等能够办理，能够被其他材料涵盖或者替代，以及开具单位无法调查核实的，不得设定证明事项。

政府有关部门应当公布证明事项清单，逐项列明设定依据、索要单位、开具单位、办理指南等。清单之外，政府部门、公用企事业单位和服务机构不得索要证明。各地区、各部门之间应当加强证明的互认共享，避免重复索要证明。

**第四十五条**　政府及其有关部门应当按照国家促进跨境贸易便利化的有关要求，依法削减进出口环节审批事项，取消不必要的监管要求，优化简化通关流程，提高通关效率，清理规范口岸收费，降低通关成本，推动口岸和国际贸易领域相关业务统一通过国际贸易“单一窗口”办理。

**第四十六条**　税务机关应当精简办税资料和流程，简并申报缴税次数，公开涉税事项办理时限，压减办税时间，加大推广使用电子发票的力度，逐步实现全程网上办税，持续优化纳税服务。

**第四十七条**　不动产登记机构应当按照国家有关规定，加强部门协作，实行不动产登记、交易和缴税一窗受理、并行办理，压缩办理时间，降低办理成本。在国家规定的不动产登记时限内，各地区应当确定并公开具体办理时间。

国家推动建立统一的动产和权利担保登记公示系统，逐步实现市场主体在一个平台上办理动产和权利担保登记。纳入统一登记公示系统的动产和权利范围另行规定。

**第四十八条**　政府及其有关部门应当按照构建亲清新型政商关系的要求，建立畅通有效的政企沟通机制，采取多种方式及时听取市场主体的反映和诉求，了解市场主体生产经营中遇到的困难和问题，并依法帮助其解决。

建立政企沟通机制，应当充分尊重市场主体意愿，增强针对性和有效性，不得干扰市场主体正常生产经营活动，不得增加市场主体负担。

**第四十九条**　政府及其有关部门应当建立便利、畅通的渠道，受理有关营商环境的投诉和举报。

**第五十条**　新闻媒体应当及时、准确宣传优化营商环境的措施和成效，为优化营商环境创造良好舆论氛围。

国家鼓励对营商环境进行舆论监督，但禁止捏造虚假信息或者歪曲事实进行不实报道。

## 第五章　监管执法

**第五十一条**　政府有关部门应当严格按照法律法规和职责，落实监管责任，明确监管对象和范围、厘清监管事权，依法对市场主体进行监管，实现监管全覆盖。

**第五十二条**　国家健全公开透明的监管规则和标准体系。国务院有关部门应当分领域制定全国统一、简明易行的监管规则和标准，并向社会公开。

**第五十三条**　政府及其有关部门应当按照国家关于加快构建以信用为基础的新型监管机制的要求，创新和完善信用监管，强化信用监管的支撑保障，加强信用监管的组织实施，不断提升信用监管效能。

**第五十四条**　国家推行“双随机、一公开”监管，除直接涉及公共安全和人民群众生命健康等特殊行业、重点领域外，市场监管领域的行政检查应当通过随机抽取检查对象、随机选派执法检查人员、抽查事项及查处结果及时向社会公开的方式进行。针对同一检查对象的多个检查事项，应当尽可能合并或者纳入跨部门联合抽查范围。

对直接涉及公共安全和人民群众生命健康等特殊行业、重点领域，依法依规实行全覆盖的重点监管，并严格规范重点监管的程序；对通过投诉举报、转办交办、数据监测等发现的问题，应当有针对性地进行检查并依法依规处理。

**第五十五条**　政府及其有关部门应当按照鼓励创新的原则，对新技术、新产业、新业态、新模式等实行包容审慎监管，针对其性质、特点分类制定和实行相应的监管规则和标准，留足发展空间，同时确保质量和安全，不得简单化予以禁止或者不予监管。

**第五十六条**　政府及其有关部门应当充分运用互联网、大数据等技术手段，依托国家统一建立的在线监管系统，加强监管信息归集共享和关联整合，推行以远程监管、移动监管、预警防控为特征的非现场监管，提升监管的精准化、智能化水平。

**第五十七条**　国家建立健全跨部门、跨区域行政执法联动响应和协作机制，实现违法线索互联、监管标准互通、处理结果互认。

国家统筹配置行政执法职能和执法资源，在相关领域推行综合行政执法，整合精简执法队伍，减少执法主体和执法层级，提高基层执法能力。

**第五十八条**　行政执法机关应当按照国家有关规定，全面落实行政执法公示、行政执法全过程记录和重大行政执法决定法制审核制度，实现行政执法信息及时准确公示、行政执法全过程留痕和可回溯管理、重大行政执法决定法制审核全覆盖。

**第五十九条**　行政执法中应当推广运用说服教育、劝导示范、行政指导等非强制性手段，依法慎重实施行政强制。采用非强制性手段能够达到行政管理目的的，不得实施行政强制；违法行为情节轻微或者社会危害较小的，可以不实施行政强制；确需实施行政强制的，应当尽可能减少对市场主体正常生产经营活动的影响。

开展清理整顿、专项整治等活动，应当严格依法进行，除涉及人民群众生命安全、发生重特大事故或者举办国家重大活动，并报经有权机关批准外，不得在相关区域采取要求相关行业、领域的市场主体普遍停产、停业的措施。

禁止将罚没收入与行政执法机关利益挂钩。

**第六十条**　国家健全行政执法自由裁量基准制度，合理确定裁量范围、种类和幅度，规范行政执法自由裁量权的行使。

## 第六章　法治保障

**第六十一条**　国家根据优化营商环境需要，依照法定权限和程序及时制定或者修改、废止有关法律、法规、规章、行政规范性文件。

优化营商环境的改革措施涉及调整实施现行法律、行政法规等有关规定的，依照法定程序经有权机关授权后，可以先行先试。

**第六十二条**　制定与市场主体生产经营活动密切相关的行政法规、规章、行政规范性文件，应当按照国务院的规定，充分听取市场主体、行业协会商会的意见。

除依法需要保密外，制定与市场主体生产经营活动密切相关的行政法规、规章、行政规范性文件，应当通过报纸、网络等向社会公开征求意见，并建立健全意见采纳情况反馈机制。向社会公开征求意见的期限一般不少于30日。

**第六十三条**　制定与市场主体生产经营活动密切相关的行政法规、规章、行政规范性文件，应当按照国务院的规定进行公平竞争审查。

制定涉及市场主体权利义务的行政规范性文件，应当按照国务院的规定进行合法性审核。

市场主体认为地方性法规同行政法规相抵触，或者认为规章同法律、行政法规相抵触的，可以向国务院书面提出审查建议，由有关机关按照规定程序处理。

**第六十四条**　没有法律、法规或者国务院决定和命令依据的，行政规范性文件不得减损市场主体合法权益或者增加其义务，不得设置市场准入和退出条件，不得干预市场主体正常生产经营活动。

涉及市场主体权利义务的行政规范性文件应当按照法定要求和程序予以公布，未经公布的不得作为行政管理依据。

**第六十五条**　制定与市场主体生产经营活动密切相关的行政法规、规章、行政规范性文件，应当结合实际，确定是否为市场主体留出必要的适应调整期。

政府及其有关部门应当统筹协调、合理把握规章、行政规范性文件等的出台节奏，全面评估政策效果，避免因政策叠加或者相互不协调对市场主体正常生产经营活动造成不利影响。

**第六十六条**　国家完善调解、仲裁、行政裁决、行政复议、诉讼等有机衔接、相互协调的多元化纠纷解决机制，为市场主体提供高效、便捷的纠纷解决途径。

**第六十七条**　国家加强法治宣传教育，落实国家机关普法责任制，提高国家工作人员依法履职能力，引导市场主体合法经营、依法维护自身合法权益，不断增强全社会的法治意识，为营造法治化营商环境提供基础性支撑。

**第六十八条**　政府及其有关部门应当整合律师、公证、司法鉴定、调解、仲裁等公共法律服务资源，加快推进公共法律服务体系建设，全面提升公共法律服务能力和水平，为优化营商环境提供全方位法律服务。

**第六十九条**　政府和有关部门及其工作人员有下列情形之一的，依法依规追究责任：

（一）违法干预应当由市场主体自主决策的事项；

（二）制定或者实施政策措施不依法平等对待各类市场主体；

（三）违反法定权限、条件、程序对市场主体的财产和企业经营者个人财产实施查封、冻结和扣押等行政强制措施；

（四）在法律、法规规定之外要求市场主体提供财力、物力或者人力；

（五）没有法律、法规依据，强制或者变相强制市场主体参加评比、达标、表彰、培训、考核、考试以及类似活动，或者借前述活动向市场主体收费或者变相收费；

（六）违法设立或者在目录清单之外执行政府性基金、涉企行政事业性收费、涉企保证金；

（七）不履行向市场主体依法作出的政策承诺以及依法订立的各类合同，或者违约拖欠市场主体的货物、工程、服务等账款；

（八）变相设定或者实施行政许可，继续实施或者变相实施已取消的行政许可，或者转由行业协会商会或者其他组织实施已取消的行政许可；

（九）为市场主体指定或者变相指定中介服务机构，或者违法强制市场主体接受中介服务；

（十）制定与市场主体生产经营活动密切相关的行政法规、规章、行政规范性文件时，不按照规定听取市场主体、行业协会商会的意见；

（十一）其他不履行优化营商环境职责或者损害营商环境的情形。

**第七十条**　公用企事业单位有下列情形之一的，由有关部门责令改正，依法追究法律责任：

（一）不向社会公开服务标准、资费标准、办理时限等信息；

（二）强迫市场主体接受不合理的服务条件；

（三）向市场主体收取不合理费用。

**第七十一条**　行业协会商会、中介服务机构有下列情形之一的，由有关部门责令改正，依法追究法律责任：

（一）违法开展收费、评比、认证等行为；

（二）违法干预市场主体加入或者退出行业协会商会等社会组织；

（三）没有法律、法规依据，强制或者变相强制市场主体参加评比、达标、表彰、培训、考核、考试以及类似活动，或者借前述活动向市场主体收费或者变相收费；

（四）不向社会公开办理法定行政审批中介服务的条件、流程、时限、收费标准；

（五）违法强制或者变相强制市场主体接受中介服务。

## 第七章 附　　则

**第七十二条** 本条例自 2020 年 1 月 1 日起施行。

# 后　记

从2020年春节过后开始着手整理文稿，断断续续经历了几个月的时间。受疫情影响，二三月份一直居家办公，视频成了会议、调研、研讨、交流和沟通的主要方式。疫情爆发初期，每天都关注武汉、北京和全国其他省份疫情数据，关注各级政府和各行业应对疫情的政策措施，白衣天使、科学家和奋斗在抗击疫情工作岗位上的各行各业工作人员为抗击疫情做出了重要的贡献，赢得了全社会的尊重。随着国内形势的好转，工作生活逐渐恢复正常，对疫情的关注也渐渐减少。在抗击疫情的工作中，我国政府践行了“以人民为中心”的思想，始终把人民群众的生命安全和身体健康放在第一位。我国国家治理体系和治理能力得到了充分的检验，“高效市场”和“有为政府”在资源配置中均发挥了重要作用。

尽管国内外形势发生着变化，我国政府依然扎实做好稳就业、稳金融、稳外贸、稳外资、稳投资、稳预期工作，全面落实保居民就业、保基本民生、保市场主体、保粮食能源安全、保产业链供应链稳定、保基层运转任务，构建以国内大循环为主体、国内国际双循环相互促进的新发展格局，努力克服新冠肺炎疫情带来的不利影响，推动我国开放型经济向更高层次发展。

“打铁还需自身硬”，越是面对错综复杂的发展形势，越应该修炼好内功，打造良好的营商环境。各级政府、各行业优化营商环境的工作在持续推进，为全力推进复工复产，政府一直保持着高效的运转，港航领域在港口防疫、船舶防疫、船员换班、财税支持等方面做了很多卓有成效的工作，尽管一些政策在落实层面遇到了一些问题和困难，但属于发展中出现的问题，在实践中将得到进一步优化。

疫情对港航业产生了重大的影响，同时港航业在“双循环”中的地位将进一步显现：对国内生产、流通、分配、消费发挥基础支撑作用，对优化生产力布局、促进要素高效流动发挥先导带动作用，对保障国际供应链安全畅通、维护国际产业链安全稳定发挥战略保障作用。

港航业服务对象追求获得安全、便捷、高效、绿色、经济的服务，港航领域优化营商环境大多源起于此，通过降低收费、提高作业效率、提升服务标准等，开展了诸多优化营商环境的实践，这对于港航服务对象是有益的，是需求驱动下的港航领域供给侧结构性改革,也符合港航业高质量发展的要求。对于港航业本身,最重要的营商环境是法治环境、税收环境、融资环境、市场竞争环境、政务环境等,我国港航领域法规体系不健全,海运业税收政策不完善,港航业融资难、融资贵,政务信息公开透明以及部门间协同等方面仍存在问题,上述问题是特定发展阶段出现的具有时代特征的问题,属于不平衡不充分的发展的矛盾范畴,不只是港航业面临的问题,社会各行业都面临类似的问题。随着改革不断深入,要在中国特色社会主义理论体系框架下,不断完善社会主义市场经济体制,夯实行业治理的理论基础。优化营商环境的关键是厘清市场和政府的关系,充分发挥市场在资源配置中的决定性作用,更好发挥政府作用,有效弥补市场失灵,实现“有效市场”与“有为政府”的有机统一。要深化对行业的认识,运用科学的方法,做到政府不缺位不越位,做到“缺位补位、越位退位”。可以预期,港航领域发展中存在的问题一定能够得到解决,港航营商环境在实践中将不断改善。